台湾造船公司の研究

植民地工業化と技術移転（1919–1977）

洪　紹洋 著

御茶の水書房

台湾造船公司の研究

目　次

目　次

序　章　分析の視角 …………………………………… 3

　　第1節　後進国の発展と技術導入　3
　　第2節　台湾工業化の継続と移植　11
　　第3節　分析方法　20

第1章　日本統治期および戦後初期の台船公司（1919-1949年） …………………………… 27

　　第1節　台湾造船業の概況　27
　　第2節　日本統治期の基隆船渠株式会社　31
　　　　1．基隆船渠株式会社の成立　31
　　　　2．基隆船渠の設備と規模　33
　　　　3．基隆船渠の経営状況　34
　　　　4．基隆船渠の利益率の推移　37
　　　　5．基隆船渠株式会社の解散と再編　40
　　第3節　日本統治時代の台湾船渠株式会社　40
　　　　1．台湾船渠株式会社の成立　40
　　　　2．台湾船渠の経営　44
　　　　3．第二次世界大戦中の台湾造船業の発展と限界　45
　　　　　　1）戦時体制下における造船計画　45
　　　　　　2）台湾造船業の発展と限界　47
　　第4節　戦後初期の台湾船渠の接収と改組　50
　　　　1．戦後の台湾船渠の接収と制度の確立　50
　　　　2．技術者の交代　54
　　　　　　1）過渡期の職員と職級　54
　　　　　　2）接収後の人員採用　55
　　　　3．資本金の変化　63
　　　　4．戦後初期の営業状況　70

第 2 章　1950-1956年の台船公司 ………… 73

第 1 節　市場の転換と造船業の拡大　73
第 2 節　アメリカの援助借款の役割とその影響　78
第 3 節　造船事業の展開と技術の発展　80
第 4 節　技術者訓練計画と教育機関との協力の開始　86

第 3 章　公営事業の外部委託経営―殷台公司期（1957-1962年）………… 93

第 1 節　殷台公司の成立と人事　93
第 2 節　政府による政策の支持　100
第 3 節　殷台公司の成績と財務欠損　105
第 4 節　殷台公司の造船業と台湾工業化の限界　114

第 4 章　台船公司と石川島会社の技術移転（1962-1977年）………… 117

第 1 節　人事制度及び経営戦略の調整　117
第 2 節　日本技術の導入　121
　1.　技術選択　121
　2.　台船公司と石川島の契約　125
第 3 節　台船公司の経験の移植――中国造船公司の成立　129

第 5 章　台船公司の技術習得モデルと政府政策 ………… 135

第 1 節　技術移転の効果と限界　135
　1.　段階的な造船技術習得　135
　2.　技術導入後の財務状況　136
　3.　技術習得　145
　4.　技術依存と自給率の向上　151
第 2 節　造船教育の展開から研究開発の開始へ　155
　1.　海事専科学校造船工程科の成立　156
　2.　台湾大学船舶試験室の設立　163

         3. 台船公司による船舶設計の開始　166
         4. 連合船舶設計発展センターの設立　168
     第3節　政府の援助と限界　172
         1. 設備拡張と資金源　172
         2. 造船への補助金と融資政策　173
         3. 国営事業体制の限界　177
             1）経営業務の制限と自主投資権　177
             2）給料制限と人材の流出　180
     第4節　技術習得・政府政策・ビジネス経営　182

終　章 …………………………………………………………… 187

　あとがき ………………………………………………………… 195
　参考文献目録 …………………………………………………… 197
　付表資料 ………………………………………………………… 205
　付属資料 ………………………………………………………… 223
　索引 ……………………………………………………………… 281

台湾造船公司の研究

植民地工業化と技術移転（1919-1977）

序章

分析の視角

第1節　後進国の発展と技術導入

　第二次世界大戦後、かつて植民地であった数多くの地域は次々に政治的独立を勝ち取り、世界資本主義システムにおける後進国となった。これら後進国の植民地期における技術人材・資金に関する特徴は、宗主国の経済発展に寄与させる目的で、宗主国によって提供されたことにある。よって、戦後独立したこれらの後進国は、往々にして資金と研究開発能力が不足していたため、先進国の資金と技術に頼らざるを得ず、その結果、数多の「民族」産業は、外資及び多国籍企業に掌握されるところとなった。そのため、戦後になって後進国が政治的に独立を獲得したといっても、経済的には依然として先進国に頼らなくてはならなかったのである。事実上、独立によって戦前にあった政治的な支配従属関係は解消されたけれども、こうした理由のために、戦後になって世界資本主義システムにおいて新たな従属関係が再構築されたのである。しかし、別の角度から見れば、植民地期の遺産はこれらの後進国が工業化するうえでの基礎と近代的諸制度の構築に対して、有形無形の影響を与えたといえる。また、植民地期に建設されたインフラは、後進国の工業化の起点となり、また経済発展の基盤にもなった[1]。
　我々は、第二次世界大戦後の後進国工業化に関する議論の中で、構造主義を中心とした開発経済学理論を数多く目にする。とりわけ、「現代化理論」

の影響は最も大きなものであった。「現代化理論」とは、後進国の社会を基本的には停滞、静止した伝統的な状態にあるとし、欧米先進国の過去の成功経験に学ぶことで、現代化社会への移行を可能にするとみなすものである[2]。

たとえば、ロストウ［1971］は伝統社会が現代化へ向かって変化するプロセスを、いくつかの段階に分けられるとした。すなわち、伝統社会から離陸のための前提条件を創造していく段階（離陸先行期）、離陸段階、成熟化段階、高度大衆消費の段階である。その中でも、離陸段階とは工業化初期において短期間に経済と生産方法に劇的な変化が生じることを指している。ただし、ロストウの経済成長段階理論で留意すべき点は、冷戦構造の中でアメリカが主導する自由主義陣営に従う国々に対して、自由主義陣営としての発展の方向性を提供するためのものであった、という点である[3]。

またルイス［1954］は、経済発展によって現代産業と伝統産業とが並存する二元的な経済構造が形成されたとする二重経済理論を主張した。その趣旨は、近代的経済発展開始以前の段階においてそもそも後進国は非資本主義的な伝統産業部門しか有しておらず、経済が発展し始めた後に資本主義的な現代産業部門が成長を開始するが、伝統産業部門を完全に吸収することはなく、ここに資本主義部門と非資本主義部門とが併存する二重経済構造が形成される。当然、両部門は何の連関も無く並存しているわけではない。ルイスは、伝統部門には大量の余剰労働力が存在しており、それ故に資本主義部門が発展するために必要な労働力は、往々にして伝統部門の過剰労働力から供給されるとしている。資本主義部門の獲得する利潤は、安価な労働力によりもたらされるものであり、伝統部門の余剰労働力が全て吸収されるまで、現代部門は不断に利潤を資本に転換していく。やがて、伝統部門の労働力過剰も転換点を迎えて、労働の限界生産力がゼロになる状況となる。以上、要約すると、余剰労働力が現代部門に移転されることで伝統部門の生産性が向上し、最終的には伝統部門の生活水準も改善されるのである[4]。

---

1) Kohli, A［2004］、pp. 1 -16.
2) Isbister, J［1998］、p. 50.
3) Rostow, W. W［1971］、pp. 4 -16.
4) Lewis, W. A［1954］.

このほか、ローゼンシュタイン・ロダン［1943］のビッグ・プッシュ理論は、大量の外資を利用して広範に工業部門へ投資することで、過剰な農業人口を解決する一方で、工業化をも促進できるとする[5]。また、チェネリー［1960］は後進国では外貨と国内貯蓄が不足しているために経済成長が制約されているとするツーギャップ理論を提出した。換言すれば、後進国は外貨の制約を受けるのである。この条件下では、輸入代替政策を採用して外貨を節約して初めて工業を成長させる機会を持つことができるのである[6]。さらに、プレビッシュ、ミュルダール、シンガーは、後進国の商品輸出条件が日増しに悪化していくことに注目し、国際貿易制度の改革と輸入代替を基本とした発展戦略を打ち立てて初めて問題が解決できるとする議論を提示した。その主要な方法は、迅速に工業化を図るために、かつて先進国から輸入していた商品を国産化するというものである[7]。

上述の経済学者が後進国に関して提示した開発経済学理論の多くは、資本蓄積を図るうえで政府が関与する必要性を説いている。後進国は完全な市場価格体系を欠き、また十分な民間資本を持っていないことから、政府が大規模な改革を進める必要があるためである。具体的には、後進国の政府は何らかの方法で資本蓄積を促し、余剰労働力を利用して輸入代替政策をとり、あわせて計画的に資源を配分して工業化を進めていくべきである、とされる[8]。

以上の開発経済学者は、みな後進国の工業化に関する問題に注目したけれども、彼らの提示した解決方法の多くは先進国の観点から出発したものであり、後進国の実情と制度の問題を考慮していなかった。1960年代、多くのアジア、アフリカ及びラテンアメリカの国々は依然として貧困な状態にあり、先進国の開発経済学者の理論は、必ずしも実際上の効果を発揮したわけではなかったのである。

そうした中、1960年代以後になると、「左派」経済学者によって提示された理論が出現した。これらの学者は後進国の経済成長に対して悲観的で、後

5）Rosenstein-Rodan, P. N［1943］、pp. 202–211.
6）Chenery, H. B［1960］、pp. 624–654.
7）Gilpin, R［1987］、pp. 273–274.
8）Meier, G. M［2000］、pp. 14–15.

進国はプロレタリアート革命を進めるべきであり、革命を経て初めて先進国に対する従属から脱却できるとした。たとえばバラン［1957］は、戦後に独立した後進国の対先進国貿易には、依然として植民地期の不等価交換が残存しており、剰余価値が貧困国から富裕国へと移転しているため、依然として先進国の発展は開発途上国を犠牲にしているとした。そしてバランは、社会主義革命を推し進めることによってのみ、後進国の経済発展を促すことができるとした[9]。

続いて、バランの見解に基づいてフランク［1970］は、従属理論を提示し、第二次世界大戦後の国際貿易関係における主要な受益者は、後進国ではなく先進国であると指摘する。先進国は技術に対する規制をかけて高級技術を独占しており、また多国籍企業本社の所在地となっているため、強大な経済支配力を有している。戦後の新興工業国は、工業化を進めるときに資金及び技術の面で先進国に頼らざるを得ず、ただ周辺的な地位にあって先進国の搾取を受けるのみとなる。フランクの観点からすれば、後進国の貧困の理由は、国内の前資本主義的な伝統、或いは制度によるものではなく、資本主義世界システムが導いたものである。特に周辺に位置する第三世界の国は、中心地域の国に向けて一次産品を輸出し、これらの国から商品を輸入することで、従属的工業化の外向的構造を形成する。その結果、第三世界の国にある剰余価値は先進国に移転することになり、長期的な経済成長を獲得する術がなくなってしまうのである[10]。

ただし、悲観主義論者であったバランとフランクは、後進国は社会主義革命を経て先進国の制御から離れることで初めて工業化し得ると主張するだけで、当時の実際にある問題に対して有効な解決策を積極的に提示することができなかった。

実際には1970年以後の東アジアにおける工業化は、台湾、韓国、シンガポールと香港のいわゆる「東アジア四小龍」を中心として、突出した経済成長を成し遂げた。これらの国に共通する特徴は、安価な労働力を用いて工業商

---

9) Baran, P. A［1957］.
10) Frank, A. G［1970］.

品を生産し、世界各国に輸出したことにある。これらは新興工業国（地域）群（NICs或いはNIEs）と称され、開発経済学の研究者に新たな思考の方向を提供した。その中で最も重要なのは、新古典派経済学者の反応である[11]。

　新古典派経済学者の主要な論点は、新興工業国が成長し得た理由として市場の自由なメカニズムを尊重し、基本的に政府は市場に関与しなかった点を挙げている。他にも多くの学者が、東アジア経済の発展に対して見解を提出していったが、なかでも世界銀行が1993年に提出した論点は重要である。世界銀行の専門家は、新興工業国の発展は新古典派経済学のモデルを前提としており、主に市場メカニズムと外資に依存したものであるとした。しかし、彼らは同時に、新興工業国が経済発展を推し進める過程で適切な制度設計と政策の重要性も指摘しており、韓国と台湾などが産業発展を推し進める際、政府が干渉的な措置をとることで、経済成長に良い効果をもたらしたことを評価している[12]。

　ここまで開発経済学の学説史を概観してきたが、続いて、技術に論点を絞って議論をすすめたい。後進国の工業化の重要な鍵のひとつは、いかにして必要な技術を取得し得るかである。言うまでもなく、先進国であれ後進国であれ、技術水準を上昇させて初めて経済成長を促進させられるのである。先進国では多くの技術を自ら研究開発できるが、後進国は工業化過程の中で技術の研究開発条件を欠く状況下にあり、どうしても先進国からの導入が必要であった。そのため、技術の進歩と経済成長の関連性は経済学者に注視され続けたのである。

　まず1950年代に、ソロー［1957］は伝統的な新古典派の成長理論を敷衍させて、技術進歩が経済の長期的成長をもたらすと解釈した[13]。その後、ガーシェンクロン［1962］は、後進国は世界に現存している技術を十分に用い、速やかに工業化を実現できるという仮説を提出した。つまり、後進国は先進国のように、数多くの試行錯誤を繰り返した研究開発の過程を経験する必要はなく、先進国が研究開発した技術を手本として、所謂「キャッチアップ」

---

11) 隅谷三喜男・劉進慶・涂照彦［1992］、48-50頁。
12) World Bank［1993］、pp. 81-83, 157-189.
13) Solow, R. M［1957］、pp. 312-320.

の工業化をたどることで、飛躍的に自国と先進国との間の距離を縮めることができるのである。換言すれば、後進国は先進国の既に有している成果を利用して、短期間に工業化を進め、それによって一定程度の経済成長を実現させることができる、としたのである[14]。

アブラモヴィッツ［1986］は、16の国に対して実証研究を行った後、ガーシェンクロンが提示した後進性の利益に同意したうえで、これらの国々を先進、キャッチアップ、後進の三つに分類した。後進国の発展進度は、ガーシェンクロンが提示した後進性だけでなく、教育と企業等の組織の学習によって培われた社会能力を考慮すべきであり、これによって初めて技術の模倣と拡散を理解し得るとされた。また彼は、後進国が社会能力と技術能力を同時に掌握できたなら、先進国をキャッチアップする機会を有することになるとも指摘した[15]。

技術的な観点からの議論として、ローゼンブルームとクリステンセン［1994］は、大多数の技術変化はみな漸進的なものであり、一つ一つの技術革新はみな既存の基礎に対して不断に微細な改善を加えて実現されるものであるとする。一つ一つの改善はみな非常に微細なものであるが、漸進的な変化が累積するとその成果は、逆に顕著なものになる。多くの産業の中でトップ企業は既存の基礎に累積されていく技術革新の実現とその利用に成功することで、最先端の技術を有する時期に比較的高い収益を挙げるのである[16]。

あるいはフランスマン［1986］は、後進国は国内環境の条件に有利な新商品の生産工程において改善を行うとした。そうして後進国は生産経験を累積し、新たに生み出した商品と生産過程を応用して、基本的な研究開発能力を徐々に獲得していくのである[17]。

またロール［1992］は、後進国の技術能力について、製造業者と政府の二つの面から議論している。製造業者の技術能力については、技術の複雑さによって低級、中級、高級のレベルに分け、技術を用いるのに必要な設備と人

---

14) Gerschenkron, A［1962］、pp. 5–30.
15) Abramovitz, M［1986］、pp. 385–406.
16) Rosenbloom, R. and Christensen, C［1994］、pp. 655–686.
17) Fransman, M［1986］、pp. 23–26.

材能力などへの投資面、及び生産量と品質などの生産面について論じられる。このほか、技術導入に必要な連結能力についても検討している。政府の技術能力については、必要な物的及び人的資本を除き、政府が製造業者の技術取得のために提供する基礎施設などの技術力も技術発展に不可欠な要素とする。また、政府が政策面で誘因を提供し、制度面で製造業者が取得した技術の保護を行うことも産業の発展を促す重要な条件の一つとする[18]。

　しかし、後進国が技術を使用することに対しても、やはり悲観的な見方が存在した。フリーマンとソート［1997］は、国際貿易の既存枠組みの中で、技術は利益を追い求める過程で後進国に移転、拡散するとしている。後進国は技術の低い成熟した商品と産業を導入することで、相対的な工業化の優勢を得る。このようなやり方は、後進国が経済を発展させる唯一の選択であるかのように思われる。しかし、比較的成熟した商品に関する生産技術の導入を選択することで、かえって低賃金、低技術、低成長という困難な状況に陥る可能性がある。ゆえに、技術を導入する時期が過ぎた後に、産業の水準を上げることによって技術を改善し、あるいは技術革新の能力を培養し、長期的な発展を図る必要性を説いている[19]。

　このほか、ネルソンとローゼンバーグ［1998］は、後進国が先進国の技術を導入すると同時に、新技術による生産に適応し得る一群の人材を育成すべきであると主張した。アメリカを例にとると、技術と人材育成の多くは、大学と実験機関によって提供されていることはいうまでもなく、従来の研究においてもその重要性が十分に指摘されてきている。しかし、後進国が新興工業国に変化していく過程に関する研究では、大学、専門学校による研究開発に対する貢献、および技術人員の養成と経済成長との関連性について、未だ十分な実証的検討がなされていない[20]。

　同じく悲観的な論者として、アムスデン［1989］［1991］は後進国と先進国とのギャップは相当なものであり、ガーシェンクロンが提示したような飛躍的な方法で自国と先進国との距離を縮める術はないと主張する。後進国は

---

18) Lall, S.［1992］、pp. 165–186.
19) Freeman, C. & Soete, L［1997］、pp. 351–353.
20) Nelson, R. R. & Rosenberg, N［1998］、pp. 47–49.

漸次的な学習方式を通し、成熟した、あるいは中等技術水準の産業を導入して、外来技術を吸収して不断に改良を進めるべきであり、そうして初めて先進国とのギャップを縮める機会を持てるとした[21]。

また、アムスデン［1989］［1991］は、後進国には独自の技術が欠けているため、常に多角経営によって企業成長を維持する必要があるとも主張している。このほか、アムスデンは人的資源についても検討を加えている。そこでは、技術者や、その給与水準と技術教育に関して、韓国の造船業と鉄鋼業の発展に対する実証的な考察を行った。具体的には、財閥を中心とする企業組織が、いかにして国外の技術を導入して学習を進めたのかについての観察と、造船業界に進んだソウル大学卒業生について統計調査を行ったのである。最終的にアムスデンは、韓国は主に政府の干渉によって工業化を達成したという結論を示した[22]。

これまでに引用した各研究者の論点によって、後進国には後進性であるがゆえに、制度上の欠陥が多かれ少なかれ存在することが指摘できる。その上、後進国の初期条件と経済構造にはそれぞれ違いがあり、そのために欧米を中心とした先進国の開発経済学の理論を、そのまま後進国の発展へ適用すること自体、無理がある。

同様にアムスデンが韓国工業化に関する議論を、同じ後進国である戦後台湾の工業化の解釈にあてはめることはできない。台湾と韓国は、戦前にはともに日本の植民地に属していたけれども、戦後の展開は異なる。戦後の台湾は国民政府の統治を受けたため、中国大陸から渡ってきた技術者が、日本国籍の技術者の帰国によって生じた穴を埋めた。しかし韓国には、独立後において必ずしも台湾と同じ条件を有していたわけではない。また、戦後韓国の工業化過程においては、政府が産業政策を通して財閥の成長を支持したものであるが、台湾の場合は重要産業を公営企業が独占するなどして政府が管理していたのである。公営企業は政府の政策と不可避であり、公営企業が自主的に意思決定し得る空間は、民営企業に比べて小さかった。このように台湾

---

21) Amsden, A. H［1989］. Amsden, A. H［1991］、pp. 282–286.
22) *Ibid*.

と韓国との相違点は多岐にわたる[23]。

　戦後の台湾の初期条件は、日本植民地期のインフラ、中国大陸から渡ってきた技術者と台湾本土の技術者、アメリカなどの国外からの援助などをあげることができる。そうした条件を基に、台湾は1970年代に新興工業国の一員になったのである。そして今日、戦後台湾の工業化の事例は後進国工業化のモデルとなっているが、上述の研究者の理論と視角は、必ずしも台湾の経験からもたらされたものではなかった。それでは節を改めて、戦後台湾の工業化について、さらに説明を加えていきたい。

第2節　台湾工業化の継続と移植

　台湾の工業化に対する研究は、その多くが第二次世界大戦後を対象としており、戦前と戦後は二つの断裂した時期とみなされ、個別に議論されてきた。

　戦前を対象とする台湾経済史研究は、製糖業の発展、電源の開発、港湾の建設と海運、戦時の軍需産業など、さまざま論じてきた。このほか、貿易方面の研究では、植民地期台湾と日本内地との関係を研究対象としている。概括すると、これまでの日本統治期の台湾経済に対する研究は、当時の日本からの投資や日本との貿易が、戦後台湾の工業化に対して何らかの貢献があったとみているといってよい[24]。

　一方、戦後を対象とした台湾経済史の研究に目を向けると、多くが国民党の台湾統治を起点として、1950年を境に二つに時期区分されてきた。すなわち1945年から1949年末までの、台湾は中国大陸の統治に隷属していた時期と、1949年12月以降、中華民国政府は中国本土から撤退して台湾に入り、台湾を独立した経済主体とする経済政策を展開した時期の二つである[25]。そのうち、

---

23) 戦後韓国の経済発展に関しては、李憲昶著、須川英徳・六坂田豊訳［2004］、第10-11章の議論を参照。
24) この点については、林玉茹、李毓中［2004］、凃照彦［1975］、黄紹恆［2004］、163-192頁を参照。
25) この点は、林玉茹、李毓中［2004］、黄紹恆［2010］、32-34頁を参照。文馨瑩［1990］、劉進慶［1975］。

戦後初期に関する研究成果の多くは、アメリカの台湾に対する経済援助と産業の発展に集中している。このほか、一部の研究者は定量的な研究方法を採用し、台湾経済の成長に対して長期的な観察を行ってきた。

しかし、経済発展の軌跡についていえば、1945年の台湾は単に国民政府に接収されただけではなく、それによって市場圏の変化、組織の調整、人事の変動、さらには生産技術の変化にいたるまで、大きな変化とそれに対する調整が生じた。一部の産業では、戦後初期に日本国籍の技術者を「留用」して、過渡期における橋渡しの役割を果たさせた。しかし1947年の2・28事件の後、日本国籍の技術者は数ヶ月の間に次々と日本へ送られ[26]、これらの産業は、生産面、人事面、技術面で多かれ少なかれ様々な「断絶」に直面したのである。ただし、戦後初期を対象とした各種の研究は、その多くが政策面の議論に集中していて、上述した転換期における変化と移行に関する実証研究は意外に少ない。

台湾は終戦にともなって日本帝国主義の経済圏から離脱し、数年間は中国大陸経済とつながっていった。これを産業技術の観点からいえば、台湾は日本式の生産技術体系から離脱したため、日本が打ち立てた基礎の上に、中国大陸の生産技術を接合させる必要があったということである。1895年以後の台湾と中国の工業化パターンには違いが生じており、戦後になって二つの技術体系が接合される過程は不可避であったのである。

周知のように、1895年に台湾が日本の植民地統治下に入ってから、土地調査によって土地所有権が明確になり、幣制改革によって台湾と日本内地の貨幣制度が統一された。こうした制度的確立を経たことで、日本商人は次第に台湾での交易活動や投資に乗り出すようになっていったのである。このほか、植民地政府は国家の力によって、もともと台湾の砂糖、茶、アヘン、樟脳、海運を管理していた外国人資本を駆逐し、さらに、台湾銀行の融資政策に支えられて、各産業の発展と資本主義化を進めていった[27]。

---

26) 湯熙勇「台湾光復初期的公教人員任用方法　留用台籍、羅致外省籍及徴用日人（1945.10-1947.5）」（『人文及社会科学期刊』第4巻1期)、391-425頁。呉文星「戦後初年在台日本人留用政策初探」（『台湾師大歴史学報』第33期)、269-285頁。

27) 矢内原忠雄［1988］、17-113頁。

1937年7月、日中戦争勃発後、同年9月に臨時帝国議会は、「臨時資金調整法」、「輸出入品等臨時措置法」、「軍需工業動員法」の三つの法令を通過させた。これらを戦争動員体制下の法的な基礎とし、資金の運用、軍需産業の発展、物資の動員に対して統制を加えた。そのほか、経済統制のため、同年10月に日本政府は企画院が統括する物資動員計画を成立させ、あらゆる物資の輸出入、資金の運用、労働力の配置はみな、企画院の決定によるものとした[28]。台湾においても税収と制度上の調整を進め、同年に前後して「事変特別税令」（8月11日）、「軍需工業動員法」（9月18日）、「臨時資金調整法」（10月15日）を公布した[29]。

　1938年3月になって日本政府は「国家総動員法」を公布し、台湾は初めて正式に日本の戦時動員体制の対象となった[30]。同法施行により、全ての商品の生産、運輸、通信、金融、教育訓練、試験研究、警備などはみな動員体系に組み込まれた。このほか、国民から法人、さらには工場や自動車のような交通に関する輸送機械も一律に、動員対象に入れられたのである[31]。

　一方、中国では辛亥革命を経て、1912年に中華民国が成立したが、その後は軍閥が割拠する局面を迎えた。1932年9月、満洲事変が発生し、国民政府は日本の侵略に対抗するため、同年11月に国防設計委員会を成立させて、軍事、国際関係、教育文化、財政、原料及び製造、交通運輸、土地及び食糧、専門調査の八部門を設けた[32]。当時の国防設計委員会の任務は、中国全土の資源に対して調査を進めてその開発計画を立案し、それに基づいて国内経済を発展させ、国防計画に対して建議することにあった[33]。

　1935年に国防設計委員会は軍事委員会所属となって、資源委員会と改称し、もともとの軍事、国際関係、教育文化の三部門を閉鎖して、専ら資源調査と、開発、動員の管掌に力を注いでいった。ほかに1936年には、鉄鉱業、電力、

---

28) 中村隆英［2005］、109-112頁。
29) 台湾省文献委員会編［1951］、3-5頁。
30) 林継文［1996］、18頁。
31) 中村隆英［2005］、113-114頁。
32) 銭昌照「国民党政府資源委員会始末」（全国政協文史資料研究委員会工商経済組編［1988］、2-4頁）。
33) 薛毅［2005］、72-74頁。

石油などの事業展開も始めた[34]。1937年の日中戦争開戦後も、資源委員会は依然として重工業の建設を計画し続けていた。この計画の中で、資源委員会所属の各工場の組織形態は、現代企業の雛形を既に備えていったといえる。資源委員会は政府組織の一環であったけれども、人事招聘や、管理と昇給制度については、柔軟な運営形態を持ち、他の政府機関とは異なっていた点は注目に値する[35]。

　第二次世界大戦終了後、国民政府は台湾省行政長官公署を設けて、台湾に対する接収工作の責を負わせた。接収対象となったのは、台湾総督府所轄の各機関、企業と個人財産であり、接収後はその重要性の高さに応じて、資源委員会が独自に経営する国営企業、資源委員会と台湾省行政長官公署が共同経営する国省合営企業、そして台湾省行政長官公署が独自に経営する省営企業となった[36]。これらの企業は、戦後台湾公営企業のさきがけであったといえるが、戦後台湾の資本主義の歴史的発展過程の中で、国家権力が産業に干渉した典型でもあった。数多くの接収項目の中で、いわゆる「日産」の接収とは、台湾にある日本の財産の詳細な調査と接収を進めることである。その中でも、資源委員会は1946年に台湾で比較的規模の大きかった日系企業の接収を始め、それを改組して、国営と国省合営の企業としたのが、台湾電力公司、中国石油公司、台湾機械造船公司、台湾鹼業公司、台湾肥料公司、台湾水泥公司、台湾紙業公司、台湾糖業公司、台湾鋁業公司籌備処、台湾銅礦籌備処の「十大公司」である[37]。

　1945年当時の台湾は、統治権が転換する時期であり、日本植民地期の行政

---

34) 銭昌照「国民党政府資源委員会始末」（全国政協文史資料研究委員会工商経済組編［1988］、3－4頁）。

35) 薛毅［2005］、424-435、443-445頁。

36) 経済部稿、送達機関：包可永「据呈送台湾省画撥公営日資企業単位開列名冊請核備一案即准予備査由」（1946年11月19日、（35）京接字第16857号）、「台湾區接収日資企業単位名単清冊」（資源委員会檔案、檔號：18-36f　2－（1）、中央研究院近代史研究所檔案館所蔵）。

37)「資源委員会代電　附表：資源委員会在台附屬機関一覧表（1946年6月15日統計）」1946年7月19日（国民党政府経済部資源委員会檔案、檔號：28（2）3928）。この檔案は、陳鳴鐘、陳興唐主編［1989］、103頁に収録されている。

組織と産業を接収し、一部の経済組織の調整については国民政府の中国大陸統治経験を参照し、台湾の現状に対する調査を進めていった。しかしながら、国民政府が台湾の数多くの「日産」などの経済組織の接収を進めるとき、台湾と中国の数十年分の経済及び産業の発展に開きがあったため、技術と生産の上で様々な困難が発生するのは免れえず、両者の融合を図らねばならなかった。ただし、どちらかといえば、1945年に台湾が再度中国の経済圏に入ってから、行政と経済の制度は次第に中国の影響を受けていったのである。

　上述の理解に基づくと、戦後台湾経済の研究について植民地期の延長線上にある事柄に対してのみ検討を進めることは、一面的な理解に陥ってしまうだろう。また戦後、「日産」の接収を担当した人員は、植民地期に台湾総督府と企業に勤めていた少数の台湾人、或いは植民地期に中国に赴いて成功した台湾人を除き、多くの中層・高層の幹部職は中国大陸から派遣されてきた人員によって占められていた。このために、当時接収を担当した人員の過去の中国経験に対して考察を進めることが必要となる。そうして初めて戦後台湾の政治経済体制ないしは組織の沿革と発展に対して、深い理解を得ることが可能となるのである。

　また、これまで戦後の台湾の経済発展を回顧すると、数多くの著作は、アメリカの援助が台湾経済の「奇跡」に貢献した面ばかりを称賛していて、一方で、植民期の台湾総督府によるインフラ整備などの事業を粗略に扱ってきた[38]。しかし、戦後台湾経済発展の起点は、およそ農業、工業、金融ないしは公営事業にいたるまで、その多くが植民地期の企業の整理統合と改組によって形成されたものであり、多かれ少なかれ、日本植民地統治の制度を継承しているのである。劉進慶は、戦後の国民党政権の台湾に対する接収は、戦前日本の独占資本を国民党の国家資本に転化させたものであると指摘した。劉は農業、工業、公営事業、私企業などの数多くの面から検討を加え、上述の輪郭を作り出してはいるが、執筆当時の時代背景の下で、体系的に考察を進めるにはいたらなかった[39]。

---

38) この点については、文馨瑩［1990］、趙既昌［1985］. を参照。
39) 劉進慶［1975］。

さて、戦後初期から中華民国政府が本土を撤退して台湾にやってくる以前、台湾が果たしていた役割は中国市場内需に対する供給者というものであった。そのため、国民党政権が台湾経済に対して採った政策的態度は、消極的な管理方法を多く用いて、台湾産業の長期的な発展に対してはあまり配慮しないというものだった[40]。

1949年末、中華民国政府が完全に中国大陸から撤退して台湾にやってきたことで、台湾は中国大陸との政治的、経済的関係を断絶し、独立した経済主体となった。台湾経済史の文脈に立てば、1950年以後が、台湾が自律的な経済主体となり、台湾経済の資本主義的発展の出発点であるといえよう。

たしかに、日本統治期には植民地政府によって、台湾で或る程度の工業化が進行したけれども、それは分断的な工業化にすぎなかったのである。本格的な工業化は1950年以後の紡績工業を嚆矢とするもので、労働力を集中させた軽工業の発展が、しだいに従来の都市と農村の二重構造を揺るがし始め、その後、またその他の工業の絶え間ない発展に従って、次第に農村人口を都市に向かっての移動を促すというものである[41]。

およそ、産業革命が促進する資本主義化の発展は、二種のタイプに分けることができる。一つは、イギリスとアメリカのような先進国の「下から」という方式であり、主に民間の力量によって発展を進めるというものである。もう一つは、日本とドイツなどのような後進国が採用した「上から」という方式であり、政府の力によって資本主義化を推し進めるというものである[42]。

1950年以降の台湾の産業革命は、いわゆる「上から」方式に属していた。すなわち、政府が積極的に、産業政策などの干渉を通して工業化を推し進めたのだということができる。綿紡織工業の発展についていえば、「代紡代織」（原料綿花の分配）などへの干渉的な政策によって、同産業の発展に寄与したのである[43]。また、人造繊維産業については、政府が産業政策によって、中国石油公司に川上部門、川中部門の発展を推し進めるよう責任を負わせ、

---

40) この点、呉聰敏［1997］、521-554頁を参照。
41) 笹本武治、川野重任［1968］、722-726頁。
42) 塩沢君夫、近藤哲生［1979］、185-192頁。
43) 瞿宛文［2008］、167-227頁。

川下部門は民営或いは公営企業に生産を請け負わせるというやり方で行われたものである[44]。
　台湾資本主義形成期における外的状況は冷戦体制であり、台湾はアメリカ陣営に従ったことで、その援助を受けたのである。1950年代に台湾の経済の本格的な発展が始まってから、日本統治期に築かれた生産体系の延長に加え、物資と人員訓練の面でアメリカの影響を受けたのである。アメリカの対台湾援助は、直接資金を与える援助と借款にとどまらず、様々な面で確認することができる。例えば、台湾の大学、専門学校に対する補助を通して、台湾にアメリカ色の強い高等教育が導入された。ほかには、アメリカの援助計画の下で、公営事業及び政府機関の職員をアメリカに派遣して研修を受けさせ、当時必要であった管理職及び技術者を養成した。これによって、人的資本の養成はさらに充実していった[45]。
　1965年にアメリカの援助が終了する前、台湾は借款の受け入れによって工業化を推進させようと試みた。その主な財源は、世界銀行の借款、日本の円借款、アジア開発銀行の借款、アメリカ輸出入銀行の借款などである。これらの借款のうち、三分の二は公営事業へ貸し付けられ、それによって、生産設備の拡充と建設をさらに進めていった。1965年にアメリカの援助が終了した後には、円借款が最も重要な資金源となった[46]。
　日本の円借款について言及する前に、戦後の台湾と日本の貿易関係の変化について、詳しく述べる必要があるだろう。戦後の台湾と日本は、戦前の支配従属関係から国家間の貿易関係へと変化し、1950年9月に日台貿易協定を締結して以後、両国の貿易は再開された。当時の貿易方法は、記帳方式により、年ごとに二国間貿易交渉を進めて、輸出入商品の種類と数量を決定するというものだった。ただ、この貿易制度は1961年になって終わりを告げ、この後の両国間の貿易取引は自由貿易方式で進んでいった[47]。
　円借款は、日本にとって第二次大戦の敗戦国としての賠償方法の一つであ

---

44) 瞿宛文［2002a］、151-179頁。
45) 周琇環編［1998］、267-345頁。
46) 呉若予［1992］、138-139頁。
47) 廖鴻綺［2005］、17-20頁。

った。またそれは同時に、日本は東南アジア各国に対する賠償を利用し、経済協力資金の長期的な提供にともない、日本の商業ネットワークと工業技術を東南アジアに広めていくという意味も有していた[48]。1965年の日本の台湾に対する借款は、1960年代後半の台湾公営事業に再度、日本の資金と技術を導入させたが、1972年に台湾と日本の国交が断絶するに至って中止された[49]。1965年の円借款がもたらした資金と技術の援助は、戦後台湾の公営事業にさらなる発展の条件を提供したということができる[50]。

前に述べたように、戦後台湾経済は、その多くが日本統治期に発展した工業を基礎として国外の資金と技術援助を受け、安価な労働力を用いることでさらなる拡充と発展を進めたのである。台湾経済の発展を顧みると、早期に発展した産業の多くが、農産物加工品及び軽工業であった。1950年代の後、台湾区生産事業管理委員会と、後の行政院経済安定委員会に所属する工業委員会は、公営金融体系による貸し付けと、外貨管理方式によって、台湾の各産業の発展を推し進めた。今日の立場から戦後初期の発展戦略を振り返ってみると、当時の政府が行った産業に対する支援は、安価な方法を採用して進められたものであったことがわかる。例えば、早くに政府が援助した紡織業、パイナップルなどの食品加工業と製糖業は既に工業的基礎を部分的に備えており、産業を発展させることはそれほど困難ではなかった[51]。

48) 小林英夫［2000］、62-65頁。
49) 「行政院公文、台61財9865号、受文者：行政院国際経済合作発展委員会」1972年10月12日（『日円貸款総巻』、行政院国際経済合作発展委員会檔案、檔號：36-08-027-003、中央研究院近代史研究所檔案館所蔵）。
50) 例えば当初、台湾糖業公司の十年復興計画と、台湾電力公司の達見ダム建設計画は、経費不足により目標を達成できなかった。日本の円借款によってようやく資金を調達して計画を完成することができたのである。「台湾糖業公司五十七年度公司会議検討」1968年6月（『台湾糖業公司五十七年度公司会議報告資料』、経済部国営事業司檔案、檔號：35-25-14 113）。Project Description: The Lower Tachien Project (Applying for Japanese Loan through CIECD（1965年9月13日）（『台湾電力公司―輸配電工程計画 下達見水力発電工程』、行政院国際経済合作発展委員会檔案、檔號：36-08-041-001、中央研究院近代史研究所檔案館所蔵）。
51) 尹仲容「敬答立法院黄委員煥如質詢」1957年11月5日（『立法院審査第二期台湾経済建設四年計画』、行政院経済安定委員会檔案、檔號：31-01-07-006、中央研究院近代史研究所檔案館所蔵）。

当時の台湾政府は重工業の発展に対して、リスク回避的な手法を採用していた。1950年代において影響力を有した経済官僚の尹仲容が抱いていた構想は以下の通りである。重工業の発展には膨大な資金が必要であるが、資金不足の状況であるために短期間で重工業の発展を図るのは困難であり、限られた資金を収益性が高くコストの低い産業に集中投入するというものであった。そして、鉄鋼業の発展計画に関しては、尹氏は既存の鉄鋼工場を拡充させるべきであると考えていた。銑鋼一貫の鉄鋼工場建設計画については、原料及び資金面で日本、フィリピン、マレーシアとアメリカの援助に頼り、外国の原料と資本を調達した上で計画を進行させることを望んでいた[52]。戦後の「十大建設」が推進される以前において、台湾では鉄鋼業、石油化学工業、造船業などの重工業の発展が図られたが、その多くは外国資本と技術を導入して工場を建設するか、経営状況のよくない民営企業を政府が管理下において国有化するというものであった[53]。

　台湾では、1970年代に十大建設が完成して後、ようやく本格的に重工業の時代に突入する。しかし、それ以前の台湾でこれらの産業が全く発展していなかったのではない。非常に緩慢な速度で生産と技術の学習を進め、画一的な技術職体系と大学教育、また企業内部に設立された労働者の訓練組織によってまとまった技術人員を培養することで、十大建設推進時における短期間で急速な発展を可能としたのである。

　本書では、台湾公営事業体制下の台湾造船公司（以下、台船公司と略記する）を対象として、その発展過程に焦点を当て、戦後の後進国であった台湾が、いかにして外国の資本と技術を導入し、造船業を発展させたのかを論じていく。台船公司を個別事例として選択した理由は、造船業が高度な組み合わせ型の産業に属し、同産業の発展のためには建造過程で各種の工業を組み合わせる必要があることから、工業化の程度をはかるのに格好の事例だから

---

52) 同上資料。
53) 鉄鋼業については以下を参照。許雪姫、293-337頁は、唐栄公司はもともと民営企業であったが債務償還能力が無くなったため、最終的には政府が管理下において公営企業に改組した、と記している。石油化学工業部門については、瞿宛文［2002b］、8頁、同［2002a］、41-42頁を参照。

である。また、造船業は比較的多額の資金と長期の投資が必要になるだけでなく、国防産業の一種でもある。そのため、世界的に造船業が発展した国の多くが、政府の産業政策の支援を受けていた。台湾経済全体でみても、台船公司は、1970年代に「十大建設」である中国造船公司の工場が竣工される以前、国内最大規模の造船工場であった。それゆえ、1970年代以前の台船公司は、台湾の工業化過程の重工業の発展という文脈において、一定の指標的な意義を持つといえよう。

経済発展の歴史的観点からいえば、本研究の題材は、後進国である台湾はいかにして植民地期の遺産を基礎として、先進国からの技術導入と政府の産業政策による支援を受けて工業化を推進し、先進国に対する技術的依存から自立していったのかという、今日なお多くの人々の関心事となっている問題を扱う。本研究では、台船公司を個別事例として、こうした問題に対し一つの見解を投じたいと考えている。すなわち、戦後の台湾造船業が諸外国の技術を導入するという段階から、大型船舶を建造するほどの能力を備える段階へと展開していったのか、ということについて歴史具体的に観察していく。

本研究を概観すると、以下の諸点を論じていく。まず、日本統治期に小型船舶を建造して地域の船舶需要を満たしていた状況から、戦後に船舶修理事業を発端として、技術導入によって小型船舶を建造し始め、大型船舶の建造にまでいたった過程について論じる。その技術移転の過程で、内製率は上昇したのか否か、また、政府の政策は産業水準の向上を推し進めたのか否か、さらには、船舶の設計と研究開発に関して、設計能力を習得していたのか、或いは、依然として先進国が提供した技術に依存していたのかが論点となろう。このほか、台船公司の公営事業体制にも制度面から検討を加え、企業組織としての特性が、台船公司の経営戦略決定に与えた影響と限界についても明らかにしていく。

第3節　分析方法

従来の台湾造船業に関する研究において、議論の中心にあったのは科学技術史の角度からみた台船公司の発展であり、主に日本統治期、あるいは戦後

のある一時期に対する断片的な研究に偏っていた[54]。台船公司に関する研究についても、政府と国外からの援助などの政策面についての観察は意外なほど少ないといわざるをえない。また、研究史は、台船公司を自律的な経済主体と認識しておらず、技術を学習していたのかについて観察し、学習の成果に対して評価を行ってきたのである。造船業の人的資本に関して、設立当初の台船公司が内部で人材を育成していた方法や、その後、教育部によって造船業人材教育体制が構築され、造船業の発展に必要な人材が提供されたことについて、研究史は十分な注意を払ってこなかったのである。

こうした研究状況を鑑みて、本研究では新興工業国の技術導入と人材養成について台船公司を個別事例として分析する。台船公司の前身は1919年に成立した基隆船渠株式会社であり、その後、1936年に改組して台湾船渠株式会社となっている。ゆえに考察の対象とする時期は、日本統治期から、1978年に台船公司が中国造船公司に併合されるまでとする。それは植民地期における民間企業が戦後の公営事業に変化した過程を観察することを主眼としているためである。とりわけ、転換期における制度と組織の改編、技術の継承と移転、さらには1950年以後、戦後の造船業の人材をいかにして補填、育成していったのかに注目したい。次に、台船公司が国外から技術を導入して次第に学習していく過程、戦後台船公司の業務開拓の過程において、政府の政策と外国資金の投入がその進展を助けたのかについて考察を進める。

造船業はリーディング産業とも呼ばれ、その内製率は工業化の進展度を示すとみなされている。造船業の主な内容は、資材の生産、船体の組み立てと、船舶の設計の三つの部門に分けることができる。まず船舶の資材は、電機、機械、鉄鋼と化学工業などの産業を組み合わせて、船舶の組み立てに必要な部品を提供する。その中でも、船舶本体と鋼板は、造船コストの50％を占めており、この二つの資材は、重工業の重要な産品とみなされている。当初、台湾は工業的基礎が薄弱であったので、船舶の資材はほとんど全て国外からの輸入に頼っていたが、1960年代後半から徐々に内製率を高めたのである。

---

54) 陳政宏［2005］。蕭明禮［2007］、67-85頁。許毓良［2006］、192-233頁。林本原［2007］。

ただし、船舶本体と鋼板については、1980年代初頭になってようやく製造能力を備えたのである。

つぎに、船体の組み立て過程については、同類の船型を大量に生産することが可能となれば、工期を短縮できるだけでなく、さらに労働コストも下げることができる。しかし、大量生産をするには必ず大量の受注を得ることが必要となる。造船業の場合、必要な資金は膨大であり、一般的には長期借入れが行われる。このため、政府が造船業者に資金補填或いは補助金給与などの産業政策を行うかどうか、また船舶需要者に資金を供給して大量の受注獲得を促すかどうかということが、重要な論点であるといえよう。

最後に、船舶の設計は、その複雑さの程度によって、施行設計、細部設計と基本設計に分けられる。また、船舶の設計では、専門技術を学んだ人材のほかに、船型試験槽などの関連設備を設置する必要がある。台湾造船業は、早くも1950年代後半には、36,000トンの大型タンカーの建造が可能であったが、当時はただ施行設計能力を持つだけで、細部設計と基本設計はなお、外国から提供された設計図に頼る必要があった。この状況は、台湾大学の船型試験槽と連合船舶設計発展センターが相次いで開設され、台湾造船業における設計能力が一段階向上するまで続いた。

以上を踏まえると、台船公司の生産面の技術移転と学習成果は、資材生産、船体組み立て、船舶設計の三大要素によって判断するべきだといえよう。このほか、台船公司自身の技術学習だけでなく、政府が産業政策によって造船業を支持しようとしたのかどうかもまた、造船業の成長を決める要素の一つである。

本研究では、市場構造の変化と技術移転の変遷に依拠して、台船公司の発展を幾つかの時期に分けて検討を行っていく。まず、日本統治期の基隆船渠株式会社の発展、戦後初期の台船公司の成立過程について考察し、制度及び人事の変化について考察する。次に、台船公司が、1950年に台湾が独立した経済主体となった後から1957年にアメリカのインガルス造船会社に賃貸される以前までの動向について検討する。また、台船公司が殷格斯台湾造船公司（以下、殷台公司と略記する）に経営を委託した時期のことも検討し、その造船技術の習得失敗と財務破綻の原因について検討する。このほか、この時

期に台湾の大学や専門学校において開始された造船教育の進展についても、あわせて議論を進める。そして最後に、経済部が台船公司を接収して自ら経営を行い、日本の石川島播磨株式会社の技術の導入を大々的に開始し、1978年に中国造船公司と合併にいたるまでの期間について、検討を進める。また、各章の内容を概観すると、以下のような諸点について論じていく。

まず、第1章では、基隆船渠株式会社と台湾船渠株式会社の業務区分を確認し、さらに造船契約の内容を分析するほか、植民地期の船渠会社がいかにして、日本政府の政策に応じて発展していったのかを観察する。また、日本統治期の台湾になぜ大規模な造船業者が出現しなかったのかについて、その原因を推測する。

これまで、戦後初期の「日産」の接収及び当時の台湾経済構造の再編に対して進められてきた研究の多くは、制度面を検討したものであり、個別具体的な事例を扱ったものは少ない。一部の先行研究が、この時期の国民政府が台湾に対して進めた統制的な経済政策は、中国大陸の混乱による凄まじいインフレから派生した幣制改革に関心を向けてきたが、個別企業について考察し、その意義を明らかにしたものはほぼないといってよい。個別企業に関する研究においても、その多くは、生産量と品質に言及するにとどまっていた[55]。生産量や品質の把握はむろん重要であるが、本研究ではとりわけ、戦後の生産回復の過程における技術的側面に注目したい。すなわち、日本人を送還したことで生じた技術力の穴をいかにして補填していったのかという点について、従来の研究は十分に明らかにし得ていないと考えている。日本統治期の台湾の重要企業の多くは、経営と技術管理の面で日本人が中心であり、一方、台湾人は、比較的低い地位の仕事を担当しており、管理職と技術職に任用される機会は少なかったのである。戦後、国民政府による接収後、これらの日本人がもともと担っていたポストの多くが外省籍の従業員によって引き継がれていった。これまで、戦後接収問題の研究では、多くが省籍任用問題について議論をするのみで、管理能力及び技術能力についての十分な議論

---

55) 例えば呉聰敏［1997］、521-554頁や劉士永［1996］が、戦後初期の台湾の農業及び工業の統計を検討しているが、企業についての言及は少ない。

は少なかった。本研究も基本的に従来の研究成果を否定するものではない。ただしそこから一歩進んで、職員の管理と技術職などの専門技術能力について、台船公司を事例として具体的に検討することとしたい。

このほか、本研究では台船公司の株主権利の転換についても検討を行う。すなわち、日本統治期、日本人の経営であった台湾船渠株式会社は、戦後、いかにして日本企業と日本人の持っていた株を清算し、公営企業体制に転換したのであろうか。また1940年代末の中国大陸と台湾の通貨インフレから派生した幣制改革が、台船公司の資本構成と財務構造に与えた衝撃と、同公司の臨機応変な対応も、本研究の検討範囲に含まれる。

1949年末、中華民国政府は中国大陸から撤退して来台したが、これは台湾にとっては、独立した経済主体となる契機となった。それまで台湾市場圏は、日本統治期には日本帝国を主体とし、さらに戦後初期には中国大陸を経済主体としていたのとは対照的で、この時ようやく、正式に台湾自身が自国の経済圏の中心となったのである。この時期、政府は、政策と政府の管理下にあった金融システム及び外貨を通して、産業政策を実行し、台湾の各産業の発展を推進したのである。他方、1950年代以降に、アメリカからの援助が工業化を推進し、1965年以降アメリカの支援が終了してからは、次々に多くの国外からの借款が現れ、台湾の工業化過程における資金と技術の援助は続いた。そこで、第2章では、台船公司が1950年以後、いかにして政府の援助を受けて、造船業の発展を支えていったのかを観察する。

また、当時のアメリカの援助が造船業の中でどう運用されたのか、どういった方面の援助を提供したのかについて論じていく。

1950年代末、政府は引き続き台湾の工業化に対する政策を行ったが、重工業の投資については、やや中立的な態度を取ったといえるのかもしれない。すなわち、台湾の造船業に対しては、政府は徴税者としての役割を演じることを選択し、並びに優遇的な徴税方法と事業拡張資金の提供によって、台船公司をインガルス造船会社に賃貸し、アメリカ資本と技術を導入する方法によって台湾の造船業を発展させることを企図した。しかしながら、殷台公司の時期には、36,000トンの大型タンカー建造に成功したが、収益性の高い修理事業と機械製造事業を疎かにしていたため、最終的には損失を出して、経

営権を政府に返還することとなったのである。以上の内容を検討する第3章では、殷台公司期の発展を議論し、この頃の公営事業の経営委託、技術革新、人的資源の育成などの多くが、後続の1960年代後半における台船公司の発展に対して重要な影響を与えたことを主張したい。

続く第4章では、1962年に経済部が殷台公司を接収して経営を始めた後、台船公司と日本の石川島株式会社が技術移転契約を締結し、日本式の造船技術を導入していったことを検討する。両社は技術移転に関し、最初は一括契約方式を採用していた。これは造船所で必要な物資の全てを日本から輸入して、船舶の組み立てをする方式である。技術が移転されると同時に、台船公司は職員を日本に派遣して訓練を受けさせ、造船に必要な技術を学習させた。このほかにも台船公司は、船舶生産の部品に対する研究開発、生産を徐々に進めていき、内製率を高めていくことで、国外の技術に対する依存から脱却できることを期待していた。

そして第5章では、戦後台船公司の技術学習後の生産実績、財務経営などの成果について議論をする。台船公司の技術学習モデルを検討するほか、政府の造船業発展に対する政策を観察し、造船業の発展、造船の研究開発と人力資本の育成などの面に関し、総合的な検討を行う。

最後に終章では、まず台船公司の技術移転の成果を評価し、また台湾造船業の事例から従来の経済発展理論の妥当性を検証することとしたい。

以上の各章の検討を通じて本研究は、後進国の工業化という文脈の中で、台船公司を一事例として、植民地期の基礎を継承し、戦後になって台湾と中国双方のハードウェアと人的資源を利用して復興を進めた方法と、発展途上の新興工業国が国外の技術を導入する発展モデルを観察する。

なお、本研究は主として、次の資料群に依拠しながら分析を進める。戦前の日本統治期に関しては、資料収集の困難のため、基隆船渠株式会社と台湾船渠株式会社の営業報告書を中心とし、当時の台湾日日新報を組み合わせて、造船企業の経営を理解していく。戦後の台船公司に関しては、台湾国際造船公司基隆総廠（かつての台湾造船公司）、中央研究院近代史研究所檔案館所蔵の国営事業司所蔵台湾造船公司檔案の資料を中心とする。ほかに、当時の関係者の回想録、聞き取り調査なども組み合わせて、檔案に記載された内容

との相互検証を行う。

第1章

日本統治期および戦後初期の台船公司
（1919-1949年）

第1節　台湾造船業の概況

　本節では、日本統治期および戦後初期の台湾造船業の概況をまず確認し、台湾造船公司およびその前身企業が台湾造船業の発展に果たした役割を明らかにする。台湾造船公司の前身は、日本統治期の基隆船渠株式会社および台湾船渠株式会社である。これらが日本統治期において最も重要な造船会社であったことは、その従業員数をもとに経営規模を推定することで了解されるであろう[1]。

　表1-1に示した通り、台湾における造船工場数は1930年から42年まで増加傾向にある。しかし、造船工場の従業員を100人以上抱える企業、51から100人を抱える企業、50人以下の企業の三つに分けてみたとき、日本統治期の台湾の造船所の多くは、小規模であったことが見て取れよう。

　詳しく見てみると、1930年には台湾全体で20の造船所があったが[2]、その

---

1) ここでは台湾総督府殖産局が毎年出版していた『工場名簿』を利用する。当時の調査は、動力発生機を利用して操業し、かつ従業員5名以上が生産に関わっている企業およびその従業員数を対象として統計を取るものであった。1939年（昭和14年）以降、『工場名簿』には従業員数が記載されなくなるが、これは日中戦争の勃発に伴い、従業員数が機密事項と見なされたことによるものと思われる。
2) 1930年の台湾における造船所数および各従業員数に関しては、巻末附表1を参照。

表1-1 日本統治期台湾の造船所の規模（従業員数）

(単位：造船所数)

年次	100人以上	51-100人	50人以下	総計
1930（昭和5）	2	1	17	20
1931（昭和6）	1	0	22	23
1932（昭和7）	1	0	22	23
1933（昭和8）	欠	欠	欠	欠
1934（昭和9）	1	1	22	24
1935（昭和10）	2	0	23	25
1936（昭和11）	2	0	23	25
1937（昭和12）	1	1	28	30
1938（昭和13）	1	3	31	35
1939（昭和14）	不詳	不詳	不詳	30
1940（昭和15）	不詳	不詳	不詳	31
1941（昭和16）	不詳	不詳	不詳	24
1942（昭和17）	不詳	不詳	不詳	38

出所：台湾総督府殖産局編『工場名簿』各年。

うち従業員数100人以上のものは基隆船渠株式会社（200人）と峠造船所（110人）の2社であった。従業員数50-100人のものは富重造船鉄工所1社のみで、50人以下のものが17社であった。うち16社の造船所は従業員数が10人に満たなかった。1935年（昭和10年）および翌1936年になっても、100人以上の従業員を抱える造船所は基隆船渠株式会社（1935年354人、1936年306人）と富重造船鉄工所（1935年106人、1936年118人）の2社で、特に前者の規模は突出していた[3]。以上のことから、基隆船渠株式会社が日本統治期の台湾の造船業を代表する存在であったことがわかる。

次に資本金を確認してみよう。台湾における資本規模の大きな企業組織に対しては、毎年調査が行われ、『会社銀行商工業者名鑑』（以下『商工名鑑』と略記）によってその内容が知ることができる。1928年時点でそれに含まれる造船会社は、基隆船渠株式会社と株式会社台湾鉄工所のみであった。台湾

3）1935年・1936年の台湾における造船所数および各従業員数に関しては、巻末附表2・3を参照。

鉄工所の資本金（200万円）は基隆船渠株式会社の資本金（100万円）を上回っていたが、基隆船渠株式会社はドックと造船業を主としたのに対し、台湾鉄工所は機械の製造と修繕を中心的な業務とし、船舶修繕には力点を置いていなかった[4]。翌1929年に出版された『商工名鑑』は造船と鉄工業を別にしていたが、造船業は基隆船渠株式会社しか記載されていない[5]。このような状況は1936年まで続き、基隆船渠株式会社以外では、1930年に基隆に設立された合資会社山村造船鉄工場、および1928年に高雄に設立された合資会社萩原造船鉄工場が、それぞれ資本金1万円と記録されているが、主力商品は船舶関連機材であり、基隆船渠株式会社の資本金350万円には遠く及ばなかった[6]。

　1937年の『商工名鑑』には、前年に基隆に設立された資本金2万円の合名会社造船鉄工場が記載された。そのほか、同年、台南に設立された須田造船所（資本金1万9千円）がある[7]。1942年の『商工名鑑』には台湾船渠株式会社・台湾造船資材株式会社・合資会社須田造船所が名を連ねている。資本金は、それぞれ台湾船渠株式会社が500万円、台湾造船資材株式会社が18万円、合資会社須田造船所が1万8千円であり、台湾船渠株式会社が日本統治期の最大の造船会社であったことが知られる[8]。

　1945年8月15日、第二次世界大戦が終結した。同年10月25日、国民政府は台湾省行政長官公署を設立し、各方面の接収を担当させた。この時期の台湾造船業の規模は表1-2のとおりで、資本規模・従業員数ともに依然として台湾船渠株式会社と台湾鉄工所が最大の企業であった。しかし、工場の規模に関しては、基隆の台湾船渠株式会社が最大であった。それ以外の造船所の規模は小さく、中型以下の木造船や漁船の建造を行っていた[9]。

　このほか、表1-3のとおり、1948年段階の国民政府管轄下において一定程

4）千草黙先［1928］、191-192頁。
5）千草黙先［1929］、133頁。
6）千草黙先［1936］、252頁。
7）千草黙先［1937］、278-279頁。
8）千草黙先［1942］、201-203頁。
9）台湾省行政長官公署統計室［1946］、115頁。

表1-2 接収直後の造船所の規模及び特徴（1946年）

名称	実収資本（万円）	従業員数	ドック数及び客船最大全長	工場の特徴
台湾船渠株式会社（本社工場、基隆工場、高雄工場）	500	1,619	A. 本社工場 a. 大型ドック1基（200m） b. 中型ドック1座（150m） B. 基隆工場 a. 小型ドック1座（100m） b. 船架1基（32m） C. 高雄工場 船架3基（50m）	A. 本社工場 大型船の修理（ドック利用）・小型船建造 B. 基隆工場 中型船の修理・小型船建造 C. 高雄工場 小型船の引上げ修理・小型船建造
報国造船株式会社（第一工場、第二工場、第三工場、鉄工場）	180	634	A. 第一工場 船架16基（32m） B. 第二工場 船架6基（32m） C. 第三工場 船架15基（10m）	A. 第一工場 大型中型木船の建造・修理 B. 第二工場 木船50トン以下の建造・修理 C. 第三工場 戦災から復興中
蘇澳造船株式会社	50	255	船架8基（32m）	大型木船の建造・中型木船以下の建造・修理
東亜造船株式会社	100	123	船架4基（10m）	大型木船の建造・中型木船以下の建造・修理
台湾海事興業株式会社	18	110	船架2基（32m）	木船の修理・小型木船建造（工場は現在建設中）
株式会社新高造船所	100	81	船架3基（25m）	中型木船以下の建造・修理
大日本海事株式会社	100	81	船架1基（25m）	中型木船以下の建造・修理
須田造船鉄工株式会社	50	184	船架6基（25m）	中型木船以下の建造・修理
開洋興業株式会社造船工廠	250	34	船架4基（25m）	中型木船以下の建造・修理
高雄造船株式会社（第一工場、第二工場）	240	755	船架30基（32m）	中型木船以下の建造・修理（戦災から復興中）
株式会社台湾鉄工所（本社工場鉄工所、東工場造船所）	897	2,650	東工場（造船所） 船架4基（50m）	本社工場は一般の鉄工場。東工場は鋼船の修理・木船の修理および建造が可能
東港造船株式会社	10	148	船架5基（25m）	中型木船以下の建造・修理
台東造船株式会社	12	23	船架3基（25m）	小型漁船の建造・修理

出所：台湾省行政長官公署統計室編［1946］、115頁。

第1章　日本統治期および戦後初期の台船公司（1919-1949年）

表 1-3　戦後初期国民政府統治地域における主要な造船所

名称	所在	ドック数及び建造トン数	総建造トン数	経営者
台湾造船公司	基隆	ドック3基： 1号ドック25,000トン 2号ドック15,000トン 3号ドック5,000トン	45,000	資源委員会
江南造船所	上海	ドック3基： 1号ドック9,500トン 2号ドック9,000トン 3号ドック18,000トン	36,500	海軍部
英連船廠	上海	ドック3基： 1号ドック5,000トン 2号ドック9,500トン 3号ドック9,000トン。	23,500	外資

出所：周茂柏［1948］、2-4頁。

度の規模を有する造船所としては、資源委員会と台湾省政府が共同で経営する台船公司、海軍部所属の江南造船廠、外国資本の英連船廠（the British Union Shipyard）があった。このうち、接収・改組を経た台湾造船公司は中国最大の25,000トンのドックを擁し、中国全体の総建造トン数の40％を占めていた[10]。

第2節　日本統治期の基隆船渠株式会社

1．基隆船渠株式会社の成立

　台船公司の前身の一つである基隆船渠株式会社[11]（以下、基隆船渠と略記）は、1919年に鉱業資本家である木村久太郎[12]が台湾総督府の支持のもと、

---

10) 周茂柏［1948］、3頁。
11) 基隆船渠株式会社の前身にあたる大阪鉄工所と木村鉄工所に関しては、蕭明禮［2007］、67-85頁。
12) 木村久太郎（1867-1936）、鳥取県出身。1896年台湾に至り、鉱業および建設業に従事し、その後台湾水産会社社長、基隆軽鉄会社社長。台湾船渠株式会社社長などを歴任した。岩崎潔治編［1912］、114頁。羽生国彦［1937］、490頁。

資本金100万円によって基隆牛稠港に設立したものである[13]。当初、木村久太郎が取締役社長、近江時五郎[14]が専務取締役、顔雲年[15]が取締役に就任した[16]。1928年には、さらに原田斧太郎[17]が取締役に就任したほか、後宮信太郎[18]を監査役として招聘した[19]。

基隆船渠は創業にあたり、1万株を発行している。個人の大株主としては、木村久太郎と近江時五郎がそれぞれ2,883株、2,270株を保有し、企業では基隆炭鉱株式会社が2,800株を保有していた。また台湾人資本家である顔雲年が100株を保有していた[20]。

1930年までに木村久太郎が保有していた株式は、自らが設立した木村商事株式会社へ譲渡された。それ以外の大株主は取締役や監査役が多く、会社経営に参加する立場の者以外では、投資家の親族がほとんどであった[21]。

1934年6月、台湾銀行が4,400株を購入し、基隆船渠が台湾銀行から借り入れていた債務を出資金に充てることとした[22]。これによって、台湾銀行が基隆船渠の筆頭株主となった。さらに台湾銀行の投資によって、経営陣にも変更が加えられ、専務取締役の近江時五郎が取締役社長になり、取締役社長で

---

13) 経済部［1971］、1-2頁。
14) 近江時五郎（1870-?）、秋田県出身。台北州協議会員、基隆公益社社長、台湾水産株式会社社長、基隆船渠株式会社専務取締役などを歴任。新高新報社編［1937］、91頁。
15) 顔雲年（1874-1923）、基隆出身。1906年金興利号を設立し、新型炭鉱事業を行う。1918年、藤田組と台北炭鉱株式会社を設立し、同年、三井財閥と基隆炭鉱株式会社を設立した。両社の石炭生産量は、当時の台湾全体の生産量の三分の二を占めた。許雪姫［2004］、1324頁。
16) 基隆船渠株式会社『第三回営業報告書』（自大正9年12月1日至大正10年11月30日）、9頁。
17) 原田斧太郎（1870-?）、秋田県出身。基隆船渠株式会社支配人、台湾鉱業会理事、藤田組瑞芳鉱山技師、木村組牡丹坑鉱業所長等を歴任。内藤素生［1922］、17頁。
18) 後宮信太郎（1863-?）、京都府出身。総督府評議会員、煉瓦製造業、台湾煉瓦株式会社専務取締役、台湾煉瓦株式会社社長を歴任。興南新聞社［1943］、6頁。
19) 基隆船渠株式会社『第十一回営業報告書』（自昭和3年6月至11月下半期）、1頁。
20) 基隆船渠株式会社『第三回営業報告書』、10-13頁。
21) 基隆船渠株式会社『第十五回営業報告書』（自昭和5年6月至11月下期）、9-13頁。
22) 基隆船渠株式会社『第二十三回営業報告書』（自昭和9年6月至11月下期）、1-2頁。

あった木村久太郎が専務となった。このほかに専務として顔国年[23]、原田斧太郎、元台湾銀行支店課長馬渡義夫[24] が経営陣に加わった[25]。

2. 基隆船渠の設備と規模

基隆船渠は、成立当初、木村鉄工所が所有する牛稠港の港湾建築用のドックを利用して船舶修繕の事業を展開していた。当時のドックは角石からできており、全長は420m、幅198m、入口48mであり、底部は長さ342m、幅192m、入口44mであった。ドックの水深は満潮時に15m、干潮時には12mで、長さ300m、幅40m、喫水14mの船舶を受け入れることができた。この設備は当時沿岸を台湾総督府が設定した命令航路を航行していた船舶、たとえば奉天丸や長春丸、あるいは大陸側の命令航路を航行していた天草丸・開城丸・湖北丸などの積載量3,000トンクラスの汽船も利用可能な規模のものであった[26]。その後、石製乾ドック4,000トン1基、50トン級の船台1基、200トン級の船台2基さらに小型の鋳造・機械・缶詰などの工場が附設された[27]。

1927年6月、逓信省管理局は100トン以上の鋼船を建造可能な造船所に関して調査を行っている。その調査報告によれば、基隆船渠の主要な設備として、長さ330m、幅40m、3,000トンの石造ドック1基、長さ14mの50トン級の造船台1基、70m200トン級の船台2基があり、職員15名、労働者320名を雇い

---

23) 顔国年（1886-1937）、基隆出身。幼少のころから故郷の私塾で漢籍に親しむ。1913年、台湾鉱業信託総経理。1918年、基隆炭鉱および台北炭鉱株式会社（1920年、台陽鉱業に改称）専務取締役。1921年、海山軽鉄・瑞芳営林株式会社社長取締役。1927年、台湾総督府評議会会員、1929年、臨時産業調査会委員などを歴任（許雪姫策画［2004］、1323頁）。

24) 馬渡義夫（1890-？）、鹿児島県出身。東京帝国大学政治科卒業後、昭和製糖株式会社取締役、台東製糖株式会社取締役、水楽土地建物株式会社取締役、台湾銀行台北頭取席支店課次長、台湾銀行理事等を歴任。戦後は日本へ帰国し、町議会議長（谷元二［1940］、18頁。大澤貞吉［1957］、164頁）。

25) 基隆船渠株式会社『第二十三回営業報告書』（自昭和9年6月至11月下期）、2頁、12頁。「基隆船渠の更生減資の上増資し 新に鋳鋼業を経営」『台湾日日新報』（1934年6月29日）、第5版」。

26)「基隆船渠の排水」『台湾日日新報』1919年3月15日、第四版」。

27) 経済部［1971］、1-2頁。

入れていた[28]。

　基隆船渠と日本の植民地「満洲」に設立された満洲船渠株式会社の旅順工場・大連工場の規模と比較してみよう。旅順工場には長さ500m、7,000トン級および260m、1,000トン級のドックがあり、さらに長さ350mの船舶を建造可能な造船台があった。大連工場には440m、6,000トンの石造ドックがあった。この2工場はそれぞれクレーン船・小蒸気船・搖櫓船などの建造が可能であったが、基隆船渠にはこのような設備はなかった[29]。つまり、日本が「満洲」においた造船所は、規模・設備ともに基隆船渠を上回るものであったのである。これは「満洲」をめぐる市場圏が広く、さらに1911年から始まったウラジオストクへの定期航路や、1913年以降続々と開設されたニューヨーク・ヨーロッパ・インドなどとを結ぶ国際航路の存在によるものであろう[30]。

3．基隆船渠の経営状況

　基隆船渠の業務は造船・船舶修繕・機械製造の三つからなっていた。造船事業は、小型の汽艇・自動艇・小蒸汽船・水産指導船・水産試験船を中心としており、州庁・税関・台湾総督府試験所やその下部組織などが顧客であった。また当時、基隆・高雄などで港湾建造に必要な船舶（タグボートや給水船）などの生産が基隆船渠に委託されていた[31]。興味深いのは、1928年ごろ日本駐福州領事館が基隆船渠に汽船1艘の製造を委託していることである。これが台湾外部から基隆船渠への最初の造船の注文であった[32]。1934年下半期には、台湾電力株式会社の委託により、皇室が日月潭で利用する遊覧船を建造している[33]。

　当時の造船事業の発注の一部分には、地方州庁の漁業開発政策に関わるものがあった。1922年から花蓮港庁は台湾東部における水産業の開発を進める

---

28) 逓信省管理局［1928］、214-217頁。
29) 同上、218-224頁。
30) 鈴木邦夫編［2007］、343-344頁。
31) 基隆船渠株式会社『営業報告書』第三―七、九―二十八回。
32) 基隆船渠株式会社『第十回営業報告書』（自昭和2年12月至3年5月上期）、5頁。
　　基隆船渠株式会社『第十一回営業報告書』、3頁。
33) 基隆船渠株式会社『第二十三回営業報告書』、6-7頁。

べく、基隆船渠に全長40m・幅7m・喫水3m50で8馬力のエンジンを搭載した水産試験船を発注している[34]。同年11月に試験船は完成し、タイやマグロなどの延縄漁に関する試験を行い、その後花蓮港庁住民に新鮮な魚類を提供する計画であった[35]。また同じ年に、台北州も近海漁業の開発のために淡水に水産試験場を設け、基隆船渠に試験船「北丸」を発注し、これによって当地でのタイ・マグロ・ボラなどの漁獲高を引き上げようとしていた[36]。北丸は1923年3月に竣工し、淡水付近で運用され、メカジキの漁場に関する試験に利用され、また現地の住民に魚類を食料として提供した[37]。

造船技術の革新も見られる。1933年、台北州から自動艇一隻の製造を委託された際には、これまでのリベット接合方式から電気溶接を利用するようになっている。この電気溶接を利用した造船は、日本でも台湾でも戦後になってから一般化したもので、この段階での利用は注目に値する[38]。基本的に、基隆船渠の造船業務は小型船舶の建造のみであり、同社は台湾島内の需要に対応した地域性の強い造船会社であったといえよう。

船舶修繕の主要な顧客は、台湾総督府の命令に従って台湾沿岸の航路を航行する10隻余りの船舶であった。このほか、台湾・日本間の定期航路や華南沿海の命令航路を航行する船舶を受け入れることもあった。これらの航路は主に大阪商船株式会社によって運航されており、同社は基隆船渠の船舶修繕部門の重要な顧客であった[39]。

基隆船渠の船舶修繕技術に関して、1922年の大阪商船株式会社が所有する

---

34)「花蓮港試験船 基隆船渠に註文」『台湾日日新報』1922年8月21日、第二版)。基隆船渠株式会社『第三回営業報告書』、4-5頁。
35)「花蓮港試験船 本月中旬廻航か」『台湾日日新報』1922年11月10日、第二版)。
36)「近海漁業開発台北州の新計画」『台湾日日新報』1922年11月2日、第二版)。
37)「旗魚漁業試験 台北州の北丸にて」『台湾日日新報』1923年3月13日、第二版)。
38) 基隆船渠株式会社『第二十回営業報告書』(自昭和7年12月至8年5月上期)、4頁。基隆船渠株式会社『第二十一回営業報告書』(自昭和8年6月至11月下期)、4頁。
39) 基隆船渠株式会社『第三回営業報告書』、5頁。基隆船渠株式会社『第四回営業報告書』(自大正10年12月31日至大正11年11月30日)、4頁。基隆船渠株式会社『第五回営業報告書』(自大正11年12月1日至大正12年11月30日)、4頁。「経営難の基隆船渠(下の上) 断末魔の造船業を放任か」『台湾日日新報』1921年3月28日、第五版)。戴宝村[2000]、199-207頁。

天草丸の修繕を例にとって見てみよう。これ以前にも基隆船渠は定期的な検査・修繕の経験があったが、3年から5年に一度行われる特別検査に伴う修繕の経験はなかった。遠洋船であった天草丸は、もともとは香港の造船所で修繕を行うこととされており、その修繕は困難なものと認識されていた。しかし、最終的には基隆船渠がその1ヶ月に及ぶ特別検査と修繕を請け負うこととなった。検査に当たり、大阪商船株式会社は本社から技術者を派遣して監督にあたったが、基隆船渠の修繕技術は、当時の海運業界でも高く評価された。天草丸の修繕を請け負うことで、それ以降、基隆船渠は遠洋船の修繕・特別検査においても市場の信頼を得ることができたのである[40]。

機械製造に関しては、基隆船渠は創業当初から鋳造工場の建設を計画し、1920年末までの完成を見込んでいたが、労働力不足と降雨により完成は21年3月のこととなった。同年6月には工場火災が発生したが、その後、大型反射炉が完成し、製糖会社が利用する大型設備の受注も可能となった[41]。また、台湾総督府鉄道部[42]・専売局および専売局樟脳工場[43]・嘉南大圳組合[44]などの機械も受注していた。このほか、採鉱機械の生産も受注しており、台湾鉱業株式会社と台陽鉱業株式会社などから必要な機械の生産を委託されていた[45]。さらに、1934年末からは製鋼・鋳鋼工場の建設を計画した[46]。工場建設に当たっては、神戸製鋼の鋳鋼を専門とする技術者を招聘し[47]、1935年下

---

40) 基隆船渠株式会社『第四回営業報告書』、4頁。「天草丸の出渠 特別検査の嚆矢」（『台湾日日新報』1922年11月13日、第二版）。
41) 基隆船渠株式会社『第三回営業報告書』。
42) 基隆船渠株式会社『第五回営業報告書』、5頁。基隆船渠株式会社『第十九回営業報告書』（自昭和7年6月至11月下期）、5頁。
43) 基隆船渠株式会社『第十一回営業報告書』、4頁。基隆船渠株式会社『第二十六回営業報告書』（自昭和10年12月至11年5月上期）、6頁。
44) 基隆船渠株式会社『第四回営業報告書』、5頁。
45) 基隆船渠株式会社『第二十四回営業報告書』（自昭和9年12月至10年5月上期）、5頁。基隆船渠株式会社『第二十五回営業報告書』（自昭和10年6月至10年11月下期）、4頁。
46) 基隆船渠株式会社『第二十四回営業報告書』、3-4頁。
47) 「基隆船渠の更生減資の上増資し 新に鋳鋼業を経営」（『台湾日日新報』1934年6月29日、第五版）。

第1章　日本統治期および戦後初期の台船公司（1919-1949年）

半期から操業を始めた[48]。

4. 基隆船渠の利益率の推移

　基隆船渠は設立後間もなく、赤字に直面した。それは、新しく設立された会社であったために、造船や船舶修繕の経験に乏しく、顧客を引き寄せられなかったことや[49]、船舶修繕においても、日本国内・香港・上海との競争が存在し、価格を低廉に抑えても、依然として地理的な劣勢から脱却することはできなかったためである[50]。また、会社成立当初は、第一次世界大戦終結直後の世界的な不景気により、海運業自体が大きな影響を受けて、不振に陥っていた。多くの日本企業も生き残りをかけて、人員削減と減給によって対応していた[51]。基隆船渠も利益率の低迷により、1922年5月、重要な立場にある重役の給与支払いを停止、職員の給与支給額を三割減にして、同時に奨励制度を設け、人的コストを引き下げて危機を乗り越えようとした[52]。さらに1924年の日本円の香港ドルに対する価値下落に伴い、交換レートが1円に対して0.30香港ドルから0.40香港ドルに押し上げられたことは、長らく日本帝国の航路網における中継点であり、基隆船渠の競争相手となってきた香港の造船所にとって有利に働いた。多くの船主が為替レートを睨んで修繕の発注先を検討するなかで、このレートの変更は基隆船渠の経営にとってさらなる追い討ちをかけた[53]。

　そうした中、台湾総督府は1921年12月から1926年11月までの間に、基隆船渠に対して総額29万6,667円の補助金の支給を行っていた[54]。しかし、表1-4にある通り、台湾総督府による毎年の基隆船渠への補助金だけでは基隆船渠の負債の利息分すら満足に支払うことができなかった。それゆえ、1926年

---

48) 基隆船渠株式会社『第二十五回営業報告書』、3頁。
49) 「経営難の基隆船渠（下の上）断末魔の造船業を放任か」（『台湾日日新報』1921年3月28日、第五版）。
50) 基隆船渠株式会社『第三回営業報告書』、4-5頁。
51) 橋本寿朗［1984］、133、135頁。
52) 基隆船渠株式会社『第五回営業報告書』、3-4頁。
53) 基隆船渠株式会社『第六回営業報告書』（自大正12年12月1日至大正13年11月30日）、3頁。

表1-4 台湾総督府の基隆船渠への補助金および基隆船渠の利息支払額（1921〜1925年）

(単位：円)

年度	台湾総督府の年度補助金	基隆船渠の年利息支払額
1921/12-1922/11	52,000	95,939
1922/12-1923/11	78,000	87,889
1923/12-1924/11	78,000	82,861
1924/12-1925/11	78,000	80,570
1925/12-1926/11	16,667	51,077
合計	296,667	398,336

出所：基隆船渠株式会社『第四回営業報告書』、8頁。基隆船渠株式会社『第五回営業報告書』、8頁。基隆船渠株式会社『第六回営業報告書』、7頁。基隆船渠株式会社『第七回営業報告書』、8頁。基隆船渠株式会社『第九回営業報告書』、7頁。

12月、台湾総督府は補助金がすべて利息支払いに充てられている状況に鑑み、1927年度予算から45万6,000円を支出して、基隆船渠の土地・ドック・所有船舶などを買い取り、同時にすべての負債を返済した[55]。台湾総督府は基隆船渠の資産と設備を購入したのだが、双方は5年契約を結び、台湾総督府が購入した基隆船渠の土地と設備を無償で使用して経営を続けることとした。契約延長は満了3ヶ月前に取り決められることとなった[56]。すなわち、台湾総督府は基隆船渠の資産を買い取ったのち、無償で基隆船渠にそれらを貸し与えたのである。これは基隆船渠が陥っていた厳しい債務状況を肩代わりするものに他ならず、ゆえに当時から救済としての性格が強いと認識されていた。この後、基隆船渠の財務状況は1927年以降ようやく徐々に改善され、利益を上げるようになった[57]。

1929年に起こった世界恐慌は、1931年12月から1933年11月までの間に再び

---

54) 基隆船渠株式会社『第四回営業報告書』、8頁。基隆船渠株式会社『第五回営業報告書』、8頁。基隆船渠株式会社『第六回営業報告書』、7頁。基隆船渠株式会社『第七回営業報告書』（自大正13年12月1日至大正14年11月30日）、8頁。基隆船渠株式会社『第九回営業報告書』（自大正15年12月1日至昭和2年11月30日）、7頁。
55) 「基隆船渠の官営今後は殖産局と交通局が合議で経営する」（『台湾日日新報』1926年12月18日、第三版）。
56) 「基隆船渠買収契約調印を終る」（『台湾日日新報』1927年10月6日、第二版）。
57) 「買収後の基隆船渠積極的に活躍せん」（『台湾日日新報』1926年12月24日、第三版）。

基隆船渠の経営に損失をもたらしたが、1934年以降、日本国内の景気回復によって経営状況は好転した[58]。さらに好調な日本経済に牽引されて台湾においても景気が回復し、また軍需産業の需要拡大と各種産業の回復によって輸出が拡大、それに伴って基隆船渠に対する海運業および漁業用の発注が増加した[59]。しかし、1936年下半期以降、原料費と労働コストの上昇と、新しく建造を始めた自動艇と製鋼・鋳鋼事業における鉄鉱石など原料コストの高さによって、利益率は低下していった[60]。

さて、この時期の基隆船渠の総収入の内訳をみると、船舶建造と修繕に関する収入が最大であり、機械製造がそれに続く。この2項目は、1922年末から1924年以外の時期においては総収入の85％以上を占めていた[61]。

一方、基隆船渠の支出のうち、材料費は年平均25-35％前後を占めていた。背景として、造船機械と原材料を日本からの輸入に頼り、台湾では生産できなかったことがあげられる。ついで、職員及び労働者へ支給する人件費が平均して会社の支出の20-30％を占めていた。このほか工場の運用に必要な営業費用が10％を占めていた。注目すべきは、1922年末以降、生産業務を他人に請け負わせる下請費用という項目がみられることである。これは、日本統治期の基隆船渠は、生産コストの抑制のために一部の工程を他の業者に請け負わせていたと解釈できる。工場操業に必要なエネルギーに関する費用は支出の3％前後を占めていた。負債の利息支払いに関しては、1924年以前は年支出の10％以上を占めていたが、それ以外の時期はそれほど割合が大きくなく、総支出の3-4％程度であった[62]。

---

58) 石井寛治［1991］、301頁。
59) 基隆船渠株式会社『第二十二回営業報告書』（自昭和8年12月至9年5月上期）、2-3頁。基隆船渠株式会社『第二十三回営業報告書』、5頁。基隆船渠株式会社『第二十四回営業報告書』、3頁。基隆船渠株式会社『第二十五回営業報告書』、2頁。
60) 基隆船渠株式会社『第二十六回営業報告書』（自昭和10年12月至11年5月上期）、3頁。
61) 基隆船渠株式会社『営業報告書』第三-七、九-二十八回。
62) 同上資料。

5. 基隆船渠株式会社の解散と再編

　1937年4月24日、基隆船渠は臨時株主総会を開き、同年5月31日をもって解散することを決議した[63]。解散の理由は取締役であった木村久太郎が1936年11月に逝去したことにあったとされる[64]。また、三菱財閥が政府や「政商」時代のネットワークを利用して、日本本国と植民地の関係企業を買収していたことも一因であっただろう。ともあれ、基隆船渠の土地・建物・設備などの資産は、前述の通り、すでに1927年の段階で台湾総督府が購入し、所有権を所持していた。その後、「満州事変」に伴い、日本は植民地の工業化を加速しようとし、台湾総督府は三菱財閥に基隆船渠の経営を委ね、国策会社のシステムに取り込もうとした。1937年6月1日、台湾船渠株式会社が設立され、基隆船渠の建物・船舶・機械・資材および有価証券など総資産67万円を継承した[65]。

第3節　日本統治時代の台湾船渠株式会社

1. 台湾船渠株式会社の成立

　台湾船渠株式会社（以下、台湾船渠と略記）は、1937年6月1日、基隆船渠の資産を継承して設立された。主要株主は三菱重工業株式会社・台湾銀行・大阪商船株式会社・台湾電力株式会社・近海郵船株式会社および台湾の顔欽賢[66]一族などであった。発行株式数は20,000株で、三菱重工業株式会社が8,900株（44.5％）、台湾銀行が3,100株（15.5％）、大阪商船株式会社が1,100

---

63) 基隆船渠株式会社『第二十八回営業報告書』（自昭和11年12月1日至12年5月30日上期）、2頁。台湾船渠株式会社『第一期営業報告書』（自昭和12年6月1日至12月31日）、3頁。
64) 基隆船渠株式会社『第二十七回営業報告書』（自昭和11年6月至11月下期）、2頁。
65) 同上資料。
66) 顔欽賢（1901-1983）、基隆出身。1927年、立命館大学経済学科卒業後、台陽鉱業株式会社社長、戦後は台湾煤鉱公会会長、台陽鉱業股份有限公司董事長などを歴任。許雪姫策画［2004］、1323頁。

株 (5.5％)、台湾電力株式会社と顔欽賢がそれぞれ1,000株（5％）、近海郵船株式会社が400株（2％）を保有した[67]。

そして経営陣には、専務取締役に刈谷秀雄[68]、専務には三菱重工業を代表して伊藤達三[69]・元良信太郎[70]・原耕三[71]の3名、大阪商船と近海郵船から岡田永太郎・渡部知直の2名が就任した。監査役は陰山金四郎・福島弘次郎および台湾銀行から派遣された山本健治[72]が担当していた[73]。そのほか、基隆船渠取締役社長であった近江時五郎が顧問に就任した[74]。

台湾船渠の設立当初、中級技術職に就いた者は基隆船渠時代から引き継がれた者が多かった。1938年の台湾船渠の社員名簿と基隆船渠の中級幹部を見ると、技師長都呂須玄隆が高雄工場の工場長に、造船工場主任の浅野が工務課所属の船渠工場に、鋳物工場主任の藤田秀次が設計課技師および鋳物工場管理責任者に、製鋼工場主任の正中光治が鋼課技師および木型工場管理責任者に、機械工場就任の森寺等が造機課技師および機械・電気工場管理責任者

---

67) 台湾船渠株式会社『第一期営業報告書』、3、13頁。
68) 刈谷秀雄（生没年不詳）、高知県出身。1905年、東京帝国大学造船科を卒業後、横浜船渠技師、修理課長、三菱重工業顧問、台湾船渠常務取締役などを歴任。興南新聞社［1943］、95頁。
69) 伊藤達三（生没年不詳）、1904年、東京大学造船科卒業。1905年、三菱合資造船部に入り、その後、英国へ派遣され研究に従事。帰国後、営業課課長、のち三菱造船彦島造船所所長に昇進（松下伝吉［1940］、造船篇7頁）。
70) 元良信太郎（1881-?）、東京出身。1905年、東京大学造船科卒業後、九州帝国大学講師、1920年、九州帝国大学工学博士取得。卒業後、三菱造船に入社し、三菱造船参事長、長崎造船所設計長、造型試験所長、長崎造船所副所長・所長、専務取締役、技術部長を歴任（同上、造船篇8頁）。
71) 原耕三（1885-?）、東京出身。1908年、一橋高商卒業後、三菱造船に入社。三菱造船参事、神戸造船所総務部長、長崎造船所副所長、彦島造船所所長を歴任。1920年に三菱造船が三菱重工業に改称した際、専務。その後専務取締役に昇進（同上、造船篇8-9頁）。
72) 山本健治（1889-?）、福島県若松市出身。東京高商卒業後、台湾銀行理事、厦門支店支配人、神戸支店支配人、ニューヨーク出張所支配人、上海支店支配人、大阪支店支配人、東京頭取席支店課長を歴任（興南新聞社編1943、413頁）。
73)「基隆ドックを解散 台湾船渠創立 株の過半は三菱重工業所持 常務は三菱の刈谷氏」（『台湾日日新報』1937年5月22日、第三版）。
74)「台湾船渠陣容」（『台湾日日新報』1937年6月13日、第七版）。

に、それぞれ就任している[75]。

　高級技術職及び人員管理に関しては、1938年、元三菱重工参事の安松勝雄が工場長に任命されたほか、総務課課長片山正義と工務課課長加納辨治は三菱重工本社からの出向であった[76]。

　その後、1940年8月の株主総会で、工場長安松勝雄が専務取締役に昇任し、刈谷秀雄が社長となった[77]。1941年2月には、専務の岡田永太郎が辞職し、かわって加藤進と松井小三郎が専務に就任した[78]。松井小三郎は過去に造船業に携わった経験を持ち、三菱重工取締役や神戸造船所所長などを務めていた[79]。

　1943年2月、台湾船渠は臨時取締役会を開き、玉井喬介を取締役社長に推薦した。同年4月にも臨時取締役会が開かれ、田村初久が専務取締役に就任した[80]。玉井は東京帝国大学工学部造船科を卒業後、三菱重工常務および三菱長崎造船所所長を歴任していた[81]。田村は、1918年に東京帝国大学工学部を卒業した後、三菱神戸造船所に入り、修繕課長になっていた人物であった[82]。

　台湾船渠の組織構成は、最高管理者として社長がおり、その下に総務部・

---

75) 千草黙仙［1937］、204頁。「三菱重工業株式会社名簿（昭和13年11月1日現在）」。
76) 「三菱重工業株式会社名簿（昭和13年11月1日現在）」。「増資後の台湾船渠 本年中に未払込全部を徴収」(『台湾日日新報』1940年6月19日、第七版）。
77) 台湾船渠株式会社『第七期報告書』（自昭和15年1月1日至昭和15年12月31日）、4頁。「台湾船渠会社で安松常務の彼」(『台湾日日新報』1940年9月6日、第七版）。
78) 台湾船渠株式会社『第八期営業報告書』（昭和16年1月1日至6月30日）、3-4頁。
79) 松井小三郎（1880-？）、兵庫県出身。1910年、東京帝国大学船舶工業科卒業後、三菱合資会社に入社。三菱造船参事、彦島造船所工務課長、神戸造船所修繕部長を歴任（松下伝吉［1940］、鋼鉄造船篇9-10頁）。「台湾船渠の新任取締役渡台」『台湾日日新報』1941年3月22日、第六版）。
80) 台湾船渠株式会社『第二期営業報告書』（自昭和13年1月1日至6月30日）、4頁。
81) 玉井喬介（1885-？）、三重県出身。1907年、東京大学造船科卒業後、三菱合資会社に入社。造船部造船設計課長、長崎造船所副所長、1934年からは長崎造船所所長を歴任。九州帝国大学講師を兼任。松下伝吉［1940］、造船篇9頁。「三菱重工業株式会社名簿（昭和13年11月1日現在）」。「三菱重工業株式会社名簿（昭和14年11月1日現在）」。
82) 「台湾船渠の陣容成る」(『台湾日日新報』1943年6月2日、第四版）。

労働部・工務部・高雄工場・船渠長などが置かれ、さらにその下に課と工場が置かれていた。

採用については、会社が成立した1937年の末に社員18名と雇員（下級職員）19名、見習1名、職工335名が採用されている。そのほか、1938年10月には台湾船渠は台湾総督府に対して、2年に一度、台北工業学校の卒業生2名を見習として招聘・任用することを申請しているが、実際には1名だけしか許可されなかった。また、日中戦争勃発に伴い、1940年上半期までに、正社員25名、正社員待遇の嘱託（給料が正社員と同額の契約職員）2名、准員50名、准員待遇の嘱託2名、雇員11名、工具およびそのほかの人員633名、あわせて733名が採用された。しかし、これ以降、営業報告書には職員の採用者数に関する項目はなく、1943年度上半期に、正社員67名、准員88名、准員待遇嘱託1名、雇員43名など合計213名を採用したことが分かるのみである。とはいえ、台湾船渠の採用者数から、日中戦争勃発に伴う船舶建造および修繕に関わる業務が増加し、それに対して職員を増やすことで対応していたことがみてとれよう。

台湾船渠の設立時の目的は、基隆船渠の設備を継承してさらに拡充するほか、三菱重工業を中心とする国策会社の一部分となることであった。1937年の成立直後、生産事業の拡大のため、12月には台湾総督府に高雄分工場の設立を申請し、翌38年3月に許可されている。結果として、台湾船渠は、基隆船渠の工場設備を継承したほか、本社を基隆社寮町（現在の和平島）におき、社寮町工場（現在の台船公司）、大正町工場（基隆船渠が所有していたもの）、高雄市旗後町工場（戦後の台湾機械公司旗後分廠）の三つの工場を操業することとなった。

台湾船渠は、第二次世界大戦が勃発すると、軍需物資の生産を行うようになった[83]。なかでも1942年の南進政策に対応した緊急作業においては、人員・物資ともに不足していたにもかかわらず、資材の生産と協力体制により、短期間で整備を完成させ、陸軍運輸部長から感謝状を受け取っている[84]。

---

83) 台湾船渠株式会社『第十一期営業報告書』（自昭和17年7月1日至12月31日）、1、4頁。

1943年10月から戦争終結まで、社寮町工場は海軍の管理下に置かれ、大正町工場は陸軍と海軍の共同管理下に置かれた[85]。

2. 台湾船渠の経営

台湾船渠の造船実績をみてみると、1940年度上半期以前は木造タグボート・木造甲板内航船・木造交通線・日本式自動艇・積鋼製発動機船などに集中していた[86]。

修繕成績は、台湾船渠が設立された1937年度下半期、ドックに入船あるいは船台を利用して修繕を受けた船舶は全部で589,160トンに及ぶ[87]。1940年度上半期になると、戦争勃発の影響もあり、修繕した船舶は、848,309トンに増加した[88]。

また、機械製造については、基隆船渠から受け継いだ鉄道部・専売局・港湾の建設修繕機械・製糖会社・工業機械・製鉄機械・コンクリート機械などの製造以外に、1938年度下半期からは、軍部の物資の生産も請け負っていた[89]。とりわけ、日本統治期最末期には、軍部から請け負った業務が非常に多かった。戦後の「接収台湾船渠株式会社再建明細表」には、当時の業務の一部として、高雄海軍経理部・基隆要塞司令部・海軍運輸部・馬公海軍工作部・第六海軍燃料廠などからの注文を受けていたこと、船舶修繕以外にも鋼材の提供や操炭機の製造を行っていたことが記録されている[90]。

表1-5に示したように、台湾船渠の機械製造受注は1941年から減少傾向にある。これは太平洋戦争勃発により、造船および船舶修繕の受注が増加し、

---

84) 同上資料、4頁。
85) 台湾船渠株式会社『第十三期営業報告書』（自昭和18年7月1日至12月31日）、4頁。
86) 台湾船渠株式会社『第一期営業報告書』、2頁。台湾船渠株式会社『第二期営業報告書』、2頁。台湾船渠株式会社『第三期営業報告』（自昭和13年7月1日至12月31日）、2頁。台湾船渠株式会社『第六期営業報告書』（自昭和15年1月1日至昭和15年6月30日）、2頁。
87) 台湾船渠株式会社『第一期営業報告書』、2頁。
88) 台湾船渠株式会社『第六期営業報告書』、2頁。
89) 台湾船渠株式会社『第三期営業報告書』、2頁。
90)「接収台湾船渠株式会社債権明細表14」（『接収台湾船渠株式会社清冊』、檔号無し、台湾国際造船公司基隆総廠蔵）。

第1章　日本統治期および戦後初期の台船公司（1919-1949年）　　45

表1-5　台湾船渠の受注状況（1941～1944年）

年度	造船		船舶修繕		機械製造	合計（円）
	トン数	金額（円）	トン数	金額（円）	金額	
1941	100	56,509	964,095	901,449	981,618	1,939,576
1942	245	132,739	807,826	1,862,329	817,781	2,822,849
1943	631	533,210	1,015,117	2,660,330	401,738	3,595,278
1944	550	29,980	1,285,392	3,454,162	297,408	4,781,550

出所：「台湾船渠株式会社概況及概算」（中国第二歴史档案館・海峡両岸出版交流中心編［2007］、122頁）。

機械製造に投入していた資源や人的資源を造船に傾注したことによるのであろう。

しかし、受注数の減少に反して、台湾船渠の営業利益は毎年増加していた。戦争勃発により、戦時動員体制下の造船および船舶修繕に関する受注が増加していたためである[91]。会社の収入のうち多くの部分は営業利益が占めており、利息や有価証券からの利益は小さかった[92]。

一方で支出は、工場操業に伴う費用が全体の90％以上を占めていた。毎年支払う利息は、会社の年間支出の1％程度であり、財務状況は前身の基隆船渠に比べ良好であった[93]。

以上、基隆船渠と台湾船渠の営業報告書を中心に日本統治期の台湾造船業をみてきたが、その主たる業務は船舶修繕であり、造船は小型船舶の建造に止まっていた。大型船舶の建造によって地域的な海運市場の需要に対応していくような状況は、戦後の台船公司の成立をまたねばならない。

3．第二次世界大戦中の台湾造船業の発展と限界

1）戦時体制下における造船計画

1937年の日中戦争勃発以降、日本政府は船舶規模の基準を規定し、造船を統制する機関を整備する船舶拡充計画を策定した。1941年には、「戦時海運管理要綱」を設け、船舶・船員・造船などの整理と国家による一括管理を行

91）台湾船渠株式会社『営業報告書』第一-四、六-十三期。
92）同上資料。
93）同上資料。

おうとした。1942年2月15日、日本政府は戦時造船事務管理条例を公布し、50m以上の鋼船の建造資材を対象として、船舶建造と修繕の監督権を海軍に委ねた[94]。

太平洋戦争が始まった1942年4月、日本政府は、戦時船舶の損耗を防ぎ、資材を節約するため、物資輸送用の商船の性能とトン数を統一した「第一次戦時標準船」の建造計画を発表した。さらに1942年12月から44年4月には、「第二次戦時標準船」建造計画を実施した。この時期が第二次大戦中の日本造船業の生産実績のピークであった。44年4月から終戦までの、「第三次戦時標準船」建造計画の実施時期は、戦況の悪化と資材不足により、造船の実績も規模も縮小の一途をたどっていった[95]。

しかし、台湾船渠は戦時標準船建造計画の対象とはなっていなかった。これはおそらく、台湾における造船資材はほぼ全てを日本からの移入に頼っていたためであろう。その上、太平洋戦争後期にアメリカ軍が台湾周辺の航路を封鎖したことで、台湾では造船資材を手に入れることが極めて困難になっていた[96]。

1937年6月に公布された「重要産業五年計画要綱」によれば、1941年の船舶計画による建造量は、日本で86万トン、「満洲国」で7万トンであった。つまり、日本帝国全体の造船においては、日本と「満洲国」が主要な位置を占めており、台湾は造船計画の対象ではなかったといえる[97]。このように台湾造船業は大型鋼船の建造計画の対象にはならなかったが、中小造船所と木造船に関する造船計画には含まれていた[98]。

木造船計画は、日本政府が造船用の鋼材の欠乏から1942年3月に発表した、70・100・150・200・250トンの五つの戦時標準船の形式を定めた「小造船業

---

94) 日本造船学会 [1977]、6頁。
95) 同上、6、7、13、15頁。
96) 当時、日本が満洲及び朝鮮で設立した造船所のうち、大連船渠株式会社は、第一期に1C型貨物船を3隻、第二期には2D型貨物船4隻を、朝鮮重工業株式会社は第一期に1D型貨物船2隻を、第二期には2D型貨物船2隻を建造している（同上、13頁）。
97) 山崎志郎 [2007]、9頁。「小造船業者の整備統合実施」（『台湾日日新報』1942年3月7日、第一版）。

整備要綱」によるものである[99]。また1943年1月には、「木船建造緊急方策要綱」を発表した。この「要綱」は、船舶を100・150・250トンの軽量貨物船と300・500トンの木鉄交通船に分類したうえで、船舶の設計を簡略化し、逓信省が主要な工場や造船所を管理するとともに必要な設備を提供するというものであった[100]。

2）台湾造船業の発展と限界

日中戦争開始後の1940年5月、台湾の造船業者は造船資材配分の一括管理を目的に、共同で資本金18万円の台湾造船資材株式会社を設立した[101]。しかし、1942年10月になっても実際に集められた資本金は12万2,100円に過ぎず、その多くは木造船建造に必要な材木を確保するべく、山林事業に投資された。また、造船資材となる鋼鉄や様々なこまかい部品の多くは日本からの輸入に頼っており、その購入には潤沢な現金が必要である。しかし、台湾造船資材株式会社が所持する現金が極めて少なかったため、台湾造船業の資材需要を満たすことができず、戦時体制下の台湾造船業の発展を制限することとなってしまった[102]。

このことを地域発展という観点からみるならば、台湾は日本帝国の南進政策の基地のひとつであり、軍事的にも経済的にも、造船業の発展は必須であった。しかし、当時の台湾の多くの造船業者は、小型漁船を建造する能力しか備えていなかった。もし南進政策がさらに進めば、台湾の海運業は海南島や広東との関係を強化する必要があり、そのためには中型漁業や船隊を発展させてゆく方向へ向かわざるをえなかった。しかし、造船業の発展の前提と

98）当時の台湾における戦時木造船発展計画の対象は、中小型造船所が中心であった。また1943年基隆に設立された報国造船株式会社でも木造船が建造された。「基隆木造船場を統合　報国造船会社創立」（『台湾日日新報』1943年11月26日、第二版）。「戦ふ木造造船」（『台湾時報』1943年5月、52-53頁）。

99）日本造船学会［1977］、15頁。

100）同上。

101）千草黙先［1941］、191-192頁。殖産局出版第803号［1938］、17-18頁。

102）「造船資材獲得強化　台湾造船の資金問題協議」（『台湾日日新報』1942年10月3日、第二版）。「戦ふ木造造船」（『台湾時報』1943年5月、52-53頁）。

して、機械や内燃機関、ボイラーなどの高度な工業技術との連関が必要であったのである[103]。

当時の台湾では鋼鉄や錬鉄に必要な石炭は産出されていなかったため、機械工業の発展の基礎となる製鉄業が弱かった。さらに台湾は戦時体制下にあり、製鉄や機械など、造船業の周辺産業への投資を進めるだけの潤沢な資金を欠いていた。また、機械工業の発展には大量の熟練労働者が必要であったが、熟練労力は日本からの移入に頼っており、人的資源における制約もまた、機械産業の発展の阻害要因のひとつとなっていたわけである[104]。

1942年8月、台湾で開かれた東亜経済懇談会で、台湾船渠高雄工場船渠長都呂須玄隆が以下のような指摘をしている。

「当時の台湾船渠の造船能力は小型タグボートや小型蒸気船の建造や2,000トン前後の船舶の修繕に限られており、その他の30か所あまりの造船所においては小型漁船を建造する能力しかない。さらに、日本による台湾統治がおこなわれた40年余りの間に、糖業と鉱業に目覚ましい発展が見られたほかは、造船業に関連する鉄工業は発展していなかった。台湾造船業の発展が遅れている最大の理由は、工業全体の拡大が見られなかった点にある。造船業の拡大には蒸気機関やボイラーの製造・修繕に関わる設備の整備が必須である。このほか、造船には、機械・鋳造・鉄工・木工・電気・鍛冶・銅工・溶接などの数十項目にわたる熟練した技術者も必要であった。しかし当時の台湾の工業化のレベルでは、短期間でこれらの技術者を養成することは難しかった。また、造船業の周縁産業の発展には大量の固定および流動資本が必要であり、一人の資本家が解決できるような問題ではない」[105]。

都呂須はさらに、太平洋戦争勃発後、日本が占領した南洋地域の造船所の多くは船舶修繕業務を中心としているが、造船資材はやはり日本から提供されなければならないことを指摘している。台湾は南洋地域に比べ日本に近いため、資材獲得の輸送コストにおいて優位にあり、また造船事業の発展に有利な地理的条件も備えていた。しかし、当時の台湾の工業条件からすれば、

---

103) 台湾経済年報刊行会［1942］、655-656頁。
104) 同上。
105) 東亜経済懇談会台湾委員会［1943］、71-75頁

技術者が極度に不足している上、台湾総督府が積極的に鉄工業の振興に努めなければ、造船業の発展は望めないと考えられていた[106]。

第二次世界大戦期、台湾総督府は短期間での機械工業発展のため、まずは大型工場の下請工場の振興を行い、その技術の改良を確認したのち、中小工場と大工場の下請工場とを組み合わせることを提案した。この計画に基づき、台湾総督府は、まず機械業者からなる「台湾鉄工会」を組織し、1941年末には「台湾鉄工業統制会」を設立し、台湾における機械工業の育成を図ったのである[107]。

また、造船技術者の確保については、日本内地からの技術者派遣のみでは限界があるため、台湾総督府は台湾人を熟練労働者へと育成することを目的として、下請工場内で台湾現地の労働者を訓練し個別の専門的技能を備えた熟練工にする計画を立てた。実際の施行においては、まず20-30人規模の中小工場を高度精密機械の修理業務に従事させた。精密機械の修理工場が多数存在すれば、大工場の設置に有利な条件が生まれる。台湾総督府の判断では、機械産業の大規模工場を短期間で設置するのは難しいが、大工場とその下請たる中小工場が密接な関係を築ければ、造船の周辺産業の発展に有利な条件が次第に形成できるとみていた[108]。

しかしながら、当時の台湾の造船資材の自給率は低く、船舶主機や艤装品などの付属機械もすべて日本からの供給に頼るなど、台湾造船業は日本に高度に依存していた。それでも台湾総督府逓信部は、造船計画の実施につれて、台湾船渠・台湾鉄工所・中田鉄工所など規模が大きくある程度の技術を持つ工場で船舶主機と補機の生産が可能になり、艤装品は日本内地の造船統制会社からの供給をうけ、船舶エンジンのクランクシャフトなどの中程度の技術が必要な部品は鉄道部台北工場が設計するようになることを見込んだ[109]。

このように、戦時体制下の台湾総督府は造船業発展のためにいくつかの計

---

106) 台湾総督府企画部［1942］、73-74頁。
107) 台湾経済年報刊行会［1942］、656頁。
108) 台湾総督府情報課［1942］、16-17頁。
109) 「附属機械島産自給 計画造船促進への施策」(『台湾日日新報』1943年8月20日、第二版)。

画を策定した。しかし、戦争末期のアメリカ軍による爆撃で、工場設備は破壊され、さらに外部からの物資供給が途絶したため、第二次大戦終結まで、造船業が大きく発展することは不可能であった。

第4節　戦後初期の台湾船渠の接収と改組

1. 戦後の台湾船渠の接収と制度の確立

1945年8月15日、第二次世界大戦が終結した。同年10月25日、陳儀は台湾接収に関連する政策を実行に移し、10月29日には台湾省行政長官公署が接収は台湾省警備総司令部と台湾省行政長官公署が行うこと、前者が軍事関連部署を接収し、後者は台湾総督府およびその付属機関の文書・財産・事業の接収を行うことを発表した[110]。

日本人が経営する工業・鉱業事業については、1946年5月までは経済部台湾特派員辦公処が接収と管理を行っていた[111]。その後、規模の大きいもの、たとえば第1章で扱った「十大公司」に関しては資源委員会が管理することとなった。したがって、接収された各企業は、公営企業になるか、競売によって民間企業になった。公営となったものは、資源委員会が単独で管理する国営事業と、資源委員会と省政府が共同で経営する国省共同経営事業、省政府が単独で管理する省営事業に分類された[112]。そして、台湾船渠は改組され、国省共同経営の台湾機械造船公司として、資源委員会の管理下に置かれた。

戦後まもなく、資源委員会は工鉱事業考察団を台湾へ派遣して調査を行った。対象となったのは、台湾の中では比較的大きな30箇所の機械産業工場で

---

110)「台湾省行政長官公署令原総督府及所属機関文件、財産及事業等統帰該署接収」
　　（1945年10月29日、署接第一号）（何鳳嬌編 [1990]、123頁）。
111)「経済部、戦時生産局台湾区特派員辦公処成送組織系統図及各組室主管人員名単請備案並分別委派」（1945年12月20日、台特字第337号）（何鳳嬌編 [1990]、130-133頁）。
112) 呉若予 [1992]、34-39頁。

表1-6 戦後初期の台湾鉄工所と台湾船渠株式会社の状況(1946年)

名称	工場	資本金(万旧台幣)	1946年の状況	
			戦争被害	操業状況
台湾鉄工所	高雄東工場	850	工場の40％が破壊。機械設備の被害は軽微。	一部操業中
	高雄西工場			
	(マニラ工場は停止)			
台湾船渠	社寮町工場	500	約60％が破壊	一部操業中
	大正町工場		軽微	
	高雄工場			

出所:「資源委員会経済研究室:台湾工鉱事業考察報告」1946年2月1日(陳鳴鐘・陳興唐主編[1989]、29頁)。

あったが、調査の結果、機械および船舶の修繕を主要な業務としていた台湾鉄工所と台湾船渠を除く他の工場は小規模なものにとどまっていることが判明した。なお、大規模とされた2社の資本金は、台湾鉄工所株式会社が850万元、台湾船渠が500万元であった。台湾鉄工所は2工場、台湾船渠は3工場を所有し、どちらも造船・船舶修繕・機械製造を行っていた。船舶修繕・造船に関しては、台湾船渠のほうが大規模であった[113]。すなわち、台湾鉄工所が機械製造に、台湾船渠が船舶の建造・修繕に長じているという経営特性を有していた。ただし、両社は表1-6の通り、それぞれ戦災による被害をこうむっており、辛うじて一部が操業を維持しているような状態であった。

　そこで資源委員会は、両社の操業状況と経営特性を踏まえ、両社の工業生産の相互補完と効率性の向上のために、両社を合併して統一管理するべきであると判断した。そして、台湾省政府と共同で台湾機械工業特殊股份有限公司を設立することを提案した。それによって台湾の工業・交通事業のみならず、福建・広東地域の新興工業への支援も可能であると考えていたのである。この計画によれば、工場の復興には台湾鉄工所で台湾ドル460万元、台湾船渠で台湾ドル650万元が必要であり、1946年4月までに復興を開始して6ヶ月で完了することとなっていた[114]。

---

113)　高禩瑾「台湾機械工業考察報告」1945年1月25日(陳鳴鐘・陳興唐主編[1989]、52-55頁)。
114)　「資源委員会経済研究室:台湾工礦事業考察報告」1946年2月1日(同上、31頁)。

台湾船渠は、第二次大戦末期には日本の海軍指定工場となっていたため、終戦直後は中華民国の海軍の監督下に置かれたが、1945年11月から台湾省行政長官公署および経済部台湾区特派員辦公処の共同管理下に移された[115]。当時の責任者は基隆港務局局長徐人寿であった[116]。

1946年5月1日、正式に台湾船渠・台湾鉄工所・東光興業株式会社が合併して、資源委員会・台湾省政府が経営する公営企業として台湾機械造船公司が設立された[117]。会社設立にともない、高雄の台湾鉄工所は高雄機器廠と改称し[118]、酸素を製造していた東光興業株式会社もここに編入された。表1-6にあるように、台湾鉄工所の社寮工場は基隆造船廠の本工場、基隆工場は分工場とされ、高雄工場は近隣の高雄機器廠に編入された。

台湾船渠の接収プロセスは1946年5月下旬から始まり、6月末には完了して、7月から操業が開始された[119]。接収当初、戦争中の爆撃による被害が大きかったため、修復が完了してから操業が再開されることとなっていたが、操業停止による労働者の失業を顧慮して、工場の修復と通常業務が同時に行われることとなった[120]。

台湾機械造船公司の生産部門は、基隆造船廠[121]と高雄機器廠の二つからなっていた。初代総経理（社長）は高禩瑾、協理（副社長）は陳紹村で、基

---

115) 財政部国有財産局檔案「台湾船渠株式会社　清算状況報告書」（檔号：275-0294、台北国史館所蔵）。
116) 陳政宏［2005］、33頁。
117) 「経済部呈送行政院国省合辦工礦企業辦法」（1946年6月6日、京企字第3738号）（薛月順編［1996］、181頁）。
118) 戦争終結から1948年の台湾機械公司成立まで、日本統治期の台湾鉄工所は高雄機器廠と呼ばれた。日本統治期は製糖機械や重油機械、鉄道車両や木造機船を中心に製造していたが、戦後は生産工具機械、ポンプ、化学工業機械などの生産、鋼船の修理などを行っていた。台湾省政府建設庁編［1947年］、10頁。
119) 台湾機械造船股份有限公司「資源委員会台湾省政府台湾機械造船股份有限公司概況」（『台湾銀行季刊』1：4、1948年3月、156頁）。翁文灝「台湾的工礦現状」（『台糖通訊』1：22、1947年、3頁）。
120) 台湾機械造船股份有限公司「資源委員会台湾省政府台湾機械造船股份有限公司概況」、156頁。
121) 基隆造船廠は、日本統治期の台湾船渠株式会社を接収して成立したもので、1948年に台湾造船公司に改称された。台湾省政府建設庁編［1947］、10頁。

隆造船廠の廠長は薩本炘、副廠長は陳薫であった[122]。

改組後の基隆造船廠の主要な設備は、1919年に基隆船渠が建設した3,000トンのドックと1937年に台湾船渠が建設した25,000トンのドックであった。また1942年に建設が開始された15,000トンのドックがあったが、竣工には至っていなかったため、当初の経営目標は、まずこのドックを完成させ、さらに大きな船舶の修繕業務に参入することとされた[123]。

1948年4月、資源委員会は、機械製造と造船への特化を目的に、台湾機械造船公司の高雄廠区と基隆廠区を切り離し、それぞれを台湾機械公司と台湾造船公司という別会社とした。以下、本論文で台船公司という場合、分割され基隆に設立された台湾造船公司を指すものとする[124]。

台船公司では総経理が会社業務の責任者となり、各部局を監督・指揮した。協理は総経理を補佐し、各工程や事務の管理の責任を負った。また、総経理室・総工程師室・業務処・会計処・廠務処などが設置された。生産に関して責任を負う廠務処の下には、船舶工場（ドック）・製機工場（機械製造工場）・第一分場が設置された[125]。

資源委員会は、会社が抱える技術者を、管理技術人員と工程技術人員の2種類に分類した。前者は上から、正管理師・管理師・副管理師・助理管理師・管理員・助理管理員に分けられ、後者は、正工程師（主任技師）・工程師（技師）・副工程師（副技師）・助理工程師（助理技師）・工務員・助理工務員などのランクが設定された。さらに、在学中あるいは卒業直後の人員は実習員・練習生とされ、業務に参加する機会が与えられた[126]。資源委員会は、管理技術職と工程技術職とを同等に扱い、給料体系に反映した。すなわち、正管理師と正工程師、あるいは副管理師と副工程師のように職級が同様

---

122) 全国政協文史資料研究委員会工商経済組［1988］、221頁。
123) 薛月順編［1993］、263頁。
124) 交通銀行［1975］、15頁。「台湾造船有限公司三十七年度総報告」（『台船公司：三十七年度総報告、事業述要、業務報告』、資源委員会檔案、檔号：24-15-04 6-(2)、中央研究院近代史研究所檔案館所蔵）。
125)「台湾造船有限公司組織規程」（1948年7月1日会令公布）（『資源委員会公報』15：2、1948年8月16日、31頁）。
126) 同上資料、32頁。

であれば、支給される給与も同額となっていたのである[127]。

2. 技術者の交代

1) 過渡期の職員と職級

終戦直後、資源委員会の管理下にあった台湾船渠は日本人が経営を行っており、日本統治期同様、従業員は職員と労働者（工人）の2種類に分けられていた。1945年、高禩瑾は台湾船渠の視察を行い、台湾船渠には職員265名、工人1,050名が所属していることを報告している[128]。資源委員会は、中国人技術者を派遣して台湾船渠株式会社の接収に当たったが、1946年6月10日の統計によると、78名の日本籍の技術者が留まっていた。しかし、関連文書には、日本籍の技術者が戦後の台湾船渠の生産活動に協力したことが記載されているのみで、具体的な活動に関しては記録が残っていない[129]。

台湾機械造船公司が正式に台湾船渠を接収した際の引き継ぎリスト（1946年7月3日付。表1-7参照）によれば、当時の台湾船渠の職員は95名、そのうち、技師・工程師・事務員など高級技術者および管理職のほとんどは日本人が担当していた。台湾籍の人員で職級が最も高かったのは、設計課技師で、ついで電気課および造機課の技手など4名、書記22名、雇員12名、見習雇員4名などがいた。引き継ぎリストに記載された95名の職員のうち、51名が1945年以降に採用されたもので、内訳は台湾人40名・日本人8名・浙江籍のもの3名であった。この外省籍の3名の職員は交通処の指示で配属されたもので、台湾船渠の監督にあたっていたものである[130]。

しかし、戦後採用された台湾船渠の職員の多くは、書記・技手・雇員・見習雇員などであった。そのうち台湾人は、技手1名、書記20名、雇員6名・見習雇員4名で、日本人8名は全員雇員であった[131]。

---

127) 全国政協文史資料研究委員会工商経済組［1988］、202頁。
128) 高禩瑾「台湾機械工業考察報告」1945年1月25日（陳鳴鐘・陳興唐主編［1989］、55頁）。
129) 「資委会呈送行政院台湾工礦事業留用日籍技術人員及眷属統計表」（1946年8月6日、資京（35）人字第二九九八号）（薛月順編［1992］、3-5頁）。
130) 「接収台湾船渠株式会社職員名冊20」（『接収台湾船渠株式会社清冊』、台湾造船公司基隆総廠檔案、檔号無し、台湾国際造船公司基隆総廠所蔵）。

一方、引継リストに載る日本籍の従業員は、政府の日本人留用政策により、その多くが継続して雇用された。しかし、1947年2月の調査では、台湾機械造船公司には日本人はおらず、「十大公司」の中で最も早く日本人の雇用をやめた公営事業となった[132]。

台湾船渠接収時の労働者は775名であった。そのうち基隆の2工場が733名を雇用し、そのうち712名が台湾人、日本人は21名であった。高雄分場には42名しかおらず、すべて台湾人であった。基隆の2工場では戦後、118名の台湾人と8名の日本人を採用しており、高雄工場では4名ほどが採用された[133]。

2) 接収後の人員採用

台湾機械造船公司成立直後の1946年10月の「台湾機械造船公司調用後方廠礦員工報告表」(付表5)によれば、台湾船渠接収に関わった人員37名のうち、資蜀鋼鉄廠 (16名)[134] および中央機器廠 (15名)[135] から移動してきたと判明する。この二つの工場は、戦時中

表1-7 戦後台湾船渠株式会社接収時の人員・職位 (1946年7月3日)

職級	日本籍	台湾籍	外省籍	計
取締役	1	0	0	1
工程師	2	0	0	2
工程師補	1	0	0	1
技師	9	1	0	10
技手	0	4	0	4
事務	8	0	0	8
書記	4	22	0	26
雇員	15	12	0	27
見習雇員	0	4	0	4
不詳※	0	9	3	12
計	40	52	3	95

出所:「接収台湾船渠株式会社職員名冊20」1946年7月3日 (『接収台湾船渠株式会社清冊』、台湾造船公司檔案、檔号無し、台湾国際造船公司基隆総廠所蔵)。

注:「接収台湾船渠株式会社職員名冊20」は全5頁からなる。その第5頁には9名の台湾籍の職員と3名の大陸籍の職員が記載されている。彼らはすべて戦後採用されたものだが、住所がすべて高雄になっていることから、高雄工場接収に携わった職員であったと考えられる。

---

131) 同上資料。
132) 河原功編 [1997]、30頁。
133) 「接収台湾船渠株式会社工人名冊21」(『接収台湾船渠株式会社清冊』、檔号無し、台湾国際造船公司基隆総廠所蔵)。
134) 資蜀鋼鉄廠は四川巴県に、1944年8月に資源委員会によって設立・経営された (薛毅 [2005]、286頁)。
135) 中央機器廠は雲南昆明に、1939年9月、資源委員会によって設立・経営された (同上)。

に中国大陸の内陸に移転された国民政府の重点工場であり、船舶の建造・修繕を専門とするものではなかったが、機械生産を得意としていた。接収に従事した職員のうち、台湾に来ることで大陸での職位より昇進したものは合計22名いた。この点に関しては、台湾機械造船公司総経理である高禩瑾が資蜀鋼鉄廠廠長を務めていたことから、高禩瑾との人的ネットワークを介して一部の人員が資蜀鋼鉄廠から移動してきたのだと思われる。資蜀鋼鉄廠・中央機器廠以外から台湾機械造船公司へ移った6名は、資源委員会のメンバーで、もともと東北で機関車工場の接収を任務としていたが、接収作業に入る前に上海に集められて待機していたところ、台湾へ派遣されたものであった[136]。

繰り返すようだが、造船所の基本的な業務は、造船・船舶修繕・機械製造からなる。1946年10月末以前、接収を目的に台湾船渠に派遣された人員は、機械製造を得意とする人々であった。1948年の台湾機械造船公司の改組に伴い、高禩瑾が台湾機械公司の総経理に就任すると、一部の資蜀鋼鉄廠系の人員は、台湾機械公司へと移って行った。1948年の台船公司成立後、総経理の周茂柏[137]は自らが上海中央造船公司籌備処主任を兼任していたことから、同籌備処の人員を台船公司へ呼び寄せた[138]。

中央造船公司籌備処は、戦後、資源委員会が新しく立ち上げた部署で、もともとは50万トンの器材を擁する三菱造船所の賠償設備を解体し、中国における近代的造船所の設立を目指したものであった。その規模は、江南造船所をはるかに超える巨大なもので、日本の賠償計画が確定する以前に、籌備処が設立され、技術者の確保が行われていた[139]。ところが1948年当時は日本

---

136) 資源委員会資蜀鋼鉄廠呈「孫特派員冊請調用接収東北機車工廠人員即将集中上海後命請予分別指復以便遵調」1945年11月23日（『資蜀鋼鉄廠 人事案』、資源委員会檔案、檔号：24-13-15 1-(2)、中央研究院近代史研究所檔案館所蔵）。

137) 周茂柏（1906〜?）、湖北省武昌出身。同済大学卒業後、ドイツのシュトゥットガルト大学に留学。民生機器廠廠長、資源委員会中央造船公司籌備処主任、台湾造船公司総経理・董事長などを歴任。中華民国工商協進会［1963］、190頁。

138) 資船（37）第3211号、台船（37）第0195号「資源委員会中央造船公司籌備処資源委員会台湾省政府台湾造船有限公司会呈、事由：為本職員薛楚書等41人調赴本公司工作検附清冊至請鑒核備案由」1948年6月3日（『台船公司：調用職員案、赴国外考察人員』（1946-1952年）、資源委員会檔案、檔号：24-15-04 3-(3)、中央研究院近代史研究所檔案館所蔵）。

の賠償物資の解体・移動は開始されておらず、ちょうど改組・成立したばかりの台船公司で技術者や従業員が不足していたことから、資源委員会の同意を経て、中央造船公司籌備処は41名の人員を1948年4月1日付で台船公司へ出向させた[140]。同年5月31日、周茂柏は中央造船公司籌備処の副主任である朱天秉と李国鼎[141]を台船公司協理（副社長）として招いた[142]。付表6の通り、1949年7月の段階で、中央造船公司籌備処から台湾造船公司へ中級以

139) 全国政協文史資料研究委員会工商経済組［1988］、119頁。中華民国駐日代表団及帰還物資接収委員会［1949］、27-28、30-31頁。当時、中華民国政府は対日賠償請求の方針を策定するに当たり、国内の工業の状態を検討したうえで、「中国要求日本賠償計画」を策定した。この計画によって日本に対し工業設備を引き渡すように要求し、計画と合わせて年間50万tの生産力を持つ造船所を設置しようとするものであった。1946年5月26日、国民政府は南京において緊急性の高い設備を発表したが、造船に関しては、7,500トン・10,000トン・12,000トンクラスのドック各1基を保有する造船所が必要であるとされていた。

140) 「資源委員会中央造船公司籌備処資源委員会台湾省政府台湾造船有限公司会呈、事由：為本職員薛楚書等41人調赴本公司工作檢附清冊至請鍳核備案由」。中華民国駐日代表団及帰還物資接収委員会［1949］、79・80・90頁によれば、日本からの賠償物資の移設は1947年4月の米国政府の臨時指令によって開始されたが、1949年6月段階で全体の10分の1しか完了していなかった。その原因の一つとして、1948年5月に米国が日本の賠償物資の減少を主張し、連合国軍最高司令部が移設の対象を、日本の陸海軍兵工廠に限定したことがあげられる。当時、中国政府が提出した賠償の優先順位は12段階に設定されていたが、そのうち航空機関連軍需工業と民営軍需工業がそれぞれ最優先の項目とされ、造船工業および船舶は3番目に設定されていた。中華民国駐日代表団及帰還物資接収委員会は1948年11月からこの優先順位に基づいて接収を進めていたが、1949年5月、米国によって日本からの器材の持ち出しの停止が宣言されたため、造船業の設備に関して移設が完了しなかった。

141) 李国鼎（1910-2001）、南京市出身。中央大学物理系を卒業後、英国・ケンブリッジ大学に留学し、帰国後は武漢大学、中央研究院天文研究所、資源委員会資渝鋼鉄廠、中央造船公司籌備処などで活動。1949年に台湾へ移ったのちは、台船公司協理、経済安定委員会工業委員会専任委員、米援運用委員会秘書長、国際経済合作発展委員会副主任委員、経済部長、財政部長、行政院政務委員などを歴任した（劉素芬編著［2005］）。

142) 簽呈「事由：朱天秉専任台船公司協理免去中船協理。李国鼎准予調用」（37年5月31日、資船（37）字第03213号）『台船公司：調用職員案、赴国外考察人員』（1946-1952年）、檔号：24-15-04 3-(3)、中央研究院近代史研究所所蔵資源委員会檔案）。

表1-8　1949年台湾造船公司職員分布表

（単位：人）

職級	外省籍	台湾籍	総計
総経理	1 (1)	0	1
協理	2 (2)	0	2
秘書	2 (1)	0	2
正工程師	2 (2)	0	2
工程師	10 (9)	0	10
副工程師	9 (5)	3	12
助理工程師	18 (12)	2	20
工務員	22 (15)	9	31
助理工務員	0	8	8
管理師	6 (6)	0	6
副管理師	8 (5)	1 (1)	9
助理管理師	13 (7)	1	14
管理員	15 (2)	12	27
助理管理員	7	13	20
練習生	1	5	6
甲種実習生	13 (13)	0	13
医師	0	2 (2)	2
雇員	0	18 (1)	18
合計	131	74	205

出所：「中華民国38年夏季職員録」（『公司簡介』、檔号：01-01-01）。
注：括弧内は、大学以上の学歴所持者（在学中のものを含む）。

上の管理職13名が出向していた。しかし一部の職員は、中華人民共和国成立前に早々と大陸へ戻っていたものもいる。

戦後まもなく台湾船渠接収に派遣された資源委員会の職員の多くは、その後も台湾に残り、台湾機械公司をはじめその他の団体をわたり歩いた。また、大陸での共産党との内戦の戦況が緊迫すると一部の職員は大陸へ戻っていったが、そのまま台船公司へ残るものもいた。1949年以降の台船公司の職員には、戦後初期に台船公司に派遣されたものはそれほど多くなく、その後採用されたものが同社の発展を担っていった。それでは以下で、1949年段階の台船公司の職員の学歴・経歴について詳しく分析を行っていこう。

1949年の台船公司の職員は、合計で205名であった（表1-8参照）。技術職としては、工程師10名・副工程師12名・助理工程師20名・工務員31名・助理工務員8名が確認できる。管理職では、総経理1名・協理2名・秘書2名・管理師6名・副管理師9名・助理管理師14名・管理員27名・助理管理員20名が確認できる。そのほか、医師2名、練習生6名、甲種実習生13名・雇員18名がいた[143]。表1-8に示した通り、台湾人の最高職級は副工程師・副管理師にとどまり、多くは工務員・管理員・助理工務員・助理管理員などであった。

日本統治期の台湾船渠における台湾籍職員で、1949年でも台船公司に残っていた人物としては、台湾人で日本統治期に最も高い職位（設計課技師）に

---

143) この部分に関しては、附表7「1949年夏季台船公司部分職員職務分類表」を参照。

あった黄徳用があげられる。黄は戦後、副工程師に昇格している。また、造機課技手であった詹昭財が工務員になっている。そのほか、書記や嘱託であったものが、工務員や管理員になっている。また、日本統治期に労働者として雇われていた人々の多くも、戦後には職員に抜擢されている。工長であったものは、助理工程師・工務員になっており、一部の基礎労働者は助理工務員・助理管理員となっている。ただし戦前に雇員であったもののうち、1949年まで台船公司に留まったものは確認されない。戦後、助理管理員となった褚明堂や許三川は、台湾船渠養成所を卒業しており[144]、日本統治期に台湾船渠が自ら養成した技術者であった。これら台湾籍の従業員は一般に高学歴とは言い難い。たとえば最も高い学歴を持つ黄徳用でも台北工業学校を卒業しているレベルで、学卒者はいなかった。

一方で、表1-8にあるとおり、台船公司の総経理・協理・秘書・正工程師・工程師・管理師などの中級・高級管理職はすべて大陸出身者で、比較的高学歴であった。たとえば工程師は10名すべて大陸出身者であり、9名が大学卒業の学歴を有していた。管理師6名もすべて大陸出身であり、全員が大学を卒業している。12名の副工程師のうち、9名が大陸出身であり、そのうち5名が大学を卒業している。副管理師9名のうち、大陸出身者は8名で、うち5名が大学を卒業している。助理管理師14名中、大陸出身者は13名で、6名が大学を卒業している。助理工程師には18名の大陸出身者がおり、そのうち12名が大学を卒業している。工務員31名中、大陸出身者が22名で14名が大学を卒業している。管理員27名中、大陸出身者は15名で、うち2名が大学を出ている。甲種実習生13名はすべて大陸出身者であり、みな大学を卒業していた。

ここからわかるように、中国大陸から派遣された管理職・技術者はみな大学卒業などの高い学歴を誇り、工程技術職においては、管理技術職よりも大学出身者が多かったのである。そして、こうした工程技術職にあったものの多くが、交通大学か同済大学を卒業していた。

---

144) 日本統治期の台湾船渠の技術者の多くは、台湾船渠自身が設立した基層労働者を育成する「技能養成所」出身者であった。彼らの多くは農林学校や国民学校高等科を卒業後、技能養成所で3年間の訓練を受けていた（陳政宏［2005］、30頁）。

当時の中国大陸には、造船系に関わる教育課程を有する大学はこの二つしかなかった。大陸最大の江南造船廠は海軍に配属され、これらの大学とは異なる系統にあった。さらに日中戦争中、国民政府は内陸へ避難したため、これらの技術が利用されることはなかった。戦後成立した台船公司は、当時の中国では規模の大きな造船所であったため、彼ら造船系出身者に活躍の場を与えたといえる[145]。総経理周茂柏も同済大学造船系出身であり、工程師にも金又民や顧晋吉などの同済大学造船系の卒業生がいた。工務員のうち、9名が同済大学か交通大学の造船系を卒業しており、13名の甲種実習生のうち、8名がこれらの大学の出身者であった[146]。

　ここで注目したいのは、戦後初期に台船公司に勤めていた職員のうち3名が「三一学社」に参加していたことである。「三一学社」とは、日中戦争中、資源委員会が国防に関係する機械・精錬・石油産業の発展を目的に、国内における高級技術者の不足を補うべくアメリカへ人員を派遣し実習させようとした構想のことである。1941年5月、アメリカ大統領ルーズベルトが中国を武器貸与法による援助の対象国の一つとする宣言を発すると、資源委員会は31名の技術者をアメリカの各鉱工業区域へ派遣し実習させる計画を立て始めた[147]。

　1942年、資源委員会は機械・化学工業・精錬・電気工業・鉱業・電力・工鉱管理など、7項目を専門とする31名の技術者を、2年間、アメリカへ実習のため派遣することを決定した。当時選出された技術者の平均年齢は30歳で、資源委員会で5年以上の勤務経験を持つ各部門の主管あるいは工程師であった[148]。

　また、機械部門からは4名が派遣された。そのうち、劉曽适[149]と江厚

---

145) 周茂柏［1948］、3頁。台船公司は戦後、資源委員会傘下の唯一の造船所であった。そのほかの大規模造船所としては、海軍が管理する上海の江南造船所、あるいは民間経営の英聯船廠、老公茂船廠、求新船廠、中華造船廠、馬拉造船廠（外資）や重慶の民生公司があった。

146) 1960年代から、台船公司総経理であった王先登はその回顧録で「台船公司の創立初期のメンバー構成の一部には上海交通大学と同済大学の卒業生がいた」としていることは、傍証となるであろう。王先登［1994］、66頁。

147) 程玉鳳・程玉凰［1988］、2・4頁。

欄[150]は戦後、台船公司へ派遣された。劉曽适は交通大学機械工程系を卒業したのち、中央機器廠で兵器および普通機械組主任兼副工程師として働いていた。米国でトラックエンジンの設計および工具の製造配備と試験方法に関して学ぶことになっていた[151]。江厚欄は浙江大学機械工程系を卒業後、中央機器廠紡紗機組で設計製造を担当しており、米国ではディーゼルエンジン・ガスエンジン・ボイラー・内燃機関などの製造を学ぶことになっていた[152]。また、工鉱管理部門の蔡同嶼[153]は光華大学会計系を卒業後、資源委員会の技正（技師）であったが、米国で重工業建設における鉄工と石油採掘工業の管理を学び、戦後、台船公司で働くことになった[154]。

「三一学社」に参加した江厚欄、劉曽适、蔡同嶼の3名は、1948年、中央造船公司籌備処から台船公司へ転任した。このうち業務処副処長江厚欄が中華人民共和国成立を前に台湾を離れたほか、劉曽适は廠務処副処長として、蔡同嶼は1949年以降協理に就任し、台船公司および台湾の経済発展のなかで抜擢され、重用されていった[155]。

1948年4月の台湾機械造船公司から台船公司への改組の際の引継文書によれば、台船公司の労働者は542名が継続して雇用されており、そのうち日本統治期の台湾船渠時代から雇用されていたのが396名、戦後に採用されたのが146名であった。労働者の職級は、上級から下級まで領工・領班・技工・幇工の四つに分けられており、1948年4月時点で、領工・領班・技工の多く

---

148) 同上、5・9・10・30頁。
149) 劉曾适（1913-）、江蘇青浦出身。1936年交通大学機械工程系を卒業後、中国航空公司助理工程師、中央機器廠副工程師を歴任（同上、13頁）。
150) 江厚欄（1912-?）、安徽歙県出身、1937年浙江大学機械工程系卒業後、浙江大学で内燃機関に関する研究に携わる。1938年以降は、中央機器紡紗機組で設計製造に参加（同上、14頁）。
151) 同上、13頁。
152) 同上、14頁。
153) 蔡同嶼（1913～?）、浙江省鄞県出身。光華大学商学士取得。米国テネシー州立大学工商管理科で研究活動に従事。資源委員会会計処処長、台船公司協理、石門水庫建設籌備委員会財務処長、台湾證券交易所股份有限公司副総経理などを歴任（中華民国工商協進会 [1963]、672頁）。
154) 程玉鳳、程玉凰 [1988]、29頁。

表1-9 1948年4月台湾造船公司労働者幹部の入社時期

入社時期	領工	領班	技工
戦前採用	22	32	56
戦後採用	1	2	5
総計	23	34	61

出所：「台湾機械造船公司基隆造船廠（23）長用工及臨時工花名清冊」1948年4月（『台湾機械造船公司移交清冊37年』、檔号無し、台湾国際造船公司基隆総廠所蔵）。

は日本統治期の台湾船渠に雇用されていたもので、そのうち領工9名・領班4名・技工4名は1937年の台湾船渠創立時からその職にあるものであった[156]（表1-9参照）。

結局のところ、戦後初期の台湾機械造船公司および台船公司成立時の職員構成は、戦後の日本籍人員の帰国にともなう技術者・管理者の穴を資源委員会のメンバーによって埋めたものであった。一方で、労働者の構成は日本統治期から連続しており、豊富な経験を持つ台湾籍の人員が比較的重要な領工・領班・技工を任されていた。しかし、日本統治期の台湾船渠の台湾籍職員は、戦後最も昇進したものでも副工程師・副管理師にとどまり、多くは助理工務員か助理管理員レベルにとどまっていた。これは、日本統治期の重要な管理や技術のほとんどを日本人が担当しており、台湾人は比較的低い等級の職務しか任されず、さらに昇進の機会がそれほどなかったことによるのであろう。異民族統治という要素はさておくとしても、統治者は政治的な判断のもとに被統治者を抑圧するのであり、日本統治期の植民地政策と人事の

---

155)「台湾造船有限公司1949年夏季職員録」（『公司簡介』、檔号：01-01-01、台湾国際造船公司基隆総廠所蔵）。「主持人及辦公地点一覧表」1948年10月（「資源委員会台湾省政府台湾造船有限公司工作簡報」『公司簡介』、檔号：01-01-01、台湾国際造船公司基隆総廠所蔵）。これらの檔案資料によれば、江厚榴は1948年10月には業務処副所長であったが、中華人民共和国成立後は、上海内燃機研究所所長となっている。鄭友揆・程麟蘇・張傳洪［1991］、310頁。劉曾适は台湾へ移ってから廠務処副処長、その後台船公司協理に就任した。1970年代には十大建設の一環として中国鋼鉄公司の設立に関わり、その後、中国鋼鉄公司董事長に就任している。張守真訪問［2001］、203、205頁。蔡同嶼は台湾に移る以前は資源委員会会計処処長を務め、1949年に台湾へ移ったのちは、台船公司協理に就任。その後、石門水庫建設籌備委員会財務処処長を務め、1961年に台湾証券交易所成立後は、その副総経理に就任し、同時に中華民国工商協進会秘書長を兼任した（中華民国工商協進会［1963］、672頁）。

156)「台湾機械造船公司基隆造船廠（23）長用工及臨時工花名清冊」1948年4月（『台湾機械造船公司移交清冊　37年』、檔号無し、台湾国際造船公司基隆総廠所蔵）。

結果として、台湾人が日本統治期に管理や技術に関わる経験を得ることができなかったことには着目すべきである。このほかにも資源委員会が人事採用において学歴を重視したことも、戦後初期の台湾人がある程度以上の昇進ができなかった原因であろう[157]。

一方で、戦後の台船公司の労働者の構成は、日本統治期から連続したものであった。特に重要であるとされた領工・領班・技工などは、みな経験豊富な台湾籍の人員が担当していた。つまり、戦後初期の台船公司は、大陸出身の管理職と台湾出身の経験豊富な労働者によって構成され、日本統治期に整備されたハードウェアが、戦後の発展の基礎となっていたのである。

3. 資本金の変化

次に、日本統治期の台湾船渠の株式の所有状況を確認するため、表1-10を掲げた。1937年の会社成立時に合計20,000株を発行しており、主要な株主は三菱重工業株式会社・株式会社台湾銀行・大阪商船株式会社・台湾電力株式会社などであった[158]。その後たびたび増資を行い、1943年の統計では発行株式は10万株まで増加し、そのうち筆頭株主である三菱重工業の持ち株率は65％に達しており、これによって同社は主要な経営者となった。そのほか、台湾銀行・大阪商船株式会社・台湾電力株式会社・日本郵船株式会社などが株主であり、それ以外に従業員が株式を所持していたがその比率は大きくない。興味深いのは、基隆の顔欽賢一族と台陽鉱業株式会社など台湾人の所有する株式が全体の3％ほどあったことである[159]。

第二次世界大戦終結後、台湾船渠の発行済み株式10万株は1株50円で清算され、資本金は500万円となった。ただし、戦争による損失によって実際の

---

157) 鄭友揆・程麟蘇・張伝洪［1991］、304-313頁では、資源委員会の人事制度の特徴として、特に大学卒業生を各工場や鉱山などの技術者や管理職として採用していたことが指摘されている。また資源委員会は、鉱業発展と管理の必要性から国内30余りの大学と協力を行っていた。協力の内容として、それぞれの学校に奨学金制度を設置したり、資源委員会に所属する企業へ学生が実習のために参加できるようにすることなどが定められていた。また、資源委員会は各大学の推薦や実習期間の実績などに応じて、優秀な卒業生を資源委員会傘下の企業に採用していた。

158) 台湾船渠株式会社『第一期営業報告書』、13頁。

表1-10　台湾船渠の主要株主（1937、1943、1946年）

（単位：株（％））

株主	1937年12月31日	1943年12月31日	1946年6月30日
三菱重工業株式会社	8,900（44.5％）	65,000（65％）	64,900（64.9％）
株式会社台湾銀行	3,100（15.5％）	14,900（14.9％）	14,900（14.9％）
大阪商船株式会社	1,100（5.5％）	5,900（5.9％）	5,900（5.9％）
台湾電力株式会社	1,000（5％）	4,900（4.9％）	4,900（4.9％）
近海郵船株式会社	400（2％）	0（0％）	0（0％）
日本郵船株式会社	0（0％）	4,900（4.9％）	4,900（4.9％）
海山軽鉄株式会社	0（0％）	500（0.5％）	0（0％）
顔欽賢	1,000（5％）	500（0.5％）	500（0.5％）
顔滄海	0（0％）	800（0.8％）	1300（1.3％）
顔滄波	0（0％）	0（0％）	500（0.5％）
顔礼二	0（0％）	500（0.5％）	0（％）
台陽鉱業株式会社	0（0％）	700（0.7％）	700（0.7％）
日本個人持有	4,500（22.5％）	1,400（1.4％）	1,500（1.5％）
総計	20,000（100％）	100,000（100％）	100,000（100％）

出所：台湾船渠株式会社『第一期営業報告書』、13頁。台湾船渠株式会社『第十三期営業報告書』、15頁。「台湾船渠株式会社　清算状況報告書」。

資本金は413万6,286円とされた[160]。財政部国有財産局の清算結果報告書によると、戦後初期の日本統治期の企業に対する清算時、株式は台湾人所有・日本人所有・法人所有の三つに分けられた[161]。しかし、台湾船渠の株主構成について言えば、以下の四つのカテゴリーが確認できる。第一に、基隆顔一族とその家族企業である台陽鉱業株式会社が所持する台湾人所有株式である。

---

159) 台湾船渠株式会社『第十三期営業報告書』、15頁。日本統治期の台湾船渠株式会社の営業報告書や終戦直後の財政部国有財産局档案『台湾船渠株式会社 清算状況報告書』（档号：275-0294、国史館所蔵）から日本統治期の幹部社員および関連人士がみな小規模ではあるが株式を保有していたことが分かる。『生産状況報告書』によれば、台湾船渠の幹部社員のうち、株式を保有していたのは元良信太郎など14名、さらに台湾電力株式会社総裁松本虎太が、それぞれ100株を保有していた。これらの個人株主が保有する株式は全体の大きな割合を占めているわけではない。
160) 「接収台湾船渠株式会社股東名冊　18」1946年7月3日（『接収台湾船渠株式会社清冊』、档号無し、台湾国際造船公司基隆総廠所蔵）。
161) 『台湾船渠株式会社　清算状況報告書』。

第1章　日本統治期および戦後初期の台船公司（1919-1949年）　65

表1-11　台湾機械造船公司接収後の株式構成

日本統治期の株式カテゴリー	戦後の処理		株式数	保有株式の総額（単位：1000旧台幣）
	区分	株主名称		
法人所有	法団股	台湾電力公司（注）	5,000	250
		台湾銀行	14,900	745
台湾企業及び台湾人所有	民間所有（民股）に含む	台陽鉱業公司	700	35
		顔欽賢	500	25
		顔滄海	1,300	65
		顔滄波	500	25
日本企業及び日本人所有	省政府所有	省政府	17,100	855
	資源委員会所有	資源委員会	60,000	3,000
総計			100,000	5,000

出所：「工作報告書（1948年4月-1951年5月）」（『台船公司：会議記録』檔号：24-15-04　2-(1))。
注：戦後の台湾電力公司の持株数は、接収直後（接収時期較表1-10）の1946年6月30日に台湾電力株式会社が清算された時に比べ1,000株多い。これは台湾電力株式会社総裁松本虎太個人が保有していたものが混入したためであろう。

　これらは民間所有株式とされたが、省政府所有の株式に組み入れられた。第二に、三菱重工業・大阪商船株式会社・日本郵船株式会社など日本国内の企業が所有する株式で、資源委員会と台湾省政府が接収した。第三に、台湾船渠の日本籍の職員が所有する株式で、これも資源委員会と台湾省政府が接収した。第四に、台湾電力株式会社と台湾銀行が所有する株式で、中華民国の管理下に入った台湾電力公司と台湾銀行が接収した。これらは国民政府によって法人所有株式であるとされた[162]。
　表1-11のとおり、資源委員会の保有する株式は、日本企業と日本人が保有していた株式であり、台湾省政府の株式は、台湾電力公司・台湾銀行および台湾人が保有する株式と、日本企業・日本人が保有していた株式から構成されていた。上述の日本統治期の株式所有関係が再編成され、資源委員会と台湾省政府が6対4の比率で株式を保有する台湾機械造船公司が設立された[163]。

---

162)「工作報告書（1948年4月-1951年5月）」（『台船公司：会議記録』、資源委員会檔案台湾造船公司檔案、檔号：24-15-04　2-(1)、中央研究院近代史研究所所蔵）。

つまり、戦後初期の株主構成の転換は、日本統治期の民間企業台湾船渠株式会社が、台湾機械造船公司という公営企業へ変容したことを意味していたのである。さらに、台湾機械造船公司には一部民間保有の株式が存在していたが、官有株式が半数を超えたため、公営企業と認定された。資本金に関しては、台湾機械造船公司期には旧台幣6,088万2,029元で、60％を資源委員会が、40％を台湾省政府が投資していた。1948年4月に台湾造船公司が成立した後は、資源委員会が法幣1,500億元と台湾省政府が1,000億元を増資した。ただし省政府投資分については、当時財政上資金調達が困難であったため、台湾銀行から借り入れる形になっていた[164]。

台船公司はその改組当初、材料・器具の確保や工場の復旧のために、1948年5月中旬に資源委員会から1ヶ月間の期限で国幣300億元を借り出した。その後、1948年上半期に創業経費850億元から資源委員会からの借り入れ分を返済し、その余剰で機械や原材料を購入することとなった。

また、中央造船公司籌備処は、名目的に創業費予算として法幣350億元を台船公司に割り当てていたが、実際には現金の移動はなく、材料費350億元分の相殺という方式で台船公司に支払われた。その後、1948年上半期に法幣1,150億元が、下半期の7月、8月には法幣1,120億元が支払われている。金円券幣制改革後、9月から12月にはさらに金円券74,665元が支払われた。1948年度（4月-12月）の支払額合計は旧台幣5億5,193万7,222元であり（表1-12参照）、そのうち、倉庫・宿舎の修理や工具・材料の購入の支出が台幣4億3,999万5,048元であった[165]。

しかし、表1-12の通り、1948年に台船公司が成立した時期は、ちょうど中国が戦後のインフレに直面した時期であり、台湾と大陸の間の貨幣交換比率は短期間で大幅に変化した。終戦直後、国民政府は台湾と中国の経済システ

---

163)「11.資源委員会関於接辦台湾工礦事業進展情形及週年簡報呈資源委員会呈」（1947年7月22日、国民政府行政院檔案、資（36）業字第10965号）（中国第二歴史檔案館編［2000］、708頁）。

164)「台湾造船有限公司三十七年度総報告」（『台船公司：三十七年度総報告、事業述要、業務報告』、檔号：34-15-04 6-(2)、檔号：24-15-04 6、中央研究院近代史研究所所蔵資源委員会檔案）。

165) 同上資料。

表1-12 1948年度創業費収入表（1948年4月1日～12月12日）

月	創業経費原貨幣支払額	旧台幣換算額	交換比率
4	法幣35,000,000,000	147,058,824	238：1
5	法幣30,000,000,000	88,757,396	238：1
6	法幣55,000,000,000	146,666,667	375：1
7、8	法幣112,000,000,000	68,501,529	1,635：1
9	金円券33,800	62,023,000	1：1,835
10	金円券16,850	30,919,750	1：1,835
11	金円券14,800	5,476,000	1：370
12	金円券9,215	2,534,056	1：275
合計		551,937,222	

出所：「台湾造船有限公司三十七年度総報告」。

ムをある程度切り離し、大陸で発生したインフレの影響が台湾へ及ばないようにしており、そのため大陸では法幣を、台湾では旧台幣を使用することとした。法幣と旧台幣の交換比率は、もともと30対1で固定されていたが、大陸における物価が急激に上昇すると、利ざやを狙って台湾へ現金が流入し、旧台幣と法幣は変動相場制を取らざるを得なくなった[166]。表1-12の交換比率から了解されるように、1948年4月から8月までの間に、交換比率は238対1から1,635対1まで急激に上昇している。同年8月、国民政府は財政経済緊急処分令を発し、同年11月20日までに流通する法幣を回収し、金を発券準備とする金円券に交換することを決めた。当時の公定レートでは、法幣300万元を金円券1元に交換することになっていたが、時局の変化により、金円券の価値下落に歯止めをかけることはできなかった[167]。

当時、台船公司が必要とする船舶修繕に必要な原材料は、台湾では生産することが出来ず、中国大陸あるいは外国から輸入しなければならなかった。しかし、このインフレの時期に政府が拠出した創業費用は中国から台湾の台船公司に送金されたものであったため、物資は自ら中国で調達せざるを得ず、

---

[166] 徐柏園［1967］、1-2頁。
[167] 「国民政府頒佈財政経済緊急処分令及王雲五的談話和蔣介石手啓」（中国第二歴史檔案館［2000］、803-804頁）。

さらに貨幣の交換と商品の購入決定のプロセスにおいてインフレがさらに進んだため、台船公司の資金調達は、1948年の創立時から早くも危機に瀕した。この時期のインフレの進行は早く、手持ちの資金では物価上昇に追い付くことが不可能であった。表1-12の通り、1948年4月と7・8月の間で、旧台幣と法幣の交換レートは6.83倍に跳ね上がっていた。このような急速な物価変動により、物資調達も思うように進まなかった。すなわち、1948年の改組時に台船公司が直面した危機は、主にインフレに起因するものだったのである[168]。

そこで、1949年6月15日、台湾省政府は「台湾省幣制改革方案」および「新台幣発行弁法」を公布し、新台幣1元と旧台幣40,000元、さらに新台幣5元と1米ドルの固定交換レートを設定、物価の安定を図った。さらに、「台湾省進出口貿易及匯兌金銀管理弁法」を公布し、経済統制によってインフレを抑え込もうとした[169]。そして、幣制改革は台船公司の資産再評価と資本金の調整に影響を与えた。当時、台船公司は、同年6月30日に資本金の調整を行っており、資本金を新台幣200万元に設定していた。しかし、造船事業は必要とする流動資金が莫大であり、多くの機材を先に購入して備蓄しておき、船舶修繕に必要な部品を供給しなければならなかった。ところが、台船公司の資本金は新台幣200万元にすぎず、資金の借り入れは常に資本額の過少による制限を受け、多額の借り入れは不可能であった。さらに、当時は多くの海運業者が船舶修繕の代金を全額支払うことが出来ず、台船公司は多額の未回収金を抱えることになり、現金調達は困難を極めた[170]。

台船公司の財務状況は設立当初から困難なものであったが、その原因は上述の中国におけるインフレのほか、船舶修繕に必要な多種類の材料を国外からの輸入に頼らざるを得ず、さらに業務の停滞を防ぐために物資の大量購入が必要であり、結果として多量の資金が必要となるという経営構造にあった。

---

168)「台湾造船有限公司三十七年度総報告」。
169) 中央信託局台湾分行［1950］、1-3頁。
170)「台船公司：資本調整明細表」1949年6月30日（『台船公司：資本調整明細表、資産重估価明細表』、資源委員会檔案、檔号：24-15-04 5-(1)、中央研究院近代史研究所檔案館所蔵）。

さらに、一部の軍関連の業務は代金の回収が難しかったため、日常的に人件費と材料費を立て替えていた[171]。

1949年12月31日付の貸借対照表によれば、台湾造船公司の流動資産は新台幣541万3,842元で、運転資金（週転金）は6,375元にすぎず、受取手形（応収票据）は42万4,001元、売掛金（応収帳款）は新台幣20万9,713元であった。運転資金の際立った少なさが、当時の経営が極めて厳しい状況にあったことを示している[172]。台船公司の苦境は、1951年のアメリカによる船舶修繕に関する借款の実施によって、ようやくある程度解決され安定的な状態に入った。そして1954年、経済部が800万元の増資を裁可し資本金が1,000万元になると、後述の船舶修繕借款の実施とあわせ、台船公司の財務状況は大きく改善した[173]。

株主構成に関しては、表1-10から戦後初期に持株比率が大きく変わったことを確認したが、ここでは戦後接収時の株価の推移をみてみよう。表1-13からみてとれるのは、1945年には民間保有の株式が3％であったのに対し、1948年に金円券改革があったにもかかわらず、中国のインフレの影響を受け1948年末には0.10％に落ち込んでいる点である。またインフレは台湾銀行・台湾電力公司・台湾省政府の保有する株式資産にも甚大な影響を与えたが、一方で中央政府の保有株式の比率は95.88％に達した。1949年に新台幣の発行などの幣制改革が行われると、台船公司の資産再評価が行われ、資本金は新台幣200万元へ減少した。また、民間保有の株式と省政府保有の持株の比率も回復している。

以上のように、台船公司は、成立当初において、戦後のインフレが財務面に甚大な影響を与えると共に、物資購入においてコストを正確に予測し抑制

---

171)「工作報告書 自1948年4月至1951年5月」（『台船公司：会議記録』、資源委員会檔案、檔号：24-15-04 2-(1)、中央研究院近代史研究所檔案館所蔵）。

172) 同上資料。「資産負債平衡表」1949年12月31日、「台湾造船公司第三届第一次董監聯席会議記録」1951年7月14日（『台船公司：会議記録』、資源委員会檔案、檔号：24-15-04 2-(1)、中央研究院近代史研究所檔案館所蔵）。

173)「台湾造船公司第四届第三次董監聯席会議記録」1954年11月30日（『造船公司第四届董事監聯席会議記録（1）』、経済部国営事業司檔案、檔号：35-25-20 001、中央研究院近代史研究所檔案館所蔵）。

表1-13 台船公司主要株主の保有株式評価額の変化（1948～1954年）

日付 株主	1948年4月1日 （旧台幣元）	1948年12月31日 （旧台幣元）	1949年12月31日 （新台幣元）	1954年12月31日 （新台幣元）
台湾銀行	103,357 （4.91％）	3,111,422 （0.51％）	114,037 （5.70％）	3,377,671 （33.78％）
台湾電力公司	34,049 （1.65％）	1,044,101 （0.17％）	34,744 （1.74％）	145,412 （1.45％）
民間保有	18,845 （0.99％）	626,461 （0.10％）	20,846 （1.04％）	105,348 （1.05％）
台湾省政府	724,121 （32.46％）	20,570,827 （3.34％）	503,038 （25.15％）	724,121 （7.24％）
中央政府	1,117,448 （60.00％）	589,966,439 （95.88％）	1,327,336 （66.37％）	5,647,448 （56.47％）
合計	1,997,820 （100％）	615,319,251 （100％）	2,000,000 （100％）	10,000,000 （100％）

出所：「台湾造船公司業務報告（1948年4月至1954年12月）」（『経済部国営事業司檔案 造船公司第四屆董監聯席会議記録（1）』檔号：35-25-20 001）。

することが出来なかった。また幣制改革後、台船公司はすぐに資産再評価を行ったため、帳簿上の資本額が過少になり、借り入れが困難になってしまった。一方で、中国大陸では金円券幣制改革が行われたが、台湾では同時に改革が行われなかったため、6対4の比率で中央政府と省政府が資本金を出し合う国営企業の経営体制も影響を受け、1954年の増資まで元の比率を回復することが出来なかった。

4．戦後初期の営業状況

戦後初期の台船公司の営業状況は、二つの段階に分けられる。第1段階は台湾機械造船公司の時期で、台湾島内の市場を中心に上海の船舶修繕業者と競争していた時期である。第2段階は台船公司成立以後で、同時期に中華民国政府が台湾へ逃げこんできたため、競争相手は従来の中国大陸の船舶修繕業者から日本の船舶修繕業者へと転換した。

台船公司の生産実績については、1946年5月に高雄機器廠が一部操業を再開し、同年7月に基隆造船廠も操業を再開すると、同年5月-12月に修繕した船舶は合計84,414トンに上った[174]。1947年の実績は、基隆造船廠で修繕し

た船舶が43隻、合計113,361トンであった。その内訳は、大規模船隻が15隻で29,690トン、小規模船隻が28隻で83,671トンであった[175]。

　台湾機械造船公司期の基隆造船廠は、大陸の船舶の多くが上海での修繕を選択していたため、その業務の対象は台湾航業公司と台湾の各種汽船に限定されていた[176]。当時、主要な造船所はすべて上海にあり、上海の造船所は台湾機械造船公司よりも規模は小さいものの、交通の便がよく、多くの海運業者は上海での船舶修繕を選択していた[177]。

　1948年4月、台船公司の改組・成立後、資源委員会は機械製造と造船への特化を目的としていたが、戦後のインフレによって設備及び材料の不足から大規模な受注を受けることが出来なくなった。また大型船隻の多くは「入級船隻」であったが、その修繕には船級協会の検査員の立会が必要であった。しかし、台船公司には検査員がおらず、「入級船隻」にかかわる業務の受注が出来なかった[178]。1949年春、アメリカ船級協会（American Bureau of Shipping, ABS）と英国ロイド船級協会（Lloyd's Registar of Shipping）から各1名の検査員を招聘したため、以降、国内の大型船隻や外国船の修繕を引き受ける事が出来るようになった[179]。

　当時の協理李国鼎は、台船公司が船級制度を取り入れた背景を以下のように説明している[180]。

　「国際的には船舶の状況に関する統一検査基準があるが、国際基準もさまざまにあるので、我々はアメリカ船級協会の基準であるANS（American

---

174)「台湾造船公司現状其当前迫切希望」1950年（『公司簡介』、檔号：01-01-01、台湾国際造船公司基隆総廠所蔵）。
175)「台湾機械造船有限公司事業消息」『台湾工程界』2：2、1948年2月、15頁。
176)「台湾造船有限公司工作報告（1948年4月-1951年5月）」（『台船公司：工作報告』、資源委員会檔案、檔号：24-15-04　6-（1）、中央研究院近代史研究所檔案館所蔵）。
177) 周茂柏［1948］、3頁。
178)「台湾造船有限公司工作報告」。「入級」とは、船舶の新規建造および修繕に際して、船級協会の検査員が船舶の検査と登録を行い、その検査結果をもとに保険会社が船舶に海上保険をかけることをいう（造船テキスト研究会［1982］、135-141頁）。
179) 薛月順編［1993］、263頁。
180) 李国鼎口述、劉素芬編著［2005］、50頁。

Navigation Standard）を導入することにした。当時は造船でも修繕でもアメリカ船級協会から人を呼んで監督を頼んでいたが、それは一定の水準を維持しようと考えたからである。台船公司は、当時唯一の船舶の建造・修繕を行う会社であったので、アメリカ船級協会から常に人が来て、台湾造船公司の監督を行っていた。」

その後、台湾では、1951年2月15日の中国験船協会[181]成立により国外の船級協会の検査員を招聘する必要がなくなり、外貨支出を抑制することが出来るようになったのである[182]。

---

[181] 中国験船協会はもともと1940年代末期に造船業界と海運業者が外国への依存から脱却するため、自国が運用する船級協会の設立を求めたものである。しかし、戦争のため設立は先送りされ、結局、1951年2月15日に台北に設立されることとなった。中国験船協会［1955］、1-2頁。

[182] 中華民国交通史編纂小組［1981］、700頁。

第 2 章

1950-1956年の台船公司

第 1 節　市場の転換と造船業の拡大

　1949年の国民党政権の大陸での敗北によって、台湾へ移った海運業者は広大な中国市場を失い、海運業自体の景気悪化のなかで、多くの海運業者が事業を停止していった。この時、海運業者は船舶維持費用すら負担できなくなっており、台船公司の船舶造船業務に大きな影響を与えていた。しかし、1950年下半期から海軍の軍艦の修繕の業務が増加し、台船公司の1ヶ月の業務の七割を占めたため、一定の営業収入を維持することが可能となった[1]。
　また、台船公司の競争相手は、上海の船舶修繕業者から日本や香港など外国の業者に代わっていた。当時の日本は造船業が発達し、さまざまな部品等も国内での生産が可能であったため、修繕にかかるコストも低く抑えることが出来た。また香港は自由港であったため、関税がかからなかった。その一方で、台船公司は、多くの機材を輸入に頼っていた上に、高い関税が課せら

---

1)「台湾造船公司四十年度業務報告書」(『台船公司：三十七年度総報告、事業述要、業務報告』、資源委員会台湾造船公司檔案、檔号：24-15-04　6-(2)、中央研究院近代史研究所檔案館所蔵)。李国鼎口述、劉素芬編著［2005］、48-49頁には、「当時海軍は多くの米国の軍艦を接収したが、これらのほとんどは米国人が沈没することを恐れて手放した旧型軍艦であった。それでも十分ありがたかった。海軍は基隆に自前のドックを持っていたが、規模が十分ではなく修理に利用できなかったし、技術者も足りなかったので、造船公司に修理を依頼することとなった」とある。

れていたため、コストの上昇を抑えることが出来なかった[2]。このため、台湾区生産事業管理委員会は、台湾の船舶修繕業を保護すべく、台湾船籍の船舶の修繕に関しては、台船公司の船舶修繕費用が日本のそれを25％以上、上回らない限り、国内で修繕するように定めた[3]。

台船公司が顧客の不足と国外の造船業者との競争に直面していたまさにその時、1950年の日台貿易の回復と朝鮮戦争の勃発によって国際海運業の景気は大幅に回復した。しかし、海運業者は依然として船舶修繕経費を支払うことが出来ず[4]、当時台湾経済を統括していた台湾区生産事業管理委員会は、交通部および台船公司と協議し、アメリカの援助借款から基金を創出して船舶修繕経費用借款とするよう希望した。これは台船公司の受注を増やすだけではなく、海運業者に対する優遇措置でもあった。とはいえ、1951年上半期は米国の援助借款からの経費支出が間に合わなかったため、台湾銀行が船舶修繕費用を貸付け、下半期からアメリカの援助借款をもとにした基金から貸付けを行った[5]。1951年上半期に台湾銀行が貸付けた経費は新台幣362万5,000元であり、下半期にアメリカの援助借款特別口座が成立すると、さらに637万5,000元を貸付け、貸付け総額は1,000万元になった。これらの貸付けによって、長らく克服困難であった海運業における船舶修繕問題がようやく解決したのである[6]。このように、船舶修繕経費用借款の貢献は、台船公司の業務運営を円滑化させただけではなく、海運業者に対しても船舶修繕に関する優遇を与えたことにあったのである[7]。

表2-1のとおり、1951年の台湾銀行の貸付けとアメリカの援助借款によって修繕された船舶は38隻に上った。内訳は、招商局が修繕したものが17隻、

2）「台湾造船有限公司業務資料」1955年10月11日（台船（44）総字第2951号、台湾造船公司檔案、『公司簡介』、檔号：01-01-01、台湾国際造船公司基隆総廠所蔵）。
3）「台湾造船公司四十年度業務報告書」。
4）戴宝村［2000］、297-300頁。
5）「資源委員会在台事業四十年度検討会議 検討単位：台湾造船公司」1952年2月28日（『台船公司：会議記録』、資源委員会台湾造船公司檔案、檔号：25-15-04 2（1）、中央研究院近代史研究所檔案館所蔵）。
6）「台湾造船公司四十年度業務報告書」。
7）「資源委員会在台事業四十年度検討会議 検討単位：台湾造船公司」1952年2月28日。

表2-1 1951年台湾銀行およびアメリカの援助借款からの船舶修繕にかかわる
　　　　貸付け額（大規模修繕のみ）

船主	招商局	台湾航業公司	民間海運業者	総計
修繕トン数（A）	63,640	29,161	76,585	170,486
保有総トン数（B）	184,621	38,815	164,515	387,951
保有船隻数	61	12	67	140
修繕船隻数	17	7	14	39
修繕された船舶の比率（A/B）	29.81%	72.60%	46.55%	—
貸付額（新台幣）	3,249,000	2,115,000	4,636,000	10,000,000

出所：「台湾造船公司四十年度業務報告書」、交通部『交通年鑑』（1950-1960年合編本、985頁）、戴宝村［2000］、291頁から著者作成。

台湾航業公司のものが7隻、民営企業のものが14隻であった。そのうち、すでに航行を停止していた船舶は、上記の貸付けによって修繕が行われ、再び供用に付されることとなった。注目すべきは、貸付けを受けた招商局・台湾航業公司・民営の汽船業者のうち、民営の汽船業者が全体の46％を受け取っていたことである[8]。1951年時点における招商局と台湾航業公司の保有船隻数・総トン数と貸付額を比較してみると、招商局は貸付けによって63,640トンを、台湾航業公司は29,161トンを修繕していた。表2-1の通り、招商局が保有する船舶の29.81％、台湾航業公司の保有する船舶の72.60％に当たる。その他の海運業者が保有する船舶では、46.55％が貸付けを受けて修繕を行っている。これらのデータを勘案すると、この年に実行された船舶修繕費用の貸付けは、民間の海運業者に対して有効な援助と成り得たといえる。

さて、1950年代初期の台船公司の顧客は主に、招商局、台湾航業公司、民間海運業者、海軍の四つに分類できる。表2-2の通り、1951年の台船公司の顧客では、招商局や台湾航業公司などの公営事業者が占める割合が大きい。しかし同年に招商局と台航公司は内部に船舶修繕部門を設立し、小規模な修繕を自ら行うようになったため[9]、台船公司の修繕業務は再び影響を被った。

続いて、アメリカの援助借款による船舶修繕実績を表2-3に掲げた。借

8）「台湾修船貸款経過概略報告」1951年7月（『台船公司：会計財務』、資源委員会台湾造船公司檔案、檔号：24-15-04　4-（1）、中央研究院近代史研究所檔案館所蔵）。
9）「台湾造船公司四十年度業務報告書」。

表2-2　1951年度船舶修繕業務の受注先

(単位：トン)

受注先	大規模修繕	小規模修繕	合計
公営事業	82,215	69,999	152,214
民営事業	36,037	73,037	109,074
軍事機関	8,900	5,308	14,208
合計	127,152	38,750	165,902

出所：「四十年度下半年業務検討報告資料」(『台船公司：三十七年度総報告・事業述要・業務報告』資源委員会檔案台湾造船公司檔案、檔号：24-15-04　6-(2))。

表2-3　アメリカの援助借款による船舶修繕の実績 (1951～1955年)

(単位：隻)

	第一期	第二期	第三期	総計
時期	(1951-1952/2)	(1952-1953/5)	(1954-1955/3)	—
借款計画番号	CEA62-6	CEA52-70	CEA54-R5	—
招商局	12	11	14	37
台湾航業公司	4	13	5	22
船聯会	8	5	—	13
其他民営航業公司	—	—	5	5
基隆港務局	—	—	1	1
高雄港務局	—	—	1	1
総計	24	29	26	79

出所：「中美合作経援発展概況 (1957年9月初版)」(農復会檔案、周琇環編[1995]、138-140頁)。

款は3期に分けられ、総額で2,550万9,000元であった。全部で79隻の汽船が修繕の対象となり、その内訳は招商局保有船が37隻、台湾航業公司保有船が22隻、中華民国輪船商業同業公会全国連合会[10]およびそのほかの民営企業の保有する船舶が18隻、さらに基隆と高雄の港務局保有船2隻であった[11]。

外国の大型汽船の修繕業務で、最初の受注は1951年11月のフィリピン・メ

---

10) 中華民国輪船商業同業公会全国聯合会は1947年、上海に設立されたもので、全国各地の輪船商業同業公会の連絡を担当するとともに、政府の海運業管理と関連政策の立案などに協力していたが、1950年5月、交通部の命令により台湾へ移った。中華民国民衆団体活動中心編[1961]、111頁。

ドリガル（Medrigal）社のアーガス（Argus）号であった。このときの修繕作業量は当初予定の5倍を超えてしまったが、予定通り2週間で完了した[12]。

一方、1950年に日台貿易が再開されてから、台湾から日本への農産物あるいは農産物加工品輸出が盛んになり、特にバナナの輸出が最も重要であった。そのため、普通の貨物汽船に通風設備を加えて、青果輸送船へ改造するようになった[13]。このような市場の変化に対し、台船公司は船舶改造を受注するようになり、1950年および51年には鉄橋輪、滬広輪、天山輪などの船舶の改造を相次いで行った[14]。しかし、造船業務の再開は遅く、台湾省水産公司から75トンマグロ漁船建造を受注したのは、1951年になってからのことであった[15]。

上述の通り、1950年は台船公司にとって重要な分岐点であった。それ以前は国内市場における船舶修繕を中心にしていたが、同年以降、台湾へ撤退してきた中華民国政府が政策を通じて台船公司の発展を支えることとなったのである。まずは船舶修繕費用の貸付によって台船公司の受注を増やし、次いで台船公司の造船業の開始に際しては、水産公司を通じてその顧客となった。さらに、台船公司が外国船舶の修繕業務を始める機会を得ると、船級協会を設立して、外国の顧客を引き寄せようとしたのである。

11）「中美合作経援発展概況（1957年9月初版）」（農復会檔案、周琇環編［1995］、138-140頁）。
12）「台湾造船有限公司第三届第三次董監聯席会議記録」1952年3月20日（『務調査表、産量、器材材料調査表、会議記録』、資源委員会檔案台湾造船公司檔案、檔号：24-15-04 7-（2）、中央研究院近代史研究所檔案館所蔵）。
13）廖鴻綺［2005］、18-20、25頁。戴宝村［2000］、299-300頁。
14）「為電送四十年度工作考成報告表請査核賜転由」1951年1月27日（台船（41）字第0145号、『台船公司：四十年度工作検討与考成報告表』、資源委員会台湾造船公司檔案、檔号、24-15-04 6-（1）、中央研究院近代史研究所檔案館所蔵）。
15）「為電送本公司上半年度工程生産業務財務等工作報告資料請察鑒」1952年2月1日、「四十年度一至六月份工作検討報告資料」（台船（41）発字第1196号、『台船公司：三十七年度総報告、事業述要、業務報告』、資源委員会台湾造船公司檔案、檔号：25-15-14 6-（2）、中央研究院近代史研究所檔案館所蔵）。

第2節　アメリカの援助借款の役割とその影響

　1950年代の台船公司は、もともと行っていた船舶修繕以外に、造船にも事業を拡大していった。当初は大型船舶を建造する資金も技術もなかったが、資金面ではアメリカの援助を獲得し、技術面では外国との技術協力に依拠することで拡充を図っていったのである。

　アメリカの援助借款には、短期的な資材用の借款と施設拡張用の借款の二種類があった。まず資材借款については、当時の台湾は船舶修繕に関わる部品の多くを輸入に頼っていたことによる。さらに、急な受注に備えて部品を事前に備蓄しておく必要があった。このため、台船公司はある程度の現金を常に用意しておかなければならなかった。しかし、当時の台船公司が保有する流動資金は少なく、通常の借入だけでは部品備蓄を十分に行うことはできなかった。1951年および1952年には、前述のアメリカからの船舶修繕借款のうち、資材用の借款を通じて、海運業者の船舶修繕の補助を行ったほか、台船公司の流動資金の補填を行っていた。

　しかし、1953年の朝鮮戦争の休戦に伴い、海運業は再び不景気に陥り、船舶修繕のための資金の返済が難しくなった。これに対し台船公司はコスト削減で対応しようとした。具体的には船舶修繕の効率化を進める一方、経営の多角化、すなわち機械製造に関わる業務を拡大した。このことは後の造船業務の発展の素地を提供したといえる[16]。

　続いて、施設拡張借款に関してみてみよう。アメリカの援助借款により、台船公司は工場の拡張と関連機器の購入経費を手にした。台船公司内部の認識では、アメリカの援助借款によって、自動溶接機とエックス線検査設備の導入が可能になり、溶接技術が国際標準に達したとされていた。さらに、板金円形曲げ機や自動彎曲機などの冷間加工設備などについては、造船技術の習得に必要な設備であった[17]。

---

16)「台湾造船有限公司業務資料」1955年10月11日（台船（44）総字第2951号、『公司簡介』、檔号：01-01-01、台湾国際造船公司基隆総廠所蔵）。戴宝村［2000］、297頁。

17) 行政院美援運用委員会編［1961］、40-41頁。

さらに台船公司は、1953年アメリカの援助借款を利用して、冷間作業工場・電気技術工場・鋼料倉庫および徒弟工訓練施設を建設した[18]。このとき、台船公司は造船能力の増強を目指し、設備拡張計画を提出している。また1955年には、アメリカの援助借款からの約45万ドルの貸し付けを申請し、工場・倉庫・船台の拡張と各種設備の設置、さらに技術者の育成などを行うとした。これらの計画が完遂された場合、毎年500トン以下の漁船など約4,500トン分を増産できるとされていた[19]。

　アメリカの援助借款には「造船航運発展計画」という項目があり、そこに台船公司への米ドルおよび新台幣による援助額が記載されている。当時の援助借款は、台湾で1953年から始められた四カ年経済建設計画に基づくものであった[20]。表2-5のとおり、台船公司は1951年から1956年（殷台公司へ賃貸しされる前年）までに、新台幣1,212万6,912元、米ドル1,444万8,333ドルを借款として受け取っていた。

　以上、戦後の台船公司の設備は、日本統治期の設備を基礎として、戦後において漸次拡張されたものであったといえよう。表2-4から確認できる1948年の台船公司成立から1955年までの設備拡張は、中央造船公司籌備処から譲られた日本賠償及帰還物資接収委員会の機材や、アメリカの援助借款の利用、および自主購入によって行われたものであったが、それでも大型船舶を建造する造船所を建造するには至らなかった[21]。

　1964年に行政院国際経済合作発展委員会が行った、1950年以降の台船公司のアメリカの援助借款利用計画に対する検討は、同計画には三つの貢献があったと指摘している。第1に、援助借款を利用して6期にわたって開かれた技術訓練クラスは、初級中学および高級職業学校の卒業生200名あまりを対象として溶接・機械・製図などの技術訓練を行い、その受講生の大多数が台船公司の各工区に留まって勤務していた。第2に、援助借款により主要製品

---

18)「台湾造船公司四十四年度第一次業務検討事項資料」1955年3月（『業務検討46-49』、檔号：00-04-00-01、台湾国際造船公司基隆総廠所蔵）。
19)「台湾造船有限公司業務資料」1955年10月11日。
20) 文馨瑩［1990］、225頁。
21) 台湾造船公司［1972］、170頁。

表2-4 台船公司の主要生産設備の拡充（1948年4月～1955年6月）

設備名称	単位	1948/4	1955/6
工場面積	㎡	8,652	12,850
倉庫面積	㎡	1,590	3,700
乾ドック25,000トン	基	1	1
乾ドック15,000トン	基	1	1
造船台100トン	基	0	1
船舶修繕用埠頭	m	0	400
工作船	隻	0	2
起重機	機	9	29
各種工具機および冷間機械	機	40	117
溶接機	機	15	110
木工工作板	機	13	17
鋳造鍛工及び処理設備	機	17	32
材料試験機械	機	15	22

出所：「台湾造船有限公司業務資料」（1955年10月11日）。

表2-5 アメリカの援助借款造船航運発展計画中の台船公司の借款
（単位：元）

年度	新台幣	米ドル
1951	0	326,657
1952	2,000,000	518,514
1953	0	121,029
1955	0	522,133
1956	8,014,000	0
合計	12,126,912	14,448,333

出所：行政院国際経済合作発展委員会［1964］、37-38頁。

の生産量が増加した。1953年から1957年2月の台船公司の殷台公司への業務委託時点までの生産量の変化を見ると、船舶建造で73％、機械製造で16％、船舶修繕で13％の増加が見られた。第3に、販売においても、船舶販売で161.8％、機械販売で58.5％、船舶修繕で35.2％増加していた[22]。

第3節 造船事業の展開と技術の発展

前述のとおり、台船公司の造船事業は、1951年に台湾省水産公司から75トンの木鉄遠洋マグロ漁船2隻の発注を受けたことに始まる[23]。1952年、台湾の海運業の景気は悪化し、船舶修繕業務も減少したため、台船公司は営業の中心を船舶修繕から造船へ切り替え、さらに大きな船舶を積極的に建造しようとした[24]。

---

22)　行政院国際経済合作発展委員会［1964］、37-38頁。
23)「台湾造船公司業務資料」1955年10月11日。

まず、台船公司は、1953年に援助借款を受けたのち、100トン級漁船4隻の建造を計画した。しかし、この頃の台船公司は造船の経験がなく、漁業従事者の信頼もなかったため、建造してから販売することとなった[25]。このことは、造船に当たって必要な経費は援助借款以外、すべて台船公司が負担しなければならなかったということを意味する。その後、台湾省農林庁漁業管理処[26]がアメリカの援助借款を獲得し、再び台船公司から同じ型の漁船を2隻購入した。これらの漁船の特徴は、すべてアーク溶接を利用しており、先に工場内で船体を作ってから、船台に載せて組み合わせるというもので、船身への溶接時のゆがみを抑えるほか、船台の上での船殻の建造時間を短縮できた。当時の漁船の設計は日本の漁業関連法に依拠していたが、同時にアメリカの船級協会の基準にも合格していた。生産実績でいえば、台船公司は100トンクラスの漁船を相次いで合計10隻建造している[27]。

　同時に、台船公司は漁船建造の過程で技術改善を行い、また技術の導入により船舶部品の生産にも尽力した。さらに日本および欧米を訪問し、その造船技術に対する考察・比較を行い、次のような認識をもつに至った。

　第二次大戦期の日本の造船技術は、アメリカよりも大きく遅れていたが、戦後10年間、大規模造船所が積極的に外国の技術を導入し、自動アーク溶接機による船体建造を採用したほか、船舶機械の品質もアメリカの技術を導入し大幅に改善した。欧米と日本の造船業を比較すると、欧米の工業化は非常に進んでおり、欧米の技術を導入しようにも資本や能力に限界がありその生産技術を短期間で学びとることは難しい。一方で、日本は工業発展の状況、地理的条件、生活習慣などが台湾と比較的近い。これらの理由から、台船公

---

24)「台湾造船公司四十四年度第一次業務検討事項資料」1955年3月。
25) 一般に造船は、建造を注文主（海運業者など）から委託されてから設計・建造を開始する。
26) 戦後、台湾行政長官公署の下に、農林処が置かれ、さらに水産股・漁政股・漁管股の三部局をもつ水産科が置かれた。このうち漁管股は漁業団体の管理指導・魚市場や漁港・漁業共同設備の管理を行い、さらに漁船の海上における安全と救護活動を所管した。台湾省政府成立後は、農林庁水産科から農林庁漁業管理処に改組され、その下に漁政・水産・工務の三組が置かれた（胡興華［2002］、193頁）。
27)「台湾造船公司四十四年度第一次業務検討事項資料」。

司は日本から技術導入を図ることを決めた[28]。

日本からの技術導入を決めた後、台船公司は日本に人員を派遣し造船所を視察させ、同時に技術協力の可能性について話し合いを始めた。最終的に、大型遠洋汽船・機械・水力発電などの設備に関しては石川島重工業株式会社[29]と、漁船・船舶用ディーゼルに関しては新潟鉄工所と協力を進めることとなった[30]。

台船公司は、1954年2月、石川島重工との5年間の技術協力契約を結び、石川島重工からの大型遠洋汽船の生産技術の移転のほか、運輸機械・空気圧縮機・送風機・水圧機の生産技術に関しても技術供与を希望した[31]。台船公司が石川島重工を選択したのは、当時の石川島重工が日本における中型造船業者であり、両社の規模も似ており、容易に生産技術を学べると考えたからであろう[32]。しかし、その後の実績を見ると、台船公司と石川島重工の技術協力は陸上機械の開発生産に集中していた。大型遠洋汽船の建造が進展しなかった理由としては、政府が高額の資金を用意できなかったほか、1957年に政府が殷台公司に台船公司の経営を譲渡してしまったため、石川島重工からの関連技術の移転はあまりうまくいかなかったことがあげられる[33]。

このほか、1953年に、行政院経済安定委員会が作成していた第1期4カ年経済建設計画において、経済部に所属する漁業増産委員会が遠洋漁業政策を策定し、特に遠洋マグロ漁に重点を置くこととした[34]。これは、政府が当時

---

28)「日本造船工業情形及技術合作接洽経過」(『日本造船工業情形及技術合作洽談経過』、檔号：35-25-20 76、経済部国営事業司檔案)。
29) 石川島重工業株式会社は、1853年に設立された石川島造船所が戦後改称したものである。1960年に播磨造船所と合併し、石川島播磨重工業株式会社に社名を変更した。溝田誠吾 [2004]、203頁。
30)「日本造船工業情形及技術合作接洽経過」。
31)「台湾造船公司業務資料」1955年10月11日 (台船 (44) 総字第2951号、『公司簡介』、檔号：01-01-01、台湾国際造船公司基隆総廠所蔵)。「台湾造船公司第四届第一次董監聯席会議記録 (1953年6月29日)」(李国鼎先生贈送資料影印本、国営事業類 (11)『台湾造船公司歴次董監事聯席会議紀録及有関資料』、国立台湾大学図書館特蔵室所蔵)。
32) 政治経済研究所編 [1959]、9-10頁。
33) 呉大惠 [1968]、26-28頁。経済部 [1973]、8頁。

の台湾の近海および沿岸漁業と養殖業が飽和状態に近づいていることを考慮し、マグロ漁の振興を決めたためであった。しかし、マグロは低緯度海域に集中しており、当時の台湾で利用されていた漁船では遠洋漁業を行うことができなかった[35]。そこで、台船公司はこの漁業政策に対応するため、比較的大きなマグロ漁船の建造を始めたのである[36]。

戦後のアメリカと日本のマグロ漁は戦前に比べ大幅に拡大していた。アメリカの1935年から39年までの年間マグロ平均水揚は56,000トンであったが、1951年には147,730トンに達していた。日本の戦前の最高水揚高は1936年の75,960トンであったが、1953年には232,500トンに跳ね上がっていた。一方、台湾の戦前の最高水揚高は1940年の9,300トンであったが、戦後初期には1953年の5,000トンが最大で、戦後の水揚高はむしろ減少していた。戦後の日本のマグロ漁が急速に拡大したのは、政府が漁業者に対して年率0.3％の造船用低金利貸し付けを行い、さらに法律上の優遇措置を行ったからであった[37]。

政府は当時、台船公司に対して350トン級鋼製マグロ漁船30隻の3年以内での設計・建造を委託し、また台湾銀行から有利な金利で部分的に貸付けを行うことを計画した[38]。1954年11月23日、行政院経済安定委員会に属する工業委員会は、1955年に公営の中国漁業公司[39]が350トン級漁船4隻を購入し、その建造資金として台湾銀行が台船公司へ貸し付けを行うことを決めた[40]。

34）楊基銓撰述、林忠勝校閲［1996］、253-254頁。
35）「建造350噸級漁船発展遠洋鮪釣漁業計画綱要」1954年11月2日（国営（43）発字第1011号、1954年11月6日、『業務検討46-49』、檔：00-04-00-01、台湾国際造船公司基隆総廠所蔵）。
36）楊基銓撰述、林忠勝校閲［1996］、253-254頁。
37）「建造350噸級漁船発展遠洋鮪釣漁業計画綱要」1954年11月2日。
38）同上資料。「経済部四十三年上半年度第二次業務検討会紀録」1954年9月18日（『業務検討46-49』、檔号：00-04-00-01、台湾国際造船公司基隆総廠所蔵）。
39）中国漁業股份有限公司（略称：中国漁業公司）は1955年、政府が設立した公営企業であり、1965年からは国軍退除役官兵輔導委員会が経営することとなった。行政院美援運用管理委員会編［1961］、32頁。「輔導会将接辦中国漁業公司」『中央日報』、1965年8月14日、第五版）。
40）「台湾造船公司第四屆第三次董監聯席会議記録」1954年11月30日（『造船公司第四屆董監聯席会議記録（1）』、檔号：35-25-20　1、中央研究院近代史研究所国営事業司檔案）。

1955年3月7日には、経済部漁業増産委員会[41]および漁業善後物資管理処[42]と台船公司の協議が行われ、増産委員会と管理処は漁船の生産を台船公司へ委託することとした。その際の資金は、管理処と台船公司が台湾銀行から借り入れ、すべての債務は船舶建造が完了するまで台船公司が引き受け、船舶の納品後、船舶価格に応じて債務を管理処へ引き渡すこととなった[43]。

　台船公司は、中国漁業公司の350トン級マグロ漁船を建造する以前の1954年6月、新潟鉄工所と10年の技術協力契約を結び、新潟鉄工所のマグロ漁船建造の豊富な経験が、台船公司のマグロ漁船の建造とディーゼル開発に寄与することを期待していた[44]。当時の台船公司は、350トン級マグロ漁船の建造に必要な資材に関して、工事の設計図を製作することも資材購入の基準を定めることも出来なかったため、これらを日本に頼らざるを得なかったのである。工事を進めるに際し、新潟鉄工所からの技術者が台湾を訪れ、資材購入と代理販売に関して協議が行われた[45]。資材購入契約に関しては台船公司に最終的な規格やメーカーなどの決定権が与えられたため、台船公司業務処副所長劉敏誠[46]は日本を訪れ、新潟鉄工所と資材購入に関する手続きを行った。その際、興味深いことは、この時期に新潟鉄工所が同型のマグロ漁船を建造していたため、台船公司は資材購入とは別に廠務処冷作組組長張則懿

---

41) 経済部漁業増産委員会は1951年に設立され、米国援助借款の一環として、漁業発展を目的に米国から専門家や顧問を受け入れて、台湾における漁業生産の向上と漁船製造、人材育成などを行った。「中美合作発展漁業、設漁業増産委員会」（『中央日報』、1951年9月25日）。
42) 漁業善後物資管理処は、もともと1946年、日中戦争勝利に伴って連合国救済復興機関中国支部と行政院救済総署が中国の漁業発展を目的に設置したものである。1950年9月から経済部管轄となり、経済部漁業善後物資管理処に改称した。胡興華[1996]、22-23頁。胡興華[2002]、65頁。
43) 「台湾造船公司第四届第五次董監聯席会議記録」1955年3月26日（『造船公司第四届董監聯席会議記録（1）』、経済部国営事業司檔案、檔号：35-25-20　1、中央研究院近代史研究所檔案館所蔵）。
44) 「台湾造船公司業務資料」1955年10月11日（台船（44）総字第2951号、『公司簡介』、檔号：01-01-01、台湾国際造船公司基隆総廠所蔵）。
45) 「台湾造船有限公司第四届第七次董監聯席会議記録」1955年5月28日（『造船公司第四届董監聯席会議記録（1）』、経済部国営事業司檔案、檔號：35-25-20　1、中央研究院近代史研究所檔案館所蔵）。

と新船計画組組長王国金[47]を派遣して実習させ、また船体構造と機器艤装の研究を行わせていたことである。台船公司は新潟鉄工所との技術協力によって、ようやく大型漁船の建造能力を備えるようになったのである[48]。

　台船公司が中国漁業公司から受注した350トン遠洋マグロ漁船は4隻であり、最初の1隻である漁亜号は1956年10月に竣工し、殷台公司に移ってから未完成部分の仕上げが行われた[49]。しかし、台船公司が建造したこの漁亜号ともう1隻の350トン漁船は、進水し2回出港した後、船殻の溶接部分に腐食が発生したため、中国験船協会が検査を行い、さらに2ヶ月間ドックで修理を行った。第3隻と第4隻についても、中国漁業公司への引き渡しの後、同様の問題が発覚したため、1ヶ月余り工場で整備が行われた。当時の漁船の価格は1隻新台幣900万元程度であったが、修繕費用が45万元程度かかったうえ、修繕のため出港回数が減少したため、中国漁業公司に損害を与えることとなった[50]。

　そこで、中国漁業公司は台船公司に漁船4隻分の修繕費用180万元の負担を求めた。これに対し経済部部長楊継曾は、同じ350トンクラスの漁船の日

---

46) 劉敏誠（1917-?）、江蘇省武進県出身、南京中央大学工学院機械工程系卒業後、兵工署第二十四兵工廠技術員、資渝鋼鉄廠副工程師、中央造船公司副工程師、台船公司副工程師、殷台公司工程師、美援会投資小組専門委員、行政院経合会投資処処長を歴任。「劉敏誠先生訪談記録」（中央研究院近代史研究所李国鼎先生資料庫所収）参照。

47) 王国金（1923-）、江蘇省武進県出身、1947年南京中央大学卒業後、中央造船公司籌備処に入り、その後、台船公司工程師、殷台公司工程師を歴任。1960年代に米国に留学し、1968年、ウィスコンシン大学機械科で博士号を取得、コーネル大学機械科で研究活動に従事したのち、CIMP（Cornell Injection Molding Program）における研究開発によって、全米技術アカデミー会員に選ばれる。ウィスコンシン大学ウェブサイトhttp://www.mae.cornell.edu/index.cfm/page/fac/Wang.htm。

48) 「台湾造船公司第四届第十四次董監聯席会議記録」1955年12月31日（檔号：35-25-20　1、中央研究院近代史研究所国営事業司檔案）。

49) 「台湾造船公司第四届第二十二次董監聯席会議記録」1956年10月27日（経済部国営事業司檔案、檔号：35-25-20　1、中央研究院近代史研究所檔案館所蔵）。

50) 「経済部台湾区漁業増産委員会第三十八次常務委員会会議記録」1958年5月8日（『鮪釣漁船案：香茅油』、行政院経済安定委員会檔案、檔号：30-06-03-002、中央研究院近代史研究所檔案館所蔵）。

本での販売価格は1,082万元であるから、台船公司の提示した船体価格900万元に1隻あたりの修繕費用45万元を加えても安価で割に合わないこと、さらにこの4隻の漁船は台船公司が初めて建造した大型漁船であり、試験的な意味合いもあるので公営企業たる中国漁業公司はその損害補填をもとめるべきではないことなどを指摘し、中国漁業公司の要求に難色を示した。また漁業増産委員会も、初めて台船公司が建造した大型漁船に問題が発生することは当然であり仕方がないとした。さらに、台船公司は工場を殷台公司に賃貸しており、修繕費用を負担する能力がなくなっているため、最終的に修繕費用は中国漁業公司が負担することとなった[51]。

結局のところ、1950年代の台船公司は、政府の漁業政策を受けて100トンの小型漁船の建造には成功したものの、造船の経験が乏しかったため、350トンの大型漁船の建造においては十分な品質水準を確保することができなかった。そして、この時に発生した損害は、船主・造船所双方が公営企業であったことから、政府が調停に乗り出すことで解決されたのである。

第4節　技術者訓練計画と教育機関との協力の開始

1950年以前、台船公司の重要な役職は中国から台湾へやってきた人員で構成されていたが、その一方では技術者の補充が問題となっていた。それは、1950年に台船公司が業務を拡大するに当たり、多数の技術者が必要となり、短期間で一定程度の技術者を養成することが急務とされ、管理職と技術者それぞれの養成計画が策定されたのである[52]。それでは、以下、それぞれの養成計画の内容を見ていくこととしよう。

管理職の養成計画は次のようなものであった。当時、台湾大学・台湾省立工学院（現在の成功大学）・台北工業専科学校（現在の台北科技大学）などの教育機関には造船に関する学科がなかった。そのため、台船公司は、造船分野の幹部育成を目的として台湾大学機械工程学系と協力して造船を学ぶ志

---

51)　同上資料。
52)　「台湾造船公司四十年度業務報告書」。

のある学生を募り、大学4年生向けに造船に関連する課程を設置し、機械工程学系に所属したままその授業を受けさせることとした。卒業後は、台湾大学が設置する1年間の造船学専門課程で専門的な訓練を受け、成績が合格点に達していた者は台船公司の管理職として受け入れられることとなった[53]。この養成課程は、台湾大学機械系の4年次に造船組と輪機組を設置したことで1952年に実施され[54]、台船公司副工程師韋永寧[55]を副教授とし、電気溶接および内燃機関に関して授業を行った。電気溶接の実習は、台湾大学実習工場で行われ、陸志鴻[56]が担当した[57]。

続いて、技術者養成に関しては以下のとおりである。まず、技術者養成に関して、その必要性がようやく認識されたのは、1950年5月16日に行われた「資源委員会在台検討会議」において、技術者の不足が議題として取り上げられたことによる。台湾船渠時代には労働者数が2,400人に達したこともあったが、戦後の接収時には1,000人しか残っていなかったことに加え、造船所が必要とする技術者の供給源もなかった。こうした状況のなかで、台船公司は自ら訓練班を設置しようとしたが、経費が確保できず沙汰やみとなっていた[58]。また、台船公司は1951年工場拡張計画を提案し、見習い工員の宿舎などの設備の設置を検討したが、やはり経費を確保することができなかった。

---

53) 同上資料。
54) 「四十一年度上半年業務検討報告史料」(『台船公司：三十七年度総報告、事業述要、業務報告』、資源委員会台湾造船公司檔案、檔号：24-15-04 6-(2)、中央研究院近代史研究所檔案館所蔵)。
55) 韋永寧 (1915-？)、江蘇省南京市出身、1937年上海同済大学卒業後、中央機器廠に入る。1943年、米国に留学し、ケース・ポリティック工科大学で修士号を取得。帰国後、中央造船公司に入り、1949年に台湾に移ったのちは、台船公司、台湾大学、工業委員会などで活動し、米援会副処長、国際経済合作発展委員会処長、経済部工業局局長、中国造船公司董事長、聯合船舶設計発展中心董事長を歴任。劉鳳翰、王正華、程玉鳳訪問［1994］。
56) 陸志鴻 (1897-1973)、浙江省嘉興県出身。東京帝国大学卒業。台湾大学校長を務める。章子恵編［1948］。
57) 劉鳳翰、王正華、程玉鳳訪問［1994］、33頁。陳政宏［2005］、39頁。
58) 「資源委員会在台事業検討会議記録　検討単位：台湾造船公司」(1950年5月16日)(『台船公司：会議記録』、資源委員会台湾造船公司檔案、檔号：25-15-04 2-(1)、中央研究院近代史研究所檔案館所蔵)。

ただし台船公司は、芸徒訓練班（見習工員訓練課程）を設置する以前から、早急に人員の確保が必要で外部での募集が困難な艤装と冷間加工の技術者を養成するため、小規模ながら訓練を行っていた。そこでは、小学校卒業程度の労働者の子弟や優秀な学生を見習工として受け入れ、最低ランクの労働者と同じ待遇を与え、一般の労働者と同様に管理していた。彼らは、半日は工事に関する知識を学び、半日は工場で実習に励み、管理職や領班を講師とする授業を受けていた。1951年の年末時点では、装配組（艤装クラス）に14名、冷作組（冷間加工クラス）に20名が所属していた[59]。

基礎作業にあたる職員・労働者の養成を目的とした訓練班は、1953年6月にようやく台船公司と教育部普通司の共同で開設され、まず電気溶接と鉄工の訓練をその中心課題においた[60]。養成用の教室や宿舎などの設備設置に必要な経費も、アメリカの援助借款から捻出されたのである[61]。そして、基礎作業にあたる職員・労働者の訓練は実習を中心としていた。採用試験に合格すると、まず1ヶ月の学科訓練を受け、工場内の常識を教え込まれた。その後さらに2ヶ月の実習訓練があり、必要な知識や技術を学んだ後、2年9ヶ月にわたり実際に仕事を受け持つ業務実習を受けた。合計3年で卒業試験に合格した者は、正式な技術者として採用された[62]。その後、この基礎作業員養成課程には造船や鋳造などの科目が追加されていった[63]。

このように、戦後初期においては、資源委員会から派遣された大陸出身の人員が台船公司の発展の基礎をつくり、さらに若干の技術者が応急処置的に養成された。したがって、海洋学院造船系・台湾大学造船研究所・成功大学造船系などが設置される1950年代末になって初めて、戦後台湾の高級造船技術者の第一世代が誕生したといえる[64]。

---

59)「台湾造船公司四十年度業務報告書」。
60)「四十三年度台湾造船有限公司工作報告」1955年2月28日（『造船公司第四屆董監事聯席会議記録（1）』、経済部国営事業司檔案、檔号：35-25-20-001、中央研究院近代史研究所檔案館所蔵）。ただし、これに関して教育部は600万元の補助を行ったのみで、訓練と管理はすべて台船公司が行った。
61)「台湾造船有限公司業務報告」。
62) 同上資料。
63)「四十三年度台湾造船有限公司工作報告」1955年2月28日。

表2-6　1950年代に台船公司が派遣した技術者

職位	姓名	派遣先	出発	帰国
工程師	金又民	日本	1951/12	1952/5
工程師	王慶方	日本	1952/1	1952/6
工程師	顧晋吉	日本	1952/1	1952/6
顧問	方声恒	日本	1952/1	1952/6
副工程師	李根馨	アメリカ	1951/9	1952/9
副工程師	王煥瀛	アメリカ	1953/1	1954/2
助理工程師	周幼松	アメリカ	1954/7	1955/8
助理工程師	羅育安	アメリカ	1954/7	1955/8
助理工程師	張達寅	日本	1953/12	1954/12
副工程師	薩本興	日本	1953/12	1954/12
副工程師	陳広業	アメリカ	1954/12	1955/4
副工程師	羅貞華	西ドイツ	1953/7	1955/3
助理工程師	張道明	西ドイツ	1954/6	不詳
副工程師	張則戲	日本	不詳	
副工程師	王国金	日本	不詳	
副工程師	王福壽	日本	不詳	

出所:「台湾造船有限公司業務資料」1955年10月11日（台船（44）総字第2951号、『公司簡介』、檔号：01-01-01、台湾国際造船公司基隆総廠所蔵）。

　一方で、1950年代から台船公司はアメリカ・日本・ドイツなどの先進国の造船技術を学ぶため、技術者を実習に派遣していた。表2-6に示した通り、1957年、すなわち殷台公司への工場賃貸し以前に、16名の技術者がアメリカ・日本・ドイツで実習を行っている。これらの経費の一部は台湾公司が自ら調達したが、最も主要な財源はアメリカの援助借款であった。
　アメリカの援助借款による経済援助には、1951年から技術援助という項目が設けられていた。これは主に、台湾から外国へ人員を派遣し、訓練・視察・訪問・見習・研究などを行い、関連技術の吸収や専門的訓練をサポートすることを目的としていた。この項目は、援助借款の中で大きな割合を占めているわけではないが、人的資源の養成に長期的に寄与するものであったと

---

64) 魏兆歆［1985］、138頁。

いえる[65]。その運用に関しては、米援運用委員会、経済協力局駐華協同安全分署（Economic Cooperation Administration, Mission to China）、中国農村復興聯合委員会（The Joint Commission on Rural Reconstruction）が共同で設立した「米援技術協助委員会」が担当した。毎年度の技術協力訓練計画は、米援技術協助委員会が台湾政府による計画をもとに、経済援助の年間計画に沿って執行した。また、アメリカで訓練を受ける人員の行程は、アメリカ国際協力局が調整することとなっていた。訓練期間は原則的に1年を上限とし、当初はアメリカでの学位取得は認められなかったが、のちに条件が緩和され、学位取得も可能になった[66]。

海外での実習に選抜されるための資格は、45歳以下で指定の協力機関に在職し、かつ選択した科目の技術に関する職歴が2年以上ある人員であった。もし専科学校卒業以上の学歴がない場合、4年以上の勤務経験が必要となる。また、日本以外の外国での研究・実習経験がないことが求められた[67]。こうした技術者養成制度により、日本式教育を受けていた多くの台湾人技術者が、1950年代以降はアメリカの技術・制度に触れる機会を増やし、このことは明らかにその後の台湾の工業化に多大な影響を与えたことはいうまでもない。

さて、この技術援助計画によって1951年から1958年までの間に海外へ派遣された人員は、1,411人にのぼる[68]。米援技術協助委員会は、彼ら派遣技術者に対して2回にわたって調査を行っているが、803人のサンプルのうち、57.1％が海外で新たな専門知識と技能を取得し、帰国後45.6％が新たに学んだ専門技術を用いる仕事についていた。新たに学んだ知識を仕事に生かせなかった原因としては、53.8％が経費不足あるいは行政制度による制限を挙げ、37.3％は社会制度が障害となったとしている[69]。

65）趙既昌［1985］、29頁。
66）「美援技術協助計画検討報告」1959年1月（経済建設委員会檔案、周琇環編［1998］、297-298頁）。
67）「美援会函送台湾省政府等関於1953年初国受訓技術人員分類表及辦法」1952年5月2日、「美援技術協助計画検討報告（1959年1月第二処編）」（同上資料、271、297頁）。
68）「美援技術協助計画検討報告（1959年1月第二処編）」（同上資料、297頁）。
69）「美援技術協助計画検討報告（1959年1月第二処編）」（同上資料、298-301頁）。

それでは、いくつか具体な例を見てみよう。台船公司は副工程師であった李根馨を実習生として1951年9月から1年間アメリカに派遣し、機械エンジニアリングを学ばせている[70]。また1953年1月20日には、副工程師の王煥瀛をアメリカに派遣し、船舶用ディーゼル機に関わる実習を行わせた[71]。1954年7月には、助理工程師の羅育安と周幼松をアメリカに派遣し、それぞれ船舶用のボイラーの建造・修理、および電気溶接と造船エンジニアリングの実習を受けさせている[72]。王煥瀛は戦後、台湾船渠の接収に参加した技術者で入社当時は工務員であったが、1950年代に副工程師に昇進していた[73]。李根馨は中央造船公司籌備処の助理工程師であったが、1947年には台船公司へ移動した[74]。羅育安と周幼松はそれぞれ交通大学と同済大学の造船系を卒業後[75]、周幼松は中央造船公司籌備処で勤務した[76]。

表2-6で示した通り、1950年代に海外に派遣された台船公司の人員は、1960年代の殷台公司、およびその後の台船公司でも頭角を現していった。たとえば殷台公司期の末期、王慶方は業務副理に、王煥瀛・張則戩・羅育安らは主任工程師に、羅貞華と薩本興は工程師になっていた[77]。殷台公司が政府に回収され、経済部が経営を始めた当初、張則戩は業務処処長、李根馨は業務処副処長となり、王慶方は正工程師兼顧問となった[78]。このように、戦後

---

70)「1951年美援選送留美技術人員清単」(同上資料、304頁)。
71)「美援選送赴美42年1、2月份出国人員名単」(同上資料、310頁)。
72)「美援会選送赴美43年7月出国実習名単」(同上資料、318頁)。
73)「資源委員会台湾省行政長官公署台湾機械造船股份有限公司填報調用後方廠礦員工調査表由」1946年10月26日(械(35)秘発、檔号:24-15-04 3-(3)、中央研究院近代史研究所所蔵資源委員会檔案)。
74)「資源委員会中央造船公司籌備処資源委員会台湾省政府台湾造船有限公司会呈、事由:為本職員薛楚書等41人調赴本公司工作検附清冊至請鑒核備案由」1948年6月3日(『台船公司:調用職員案、赴国外考察人員』(1946-1952年)、檔号:24-15-04 3-(3)、中央研究院近代史研究所所蔵資源委員会檔案)。
75)「台湾造船有限公司1949年夏季職員録」(『公司簡介』、檔号:01-01-01、台湾国際造船公司基隆総廠所蔵)。
76)「資源委員会中央造船公司籌備処資源委員会台湾省政府台湾造船有限公司会呈、事由:為本職員薛楚書等41人調赴本公司工作検附清冊至請鑒核備案由」。
77)「殷格斯台湾造船股份有限公司職員移交名冊」(『殷台公司移交 人事』、檔号無し、台湾国際造船公司基隆総廠所蔵)。

初期において台船公司で基層技術者であった人々は、1960年代に入ると次第に管理職に昇進していったのである。

---

78)「台湾造船公司第六屆第七次董監聯席会議記録」1962年10月26日（李国鼎先生贈送資料影印本、国営事業類（11）『台湾造船公司歴次董監事聯席会議紀録及有関資料』、国立台湾大学図書館特蔵室所蔵）。

第3章

公営事業の外部委託経営―殷台公司期
（1957-1962年）

第1節　殷台公司の成立と人事

　先述のように、台船公司は、植民地期の台湾船渠を発展の基礎としていた。戦後初期の発展を概観すると、戦時期のアメリカの爆撃にあった工場施設の修復を第一とし、アメリカの援助によって資金不足を補い、更なる拡充をはかった。台船公司の組織は、資源委員会の管理下にあったが、その後経済部が管理することになった。人的資源に関しては、事務職員は上海の同済大学と交通大学などの資源委員会のメンバーが中堅をなし、労働者は戦後台湾造船業の人的資本育成を創始するさきがけとなった。その一方で、1950年代から外国より技術を導入し、造船事業を拡張した。

　そうした中で、1957年に政府が台船公司の工場をアメリカのインガルス造船会社に貸借したことは、戦後台湾公営事業の発展過程にとって、四大公司の払下げ政策に続く重要政策だったといえる。これはまた台湾公営事業の初めての外部委託経営であり、戦後台湾の公営事業と造船業の発展に対して、多くの有形無形の影響を与えたのである。

　戦後初期の台船公司は、船舶修理を業務の主軸におき、1950年代初めに日本の技術を導入して百トンの漁船を建造する技術を備え始めていた。しかしながら、数万トン級の船舶を建造する設計と生産能力を具えた技術の習得には、ほど遠いレベルであった。そこで台船公司は、アメリカの援助による補

助を希望し、アメリカから提供された資金と技術で、大型船舶の建造計画を進めさせた。しかしながら、1950年にアメリカ議会で国外の造船業及び海運業の発展に援助を出さないという決議が通過し、アメリカ政府の支援を得られなくなったことで、台船公司は二の足を踏むこととなった[1]。

また、台船公司は未だに大型船舶を生産した経験が無く、造船用地と機械設備も欠乏していた。そのため、台船公司の造船能力に対する国内外の評価は厳しく、多くの船会社は台船公司に造船を委託する信頼を有していなかった。資金面においては、当時、国際造船市場の通例では、海運業界は多くの用船契約によって銀行の抵当貸付けを獲得して造船工場に船舶を注文するため、造船工場は自ら巨額の回転資金を準備する必要が無かった。しかし、台船公司は未だ造船能力に関する信用が無く、巨額の設備投資を要するにもかかわらず、買主は容易に銀行貸付けを得られないために、運転資金を自ら調達しなければならなかったのである[2]。以上のような技術・資金の制約により、台船公司は1950年代に流動資金が極めて低下するという事態に直面していた。たとえ台船公司が独立して造船事業を行うように望んだとしても、それを容易には許さない経営の構造的な脆弱性を抱えていたのである。

そこで台湾政府は、1953年から四ヶ年経済建設計画を実施した。その中には造船計画が含まれ、その目標には工業化を推進する他に、安全保障戦略の観点も盛り込まれていた。当時、海軍軍艦の重要工程は、部分的に日本あるいはフィリピンに置かれたアメリカ海軍造船工場に委託して修繕維持を行う必要があった[3]。そのため政府は、大型船舶建造の経験を積むことによって、工業を発展させると同時に「大陸反攻」の戦略的産業となることを望んでいた[4]。ほかにも、公営事業政策は、生産技術の改善と製品の品質向上のために、国外メーカー資本との技術提携を奨励した[5]。

1）「殷台公司租賃台船公司船廠案経過説明」(『殷台公司租賃台船公司』、檔号：0046-303030-1、台湾国際造船公司基隆総廠所蔵)。
2）同上資料。
3）同上資料。
4）経済部『経済参考資料叢書　中華民国第一期台湾経済建設四年計画』(経済部、1971年)、50-51頁。

第3章　公営事業の外部委託経営―殷台公司期（1957-1962年）　95

　1950年代における海運業のグローバル市場では、戦後の世界的景気回復によって、海運業界の船舶需要が著しく高まり、その中でも原油輸送用タンカーのニーズが最も高かった。当時中国石油公司は、台湾駐米採購服務団（仕入れ業務機関）にタンカー貸借交渉を委託していた。しかし、大型タンカーの貸借に苦しみ、1955年12月に中国石油公司はタンカーの購入を試みたが、アメリカ、イギリス、西ドイツ、日本等の各造船工場が1962年までに既に受注で押さえられている事実に直面していたので、中国石油公司が短期間のうちにタンカーを調達することは困難であった。したがって、駐米採購服務団は工程油輸公司と、当時五大造船工場の一つであったインガルス造船会社と意見交換した後、台船公司の工場設備を利用してタンカーを建造することを提案し、それに先んじて当時の台船公司の生産能力と設備に関する詳細な評価を行った[6]。

　1956年3月、インガルス造船会社は三名の職位の高い職員を台湾へ派遣して視察を行った結果、台船公司の基礎技術、設備の充実、管理体制に対して非常に満足した。そこでインガルス造船会社は台湾政府にアメリカへ人員を派遣して交渉を進めるように持ちかけた。台船公司董事長の周茂柏はアメリカへ赴き、採購服務団団長代理の包可永[7]と中国石油公司駐米代表の夏勤鐸[8]を伴って、インガルス造船会社と最初の協議を行った。最初に合意に達した

5）経済部「行政院43年上半年（1月至6月）施政計画綱要」（『経済参考資料彙編（続集）』経済部、1954年）、77頁。
6）「経済部施政報告」（1957年3月向立法院経済委員会報告）（『殷台公司租賃台船公司』、檔号：0046-303030-1、台湾国際造船公司基隆総廠所蔵）。
7）包可永（1908～？）、1927年ベルリン工業大学卒業。国民政府資源委員会工業所長に赴任し、戦後は台湾省行政長官公署工鉱処処長、台湾区特派員を兼任し、台湾の旧日系工業工場の接収を担当した。国民政府が台湾に撤退した後、駐アメリカ招商局に派遣され海外航路を創設開拓した。許雪姫編［2004］、227頁。
8）夏勤鐸（1914-1981）、安徽省壽県出身、1933年北京清華大学化学系卒業。その後考取第一回清華アメリカ公費留学に採用され、マサチューセッツ工科大学化工学部で修士号を取得し、タルサ大学で研究を行なう。帰国後重慶資源委員会専員、動力油料廠總工程師、甘粛油礦局工程師に就任した。戦後は中国石油公司駐米代表に就任し、さらにニューヨーク清華同窓会会長を務める。1958年ニューヨークで森美進出口公司を設立、1981年ニューヨークで病死。蘇雲峰編［2004］212、342頁。

のは、双方共同でタンカーを建造することである。その後は台船公司が公営企業であるためにいささか提携手続きが複雑化し、貸借提携方式に改められた。当初はインガルス造船会社が51％出資を主張し、台船公司の経営権を取得しようとしたが、台湾政府の同意が得られず、最終的にインガルス造船会社は完全賃貸方式を採用することにした。その経営方法では、毎年貸借料12万ドルを渡し、10年を期限となし、合意を得られたものを基として覚書に双方とも署名した[9]。

その後、インガルス造船会社の総支配人、副支配人、法律顧問が来台し、再度台船公司を視察し、貸借料の細目について詳しい商談を進めた。台湾政府は、当初提示していた年間貸借料12万ドルについて、インガルス造船会社の経営状況が良好ならば、貸借料を加増させるべきだと考えていた。最終的に双方は営業総額によって貸借料を計算する方法で合意した。もし年間営業総額が500万ドル未満の場合は、貸借率は3.75％となり、500-1,000万ドルの時は、貸借率3.5％、1,500万ドル以上は、貸借率3％とするが、営業総額が予期より不足した時は、12万ドルに準じるものとした。株式に関しては、210万ドルに定め、インガルス造船会社は54％、中国国際基金会（China International Foundation, Inc.）は36％、海運業界が10％を保有し、1株100ドルで全100万ドルを発行し、そのほか社債100万ドルを発行した[10]。

1956年4月19日の行政院第452回会議にて、上述の約定をもって台船公司がアメリカのインガルス造船会社に工場建物を貸借する案が通過した[11]。つまり、1950年代の台湾政府は造船工業の発展とタンカーの切迫した需要への対応の両立をはかるため、台船公司の工場設備を外部委託経営に委ねる対応策を選択したのである。

さて、台船公司が工場建物を殷台公司に経営委託する前に処理しなければならなかった重要な問題として、すでに公営事業の職についていた台船公司の職員と工具をどう配置するか、というものがあった。台船公司と殷台公司

---

9)「経済部施政報告」。
10) 同上資料。「殷台公司租賃台船公司船廠案経過説明」(『殷台公司租賃台船公司』、檔号：0046-303030-1、台湾国際造船公司基隆総廠所蔵)。
11)「経済部施政報告」。

が締結した契約の第七条の中で、当時殷台公司は審査を経た後に少なくとも70％の元台船公司の職員を引き続き雇用することに同意し、工員に至っては少なくとも80％以上を留任することに承諾していた。しかし雇用した後、もし従業員の働きが期待にそわない場合、殷台公司は解任する権利を有していた。その他、殷台公司は8名ないし10名を派遣し技術者と事務員の監督を行った[12]。

台船公司は工場区域を殷台公司に貸し出す間、台船公司保管処を設立し、外部委託期間の会社資産の管理など一般庶務を担う機構とし、殷台公司に引き続き雇用されない従業員は、「台湾造船有限公司業務移転余剰従業員処分方法」によって、定年退職、希望退職、周旋等三種に分けられた。定年に達した従業員は、経済部が属する事業機構の従業員退職規則にのっとり処理した。満三ヶ月以上勤めていた希望退職者は、その在職期間の長短により基準を定めた解雇手当を与え、その上に引継ぎ処理と再就職準備として二ヶ月分の給料を支払った。また従業員がもし徴兵に応じて入隊した場合には、台船公司は欠員をそのままにし、本来の手当てを引き続き支給し、退役後には殷台公司の職を紹介するか、他の部署に転勤、派遣した。台船公司から経済部のその他の事業機構や公民事業に転任した従業員は、何の手当も支給されなかった。殷台公司との貸借契約が終わった後、解雇された従業員は全員が優先的に採用された[13]。

1957年2月7日、殷台公司に接収された時、台船公司の事務職員は217名いたが、契約の取り決めにより30％の基準で、全部で65名の事務職員が処分を待たなければならなかった。その中で、台船公司が欠員のままにして後日に処分を決定した5名は、兵役に服していた3名と海外に留学していた2名で、兵役が満期になるか留学休職期間が満了となり処分が下されるのを待た

[12) 「租賃契約」、「為函請発還租賃契約付件」1959年1月29日（台船総（48）字第0073号、『殷台公司移交』、檔号：0046-303260-1、台湾国際造船公司基隆総廠所蔵）。
[13) 「台湾造船公司業務移転編余員工処置弁法」、「為検送本公司業務処移転編余員工処置弁法退休員工及資遣員工名冊函請清査与由」1959年1月29日（台船総（46）人字第887号、『殷台公司移交』、檔号：0046-303260-1、台湾国際造船公司基隆総廠所蔵）。

なければならなかった。残りの60名のうち、台船公司が引き続き雇用した者が35名で、その他5名は退職年齢の55歳に既に達していたため、退職手続きを行った。その5名のうち、専任医師と臨時雇員4名は手当を付けて解雇し、招聘医師1名は解任した。残りの15名は、10名が希望退職し、5名は協力的に他の職へ転任した[14]。現場労働者は、全部で61名が定年退職し、127名が手当付で解雇された[15]。

以上のような人員整理の過程について、台船公司の経営へのインパクトを述べるとすれば、台船公司は外部委託経営の方式を経て、殷台公司期に不適格な従業員を淘汰し、1962年に経済部が自ら経営権を回復させた時、従業員の質を高めることに成功したといえる。

さて、殷台公司の設立時、モンノロ・B・ラニエル（Monro B. Lanier）[16]会長は、アメリカ海軍の士官で造船工場の経営管理に理解があるH・P・マカロリン（H. P. Mclaughlin）を総支配人に指名したうえで、アメリカのインガルス造船会社から財務会計士3名及びスタッフ8名を台湾へ派遣し、造船業の財務会計制度と生産業務の仕組みを作った[17]。

1962年に殷台公司が業務を経済部に移譲した時の引継ぎ台帳から、殷台公司の職員は台船公司からの貸与、殷台公司の正規及び契約社員の三種類に分けることができ、それぞれ166人、44人、20人いた。その他、政府機関から派遣された従業員7名と兵役及び海外留学中の従業員5名が含まれていた。注意しなければならないのは、殷台公司が自ら採用した従業員は海軍から派遣された5名を含み、そのうち1名は副技師を務め、4名は技師助手の職を務

14）台湾造船公司（代電）「為本公司業務移転殷台公司編余職員内十五人擬請鈞部賜予調派工作或予資遣呈名冊電請核示由」（『殷台公司移交』、檔号：0046-303260-1、台湾国際造船公司基隆総廠所蔵）。

15）「台湾造船公司退休工友名冊」（『殷台公司移交』、檔号：0046-303260-1、台湾国際造船公司基隆総廠所蔵）。

16）Lanier（1886-？）、アメリカ、アラバマ州出身、1938年以後インガルスグループに勤務（『台船與美殷格斯公司租賃契約附件（二）』、経済部国営事業司檔案、檔号：35-25-20 73、中央研究院近代史研究所檔案館所蔵）。

17）「殷台公司租賃台船公司船廠案経過情形説明」（李国鼎先生贈送資料影印本、国営事業類（12）『殷台公司租賃台船公司船廠案虧損処理』、国立台湾大学図書館特蔵室所蔵）。

第3章　公営事業の外部委託経営―殷台公司期（1957-1962年）　99

表3-1　殷台公司の職員月給　（単位：元）

職位	給与額	職種	給与額
副総支配	8,000	代理主任工程師	4,600
工場長	7,000	購運副理	4,600
副工場長	6,200	組長	3,200-4,300
主任	5,900	管理師	4,100
副総設計工程師	5,800	副工程師	3,200-4,000
業務副理	5,700	副管理師	3,300-4,000
廠長技術助理	5,200	助理工程師	2,100-3,000
ドック長	5,200	助理管理師	2,100-3,000
副理	5,100	工務員	1,600-1,950
主任工程師	4,600-5,100	管理員	1,550-2,000
経理	4,500	助理工務員	1,200-1,500
助手	4,200-4,500	助理管理員	1,000-1,400
主任	5,000	看護士	1,500-1,600
工程師	4,100-4,700	医師	3,000
課長	4,600		

出所：「殷格斯台湾造船股份有限公司職員移交名冊」（『殷台公司移交 人事』、台湾造船公司檔案、檔号なし、台湾国際造船公司基隆総廠所蔵）。

めたことである[18]。一方、表3-1に示したように、職員の給料は公営事業よりも高く、1962年に経済部が経営権を回収した時、給料制度も公営企業の体制に戻して給料が大幅に下がったため、離職ブームを引き起こしたとされる[19]。

18)「殷格斯台湾造船股份有限公司職員移交名冊」（『殷台公司移交 人事』、檔号無し、台湾国際造船公司基隆総廠所蔵）。
19) 1962年6月12日行政院より公布された「経済部所属事業機構試行職位分類薪給辦法」によれば、もしその分類方法で最高職位15等かつ給与水準を5とすると、月給は3,600元となり、殷台公司副総支配人に支払われる月給8,000元より遥かに低い。さらに、大学新卒の6等工程師では、月給1,740元となり、やはり殷台公司の助理工程師の最低賃金2,100元には届かない。「台湾造船有限公司人事法規章則彙編」（台湾国際造船公司基隆総廠所蔵）。

第 2 節　政府による政策の支持

　台船公司が工場建物を殷台公司に貸し出したことは、1950年以降で台湾における最大規模の外国人投資案件である。これを経済成長の観点からみると、この殷台公司の投資案件が成功すれば、台湾工業にとって大きな飛躍の機会となる。そして台湾政府の立場からすれば、大型船舶を建造できれば、当時の大陸反攻政策と合致することも可能となるのである。

　立法院は台船公司の貸借案について、アメリカが投資する案に反対ではなかったが、殷台公司の案件を決して外国人投資条例に依拠して処理することはせず、直接政府から同意を得た後に公布した。このような政策決定の過程に基づいていたため、立法院に反対意見は現れなかった[20]。しかも、政府は台船公司が工場建物を殷台公司に貸し出すことは、わずかな経営方式の変更で、行政範囲に属すものであり、外国人投資条例による処理を必要としないという認識であった[21]。

　この他、殷台公司が最初に協議した3万6,000トン級のタンカーを2艘建造する部分について、海湾公司と中国国際基金会参加の工程公司から殷台公司に注文し、完成後にそれを海湾公司からさらに中国石油公司へ又貸しすることにした。ただし、タンカーの貸出し期間が10年に達し、貸借期間が長期化することに対し、立法院は危惧を示した[22]。それに対し政府は、立法院の反応に対してタンカー貸借のために長期契約をすることで、運送費と原油価格を安定させることができるとした。それ以外にも、中国石油公司が海湾公司と長期的にタンカー貸借を協議することは、貸借料が安いタンカーを借りることができること、海湾公司がどこのタンカーを貸借しようとも、中国石油

---

20) 高廷梓「殷台造船案之分析」(『殷台公司租賃台船公司経過』、檔号：0046-303030-1、台湾国際造船公司基隆総廠所蔵)。
21) 経済部「有関殷台公司案問題之説明」(『殷台公司租賃台船公司経過』、檔号：0046-303030-1、台湾国際造船公司基隆総廠所蔵)。
22) 同上資料。「立法院各委員同志及友党委員対殷台造船案所提之処理意見」(『殷台公司租賃台船公司経過』、檔号：0046-303030-1、台湾国際造船公司基隆総廠所蔵)。

第3章　公営事業の外部委託経営―殷台公司期（1957-1962年）　　101

公司の管轄する業務に属するものではなく、海湾公司が手続きすることが重視された[23]。

　また、多数の立法委員は中国国際基金会の財務状況と複雑な持ち株関係に関して、中国国際基金会と中国大陸時期の人人企業公司とのつながりに疑義を抱いていたのである[24]。その最大の理由は、殷台公司の中国人役員である魏重慶[25]と屠大奉の二人がかつて人人企業公司に勤務していたためである。よって、殷台公司の構成は中国国際基金会、つまり人人企業公司であり、ここにおいて中国国際基金会が保有する36％の株式は台船公司の意見を代弁するものであった。しかし政府は、人人企業公司を1952年12月に解散したという見解をもっていた。その一方で、中国国際基金会は1954年9月にアメリカ政府の指令により改編された時、基金会に参加の企業に対し、元人人企業公司の職員を採用してはいけないと命令していた。つまり、中国国際基金会はマグナス・I・グレガーセン（Magnus I. Gregerson）が会長を務め、秘書はホウストン・H・ワッソン（Houston H. Wasson）がなり、実際には魏重慶と屠大奉の経営介入の事実はなかったのである。貸与によって殷台公司は外資企業となったため、政府と台船公司は株式を保有せず、役員会の構成は政府の同意は必要ないばかりか、政府は干渉する権限がなかったのである[26]。

23) 経済部「有関殷台公司案問題之説明」。
24) 人人企業公司は中国大陸時期の上海で設立された会社であり、かつて個人的な関係によって中国石油公司に石油運送を委託していた。人人企業公司がリースで入手したタンカーを用いる方式で、中油公司より400万ドル余り支払われた。当時の人人公司職員の魏重慶とアメリカ人弁護士Houston H. Wassonを経て、連合油輪公司とアメリカがタンカー購入を工面し、人人公司に又貸しした。しかし当時のアメリカはタンカーを国外の会社に配給するのを限制しており、この計画はアメリカに見破られ、人人公司は1952年にアメリカ連邦政府の命令で解散させられる。これらの部分は陳政宏［2005］、50-52頁を参照。
25) 魏重慶（1914-1987）、浙江省寧波県出身。1937年交通大学電機系卒、その後中央電工器材廠及び湘江電廠に勤務、資源委員会「三一学社」のメンバーとなる。戦後は交通大学の同窓と工商界人士で人人公司を設立し、駐米代表に就任した。さらに台湾に支店を設立し、その後アメリカ連合油輪公司副總裁、並びに復康航業公司を設立して取締役社長に就任した。またアメリカ飛鷹航業グループの経営者となる。程玉鳳・程玉凰［1988］、22頁。劉紹唐編「民国人物小伝―魏重慶（1914-1987）」『伝記文学』50：5、144-145頁。

当時の立法院の殷台公司の投資に関する様々な質疑はいずれも、台船公司が殷台公司に貸借された後だった。この時、国民党秘書長の張厲生[27]、副秘書長鄧傳凱、立法委員黃少谷[28]らは、国民党内部の中央政策委員会で設立した整理委員会で、殷台公司の貸借の案件に関する資料をまとめて、1957年5月の国民党中常会第358回会議で殷台公司造船の案件について討論した後、下記の決議に達した。

1. 本案は外国人の造船技術と投資を利用することを旨とし、わが国の造船業を発展させることができ、政策上極めて適切なものである。既に経済部代表によりわが国政府と殷台公司は調印しているが、継続的に協力して契約実現を促し、わが国の国際的信用を維持しなければならない。
2. 立法委員は本案の処理についての意見を立法院で決議する場合、その内容はできる限り柔軟性を備え、融通のきかない決議は避けなければならない。行政院に参与するメンバーによる執行が困難であり、憲法第五十七条に規定するような状況が発生し、殷台公司との提携が破棄されるようなことがないようにする[29]。

上記のように、国民党中常会は、殷台公司の案件が外国人の造船技術と投

---

26) 経済部「有関殷台公司案問題之説明」。
27) 張厲生（1901〜1971）、河北省楽亭県出身。フランス、パリ大学に留学し1936年に国民党中央党部組織部長に就任し、国民大会組織大綱を起草した。憲政実施後、行政院第一任副院長に就任した。1950年に再び陳誠内閣の行政院副院長に就任している。1954年国民党中央委員会秘書長に就任。許雪姫編［2004］、749頁。
28) 黃少谷（1901-1996）、湖南省南県出身。北平師範大学、イギリスのロンドン大学政治経済学部卒業後、監察委員に就任し、掃蕩報総社社長、第一回立法委員、行政院政務委員、行政院秘書長、国民党中央宣伝部部長、行政院副院長、外交部部長、駐スペイン大使、総統府国策顧問、国家安全会議秘書長、司法院院長、総統府資政を歴任した。中華徵信所［1996］。劉紹唐編「民国人物小伝—黄少谷（1901-1996）」『伝記文学』69：5、129-130頁。
29)「中常会第三五八次会議対殷台公司造船案決議」（1957年5月15日）（『殷台公司租賃台船公司経過』、檔号：0046-303030-1、台湾国際造船公司基隆総廠所蔵）。

第3章　公営事業の外部委託経営―殷台公司期（1957-1962年）　103

資を利用して台湾造船業を発展させるもので、政策上適切なものであると認めた。かつ経済部代表が殷台公司と調印し、各部門が歩調をあわせていた。注目すべきは、当時の総統兼国民党主席の蔣介石が、張厲生に書信で殷台公司に関する意見を伝え、立法委員の人事問題の意見のために契約の予定を取り消すにはいかないため、造船契約を引き続き執行できるよう希望することを明示していた点である30)。当時政権を握っていた国民党により、立法院と民間世論の騒ぎは徐々に静まっていった。

　資金運用の面では、海湾公司がまず中国石油公司と十年の原油輸送契約を交わすことになっており、アメリカの銀行グループから10年間の借入れが決まった。殷台公司はアメリカの銀行グループが出した信用状に依拠してアメリカの銀行から借入れ、造船所の運転資金に当てた。しかしアメリカの銀行は、台湾が戦争区域に属すると見なし、戦争が起きた際に被る損失の保証を請け合わなくてはならない。そうしてアメリカの保険会社は、台湾関係の案件に関わっている銀行のリスクを負うことを忌避し、保証を引き受けることを望まなかった。以上のような理由で、アメリカの銀行は、台湾政府へ現金支払いか、アメリカ政府の債権をアメリカの銀行に預け入れるという担保のいずれかを要求し、ようやく殷台公司に貸し付けることを許した。最初政府は招商局に属する6艘のタンカーを担保とすることを申し入れたが、アメリカの銀行はそれを決して長期の輸送費収入と見なすことはせず、担保にはできないとした。最後に、台湾政府は資産をアメリカの銀行に預けたため、アメリカ銀行は当方の預金を殷台公司に貸し付けるほかなく、危機に遭遇した時は、台湾政府が保証しなければならないとした。さらに、当時台湾の外貨需要に依拠すれば、外貨の調達に影響を与えるかもしれなかった31)。

　その後、アメリカが日本や西ドイツの造船工場に船舶を注文する際、通常造船工場は船主が出す信用状により返金するという当時の商慣習を参考に、政府は、日本や西ドイツの当地の銀行に造船の運転資金を貸し付け、戦争保証を代替させることを参考にした。殷台公司の造船計画ではボイラー船など

---

30)「蔣介石致張厲生信函」（『殷台公司租賃台船公司経過』、檔号：0046-303030-1、台湾国際造船公司基隆総廠所蔵）。

31) 経済部「有関殷台公司案問題之説明」。

の鋼材をアメリカから輸入する以外に、その鋼板を日本から購入した。よって政府は、巨額の外貨をアメリカに預け入れ、ドイツや日本の造船工場がアメリカから委託された造船方法を採用したのとは異なり、台湾銀行より直接運転資金を殷台公司に貸し付けた。当時の見積もりでは、タンカー2艘を建造するのに運転資金は900万ドル必要とされ、その内日本に鋼板などの材料約450万ドル分を注文し、対日バーター貿易を利用して口座の帳尻をあわせた[32]。労働費の面では200万ドルを要したが、政府は台湾ドルで支払った。残りは僅かに250万ドルしかなく、外貨を殷台公司に貸し付けた。上述の方法で、政府はかろうじて支払いを行っていっった。その上、タンカーの完成後、信用状により外貨900万円を回収した。さらに台湾銀行が貸し付けた運転資金より年利5％の利息を獲得できたため、国内外貨をアメリカの銀行に預け入れ保証金の2％の利息に当てるのに比べて有利にあった。

　まとめると、政府の支援のもとに、戦争保証の問題は台湾銀行の殷台公司への融資に変わり、一面では信用上の問題を避ける他に、殷台公司に要する運転資金の準備にもなったのである[33]。

　課税優遇措置の面では、政府は殷台公司に3年間所得税を免ずる優遇案を提示した。3年が経過した後、徴収された営利事業所得税は、最高でも25％を超過しないことを原則とした。この他に、機材や造船の材料の輸入面において、台船公司に照らして、免税の優遇措置を与えた。為替レートに関する優遇措置については、殷台公司は外資企業に属することで、そこで注文と営業利益の外貨に、政府は有利なレートで台湾ドルを換金して決済させた。しかしながら、台湾内で稼いだ台湾ドルの収益は、決算を保証しなかった。外国籍の従業員の給料に対しては所得税を課し、総収入の75％で計算した[34]。

　以上のように、1950年代に政府は殷台公司に対して支援と優遇政策を提供していたことが分かる。殷台公司の議案が通過した後、政府はさらに殷台公

---

32) 戦後台湾と日本の経済関係はもともと1950年9月に両国が調印した日台貿易協定において合意された記帳式バーター貿易によって展開し、この貿易制度は1961年で終わりを告げた。廖鴻綺［2005］、17-20頁。
33) 経済部、「有関殷台公司案問題之説明」。
34) 同上資料。

司に42万ドルを借入れさせ、たとえ台湾銀行がこの貸し付けを渋ったとしても、最終的に財務部が公式に台湾銀行へ貸し付けを強制執行させるようにした[35]。

第3節　殷台公司の成績と財務欠損

　1956年11月7日、台船公司代表の譚季甫[36]は、殷台公司の代表マグナス・I・グレガーセン（Magnus I. Gregersen）と調印し、殷台公司を合同で組織した。同月中旬に台船公司は引き続き雇用する予定の幹部職員の齊熙、劉曾适、顧晋吉、羅貞華、王國金、周幼松ら6人をアメリカへ派遣し、アメリカのインガルス造船会社で実習させた[37]。

　台船公司が殷台公司に転身して大きく変わったのは、公営事業の体制から民営会社の体制になったことである。台船公司は公営企業だったため、給料は政府の管理を受けていたが、殷台公司は従業員の待遇を台船公司時代よりも改善し、それにより殷台公司の初期の船舶修理の業務効率は明らかに向上した[38]。

　この他に、技術面を担当する外国人従業員は決して多くなかったにもかかわらず、台船公司の時期よりも技術力が向上していった。例えば、以前の台船公司では異なる鋼板を切断すると、小さい方の面が反りあがるという問題がよくあり、熱で押し付けて平らにする作業を改めて行う必要があった。それが殷台公司で用いられた間隔切断方法では、両面とも反りあがる恐れがなくなり、生産過程の簡略化と時間及びコストの節約のうえで明らかな改善と

---

35)「殷台公司伸手要錢　政府下令台銀照給」（『聯合報』、1957年12月8日、第五版）。

36) 譚季甫（1909〜1981）、湖南省茶陵県出身。南京中央大学卒業、イギリス、バーミンガム大学（The University of Birmingham）とシェフィールド大学（The University of Shefield）の鋼鉄学部卒業後、鋼鉄廠遷建委員会工程師、資源委員会鋼鉄管理委員会工程師、台湾鋼廠営運所経理、台船公司協理、台湾機械公司総経理、台湾金属鉱業公司董事長を歴任した（中華民國工商協進會［1963］、762頁。国立故宮博物館編輯委員会［2000］）。

37)「殷台公司租賃台船公司船廠案節略（草案）」（『殷台公司租賃台船公司経過』、檔号：0046-303030-1、台湾国際造船公司基隆総廠所蔵）。

なった。一方で、従業員の出張業務についても効率性を求め、必ず予定時間内に終らせなければ、処罰を受けることとした。まとめると、こうした作業効率の向上の施策は、いずれも公営企業の体制では成し遂げられないものだった[39]。

殷台公司期の造船実績として特筆すべきものとしては、当時超級タンカーと呼ばれた3万6,000トン級の信仰号（S. S. Faith）と自由号（S. S. Freedom）を建造したことである。ついで国営の招商局が小型2,920トン級のタンカーである海恵号と海通号、1万3,375トンの超快速貨物船の海健号と海行号の建造を委託した。さらに殷台公司が台船公司の工場を貸借した期間に、同時に数艘の小型漁船、貨客フェリー、遊覧船ら新艇16艘、総計10万3,000トン余を建造した[40]。しかしながら、こうした造船実績の成長は、会社の利益の増加と同義ではなかった。

それは、台湾政府の当初の目論見とは異なる結果であった。そもそも政府が台船公司の工場を殷台公司に貸し付けて運営を任せようとしたのは、外部委託経営のほうが自主経営より利益が多いと判断したからであり、当時の費

---

38) 尹仲容「敬答立法院黄委員煥如質詢」1957年11月5日（『立法院審査第二期台湾建設四年計画』、行政院経済安定委員会檔案、檔号：31-01-07-006、中央研究院近代史研究所檔案館所蔵）。黄煥如「質詢第二期経済建設四年計画」の中で、「私は国営事業の作業効率は高められないのではないかと疑っていた。余剰利益は理想的な数字に達することはできず、技術や機材も遅れていた。しかし最近、新たな事実が私の疑いは間違っていたことを証明した。現在、私は本院の多くの同僚たちが台船公司、即ち現在の殷台公司を検証し、周董事長のレポートを聞くと、台船公司が殷台公司に貸し出されたあと、最大の業績を収め、修船効率が高まった。例えば、招商局の『海黄』タンカーは殷台公司がわずか9日で修理したものである。過去の台船公司が修理したのなら、少なくとも30～50日の時間が必要だっただろう。しかし、殷台公司は9人の外国人、3名の財務管理と事務担当者、技術指導、工場管理の6名だけだった。その他1000人あまりの作業員及び機材設備はすべて台船公司のものだった。異なるのは、職員への待遇が2倍に上がったことである。同一の機材設備、同一の職員が看板を変え、待遇をいくらか増加させただけで効率を五倍高めることができた。その他の国営企業がいずれも職員の待遇を改善して、作業効率が上昇すれば、その経済的な価値は非常に重大である」としている。
39) 尹仲容「敬答立法院黄委員煥如質詢」。
40) 経済部「台湾的造船工業」（『経済参考資料』1973年第5期）、7頁。

用効率（cost effective）分析は1956年の台船公司が納付した国庫の金額を基準にしていた。一方で、殷台公司の財務の獲得利益の予測は2年前に建造した3万6,000トン級のタンカー2隻の他に、毎年少なくとも3万6,000トン級のタンカー1隻と4万5,000トン級の船舶1、2隻を建造することを基準にしていた。1953-56年を基準とすると、台船公司が政府に納付した税額は全部で1,058万4,000元、そのうち1956年度の納税額は420万6,000元である。殷台公司に工場を貸し出した10年間を計算すると、もし台船公司が依然として自主経営をしたなら、政府の歳入総額は4,206万元が見込まれる。その一方で、殷台公司に工場を貸し出し、政府に納付した税金を、営業税、印紙税、事業所得税の三項目の税収として計算した場合、10年間で約1億2,751万5,000元の税収を得られる予測を行っていた。すなわち、殷台公司と国有の台船公司の生産計画で納付した税額を比較すると、政府収入は約8,545万5,000元増加する。また、自主経営をした場合10年後の黒字は677万元の見積もりになるが、殷台公司に貸し出した場合は、7,052万5,000元を獲得できた[41]。

しかしながら、表3-2が示すように、殷台公司期の財務実績は1957年2月に殷台公司への工場貸し出しをしてから、1960年6月まで、毎年欠損状態にあり、平均純収益率は-13％である。いいかえれば、殷台公司は1元稼ぐごとに0.13元の欠損を出していたということである。表3-3が示すように、殷台公司の収入は造船を主とし、全体の88％を占め、その残りは船舶修理と機械製造がそれぞれ10％と2％を占めていた。実際には、表3-4が示すように、造船事業が殷台公司の経営の核心を占めているといっても、事業の高コスト性から利益よりも欠損を生じさせており、重視していなかった船舶修理と機械製造の業務のほうが利潤を獲得できていた。台船公司が殷台公司に工場を貸し出す1年前の1955年には、会社の純益は67万7,038元だった[42]。そ

---

41) 「殷台公司租賃台船公司船廠案経過情形説明」、「台湾造船公司租賃収入估計表（中華民国46-55年）」（李国鼎先生贈送資料影印本、国営事業類（12）『殷台公司租賃台船公司船廠案虧損処理』、国立台湾大学図書館特蔵室所蔵）。

42) 「台湾造船公司損益計算表1956年1月1日起至12月31日」、「台湾造船公司会計年報（中華民国45年度）」（『造船公司四十五年度会計年報』、経済部国営事業司檔案、檔号：35-25-20　19、中央研究院近代史研究所檔案館所蔵）。

表3-2 台船公司（1956年）と殷台公司（1957年2月～1960年6月）の運営状況の比較

(単位：元)

時期	販売額	販売コスト	営業収益	純益	収益率	純益率
1956年（台船公司時期）	57,121	51,561	5,559	677	10%	1%（注）
1957年2月至12月	26,355	32,121	(5,766)	(5,611)	(22%)	(21%)
1958年	168,507	202,158	(33,651)	(32,803)	(20%)	(19%)
1959年	366,008	405,048	(39,040)	(39,443)	(11%)	(11%)
1960年1至6月	68,134	72,816	(4,682)	(4,783)	(7%)	(7%)
総額（1957/2-1960/6）	629,004	712,143	(83,139)	(82,640)	(13%)	(13%)

出所："Ingalls-taiwan Shipbuilding & Dry Dock Co. Income Statement (1957-1960/6)"（李国鼎先生贈送資料影本、国営事業類（12）、『殷台公司租賃公司船廠案虧損処理』、台湾大学図書館台湾資料区所蔵）。「台湾造船有限公司預算銷售値與決算比較表（1956年1月1日起至12月31日）」、「台湾造船有限公司会計年報 中華民国45年度」（『造船公司四十五年度会計年報』、経済部国営事業司檔案、檔号：35-25-20 19、中央研究院近代史研究所檔案館所蔵）。

注：1956年の台船公司の営業収益率と純益率の格差が激しい原因は、営業外支出のうち利息支出が高く（640千元）、台船公司の純益が減少したことにある。

表3-3 殷台公司の業務別販売収入（1957年12月～1960年6月） (単位：元)

業務項目	1957年2月至12月	1958年	1959年	1960年1至6月	殷台時期総金額（1957/12-1960/6）	1956年台船公司時期
造船	9,944	149,901	335,526	61,743	557,144（88%）	5,187（9%）
修船	14,861	15,201	26,555	4,927	61,544（10%）	38,165（67%）
製機	1,550	3,405	3,927	1,464	10,346（2%）	13,769（24%）
年間販売金額	26,355	168,507	366,008	68,134	629,004（100%）	22,121（100%）

出所："Ingalls-taiwan Shipbuilding & Dry Dock Co. Income Statement (1957-1960/6)"、"Ingalls-taiwan Shipbuilding & Dry Dock Co. Analysis on Past Operations (1957-1960/6)"（李国鼎先生贈送資料影本、国営事業類（12）、『殷台公司租賃公司船廠案虧損処理』、台湾大学図書館台湾資料区所蔵）。「台湾造船有限公司預算銷售値與決算比較表（1956年1月1日起至12月31日）」、「台湾造船有限公司会計年報 中華民国45年度」（『造船公司四十五年度会計年報』、経済部国営事業司檔案、檔号：35-25-20 19、中央研究院近代史研究所檔案館所蔵）。

第3章 公営事業の外部委託経営—殷台公司期（1957-1962年）　109

表3-4　殷台公司の各業務における収益状況

（単位：元）

業務	科目	1957年2-12月	1958年	1959年	1960年1-6月	総計	1956年台船公司期
造船	販売金額	9,944	149,901	335,526	61,743	557,144	5,187
	販売コスト	11,588	172,300	374,012	65,302	623,202	6,542
	営業収益	(1,644)	(22,399)	(38,486)	(3,559)	(66,058)	(1,355)
修船	販売金額	14,861	15,201	26,555	4,927	61,544	38,165
	販売コスト	12,981	13,244	19,831	3,959	50,015	36,229
	営業収益	1,881	1,957	6,724	968	11,530	1,936
機械製造	販売金額	1,550	3,405	3,927	1,464	10,346	13,769
	販売コスト	1,343	3,349	4,180	556	9,428	16,473
	営業収益	207	56	(253)	908	918	(2,704)

出所："Ingalls-taiwan Shipbuilding & Dry Dock Co. Income Statement（1957-1960/6）"、「台湾造船有限公司預算銷售値與決算比較表（1956年1月1日起至12月31日）」、「台湾造船有限公司会計年報 中華民国45年度」（『造船公司四十五年度会計年報』、経済部国営事業司檔案、檔号：35-25-20　19、中央研究院近代史研究所檔案館所蔵）。

のうち各業務の収入は、造船が518万7,000元で全体の9％を占め、船舶修理が3,816万4,720元で67％強を占め、機械製造が1,376万9,164元で24％を占めていた[43]。さらに、造船、船舶修理、機械製造の三業務の中で、わずかに船舶修理だけが利益を得ており、他の二つはどちらも欠損をだしていた。上述のデータを根拠に、当時台湾造船業の発展段階では、造船産業ひとつにもっぱら心血を注いだが、決して会社に利益をもたらすことはなく、船舶修理と機械製造との連携によって辛うじて造船工場は経営を維持しているといった状態であった[44]。

また、殷台公司は、船舶修理を重視していなかったことから1957年末に民間の海運企業から価格設定について抗議を受けていた。というのも、まず、殷台公司は船舶修理業務の価格設定の点で、以前の台船公司に比べ5割も高かった。一方、海運業者が事業経費予算の根拠とするために固定した単価と船舶修理の標準価格は決めていなかった。さらに船舶修理の前にまず代金の90％を支払わなければならず、船舶がドックに入った後で、他の問題が見つ

43）同上資料。
44）同上資料。

表3-5 殷台公司時期の造船における損益状況
(1957年12月～1960年6月) (単位:元)

船名	売上額	コスト	欠損
S.S. Faith	227,816	323,742	45,926
S.S. Freedom (注)	253,119	265,674	12,55
Brightness	800	1,799	999
Tuna Clippers	23,420	26,501	3,081
Cargo Ferry	1,547	3,071	1,524
Protoon	412	537	125
Unabsorbed Overhead		26,929	26,929

出所:Analysis of Deficit on Ship Construction (1957-1960/6) (李国鼎先生贈送資料影印本、国営事業類 (12)、『殷台公司租賃公司船廠案虧損処理』、台湾大学図書館台湾資料区所蔵)。

注:S. S. Freedomは当時88%までしか完成しておらず、よって総売上高2億7,781万6,000元の88%から算出した。

かったら、その新しい修理費の代金の90%をさらにすぐ支払わなければならなかった。当時の招商局と台湾航業公司ら公営の海運企業は、政府の政策と足並みをそろえ、抗議しなかったが、民間の海運企業は、交通部の船舶の国内での修繕を後押しする政策に協力しなければならず、その上船舶修理の価格高騰に直面し、突如経営コストが添加された状況におかれたために抗議の声をあげた[45]。

続いて、この時期の殷台公司の経営を財務状況から確認してみよう。表3-5に示すように、1960年6月まで殷台公司は船舶を建造する度に赤字を出していた。1960年下半期、殷台公司は3万6,000トンのタンカーを竣工させたが、新規の注文が得られなかったことから、財務状況は次第に悪化していった。当時、アメリカの開発借款基金は、殷台公司の債権の保証、資金の借款などに関係していた。よって開発借款基金と政府が協力し、台湾政府が殷台公司の業務改善に協力することを希望していた[46]。

---

45)「殷台公司修船条件苛刻一貫在僅此一家航業界受不了」(『聯合報』、1957年10月21日)、第三版。

第3章　公営事業の外部委託経営―殷台公司期（1957-1962年）　　111

　1960年7月、3万6千トンのタンカーの建造過程で、殷台公司の財務状況はすでに深刻な赤字を出していた。当時、台湾駐米大使だった葉公超はアメリカ開発借款基金の責任者ヴェンス・ブランド（Vence Brand）と、殷台公司の破産の可能性について討議した。アメリカは、殷台公司が破産した場合、保証の順位において、台湾銀行が開発基金よりも優先的に保証を求めることができるとした。しかし、双方は破産後の対応よりも、まず現況の殷台公司の財務問題を改善するため、殷台公司が3万6千トンのタンカーを建造することに協力することを同意し、船舶完成時に殷台公司の負債を埋め、台湾銀行と開発借款基金の損失を抑えることにした。また、アメリカは殷台公司が将来、新たに借款を得る場合には、台湾政府にそのリスクの多くを負担してもらうことを希望した。
　最後に、当時の殷台公司の経営でどのようにタンカーを建造したのか、殷台公司の経営の失敗、殷台公司の新業務と貸与終了、についてみていこう[47]。
　政府は交通部のタンカーを交換する計画に基づいて12,500トンの船舶の建造を殷台公司に委託し、業務の取得により企業経営に必要な流動資金を得ようとした。その内、国内で必要な支払いについては、中央信託局と殷台公司が協議して一隻に付き72万5,000ドルと決め、国外の借款支払いでは中央信託局と西ドイツステッギン公司（Aktien-Gesellschaft Vulcan Stettin）とが造船に必要な機材について協議し、約272万6,700ドルで折り合いをつけた。この業務は1961年9月に作業を開始した[48]。
　また、政府は殷台公司が造船の注文を受けることに協力する条件として、政府の役人を殷台公司へ董事長として派遣し、政府が殷台公司の経営に介入することをあげた[49]。殷台公司は業務上の困難に鑑みて、1960年6月に船舶

---

46)「殷台公司概況」、「函請殷台公司概況報告」（1962年4月7日）（国営（51）発字第443号、『公司簡介』、台湾造船公司檔案、檔号：01-01-01、台湾国際造船公司基隆総廠所蔵）。
47)「沈昌煥致仲容信函」（1960年8月2日）（李国鼎先生贈送資料影印本、国営事業類（12）『殷台公司租賃台船公司船廠案虧損処理』、国立台湾大学図書館特蔵室所蔵）。
48)「殷台公司概況」、「函請殷台公司概況報告」。
49) 同上資料。

の修理、及び機械製造業務を受けることを表明しており、船舶修理では、台湾とアメリカの海軍が主要な顧客だった[50]。こうして殷台公司は経営の多角化を試みたのだが、企業の赤字状況を打開することができなかった。1960年、殷台公司の負債は1,291万8千元に達し、1961年の負債は1,658万9千元だった。造船部門では殷台公司の成立から1961年12月までの総収入が6億481万1千元だったが、負債が8,098万6千元だった。赤字の原因は、造船に必要な原料がいずれも輸入品で、原料獲得が困難なことが作業時間を長引かせ、借り入れの利息が累積していったためである。加えて賃金コストでも、作業時間が延長されたために予算を超過していた。このような様々な原因が殷台公司の造船コストを引き上げ続けていたのである[51]。

船舶の修理では、1957年2月から1961年12月まで、計142万6千トンの船舶を修理した。その収入が8,727万元、利益が1,476万元であった。機械製造の部分では1961年末までに613件の業務を受けたのみで、赤字総額が443万6千元に達した[52]。

財務面では成立時の資本額110万ドルを固定資産購入に使用した他、その残りを営業に必要な資金に当てた。こうした資金はすべて海外からの借款であった。1961年12月まで殷台公司は計186万5千ドル及び約1,971万元の赤字をだした。この他、殷台公司は台船公司への賃貸料も未払いで、その金額が1962年2月7日までで13万3千ドルだった[53]。

1962年7月、経済部部長の楊継曽[54]、財政部部長の厳家淦[55]、交通部部長の沈怡[56]、米援会副主任委員の尹仲容[57]と、米援駐華公署署長のW・C・ハ

---

50)「殷臺公司決定兼造各種機器─靠造船很難維持」(『聯合報』、1960年6月4日、第五版)。このとき同時に、政府は曹省之、王世坦、柳鶴圖、陳振銑を派遣し、1961年4月28日に開いた重役会議の中で、柯克理が総支配人を兼任することを決めた。柳鶴圖は副総支配人を兼任し、生産管理を担当。陳振銑は副総支配人と管制長を兼任。程欲銘は副総支配人を兼任し、営業と買い付けを主管した。漢穆爾は副総支配人と金庫係を兼任し、杜壽俊が秘書に就任した。迪卡は副秘書となる。王世坦は政府関連機関の財務及び業務協力を推し進めた。

51)「殷台公司概況」、「函請殷台公司概況報告」。

52) 同上資料。

53) 同上資料。

ラードソン（W. C. Haraldson）とが米援について会議を開催し、アメリカ籍の経理J・P・コパクレイ（J. P. Coakley）及び別の三人のアメリカ籍の高級職員が離職し、台湾方面を引き継いだ[58]。その後、同月25日には再び楊継曽が厳家淦、外貿会主任委員の尹仲容、米援会秘書長の李国鼎とが、殷台公司が破産宣告を受け入れるか、あるいは経営を継続するかについて討議した。翌26日には米援運用委員会を開き、華米会報で討議した[59]。最終的に8月下旬、殷台公司はアメリカ籍の董事長であるグレガーセンに電報を打ち、政府が賃貸契約を停止する決定をしたことを報告し、経済部が殷台公司に台湾における投資事業が終了したことを報告した[60]。

54) 楊継曽（1898-1993）、安徽省懷寧県出身。上海同済医工専門学校中学預科卒業後、ドイツのダルムシュタット大学工科機械学部に留学し、後にベルリン高等専門学校に転入（後のベルリン工科大学）して学位を取得する。帰国後は瀋陽兵工廠工程師、軍政部兵工署兵工研究会委員、漢陽兵工廠副廠長、兵工署署長を歴任した。1949年に台湾に移ってからは経済部政務次長、国防部常務次長、台湾糖業公司董事長、経済部部長を歴任した。劉紹唐編「民國人物小伝—楊継曾（1898-1993）」『伝記文学』64：1、133-134頁。

55) 厳家淦（1905-1993）、江蘇省呉県出身。上海聖約翰大学卒業後、京滬滬杭甬鉄路材料処管理局処長、福建省政府財政庁庁長を歴任した。戦後初期に台湾に渡り、台湾省行政長官公署交通処処長に就任し、その後台湾省政府財政庁長、米援会副主任委員、中華民国総統に就任した。許雪姫編［2004］、1343頁。

56) 沈怡（1901-1980）、浙江省嘉興県出身。上海同済大学卒業後、ドイツのドレスデン工業大学で工業博士を取得し、帰国後は前後して漢口市工務局工程師兼設計科長、資源委員会主任秘書兼工業処長、交通部政務次長を歴任した。戦後は国連アジア・極東経済委員会防洪局局長に就任した。1960年に台湾へ渡り交通部部長に就任。劉紹唐編「民國人物小傳—沈怡（1901-1980）」『伝記文学』38：6、142頁。

57) 尹仲容（1903-1963）、湖南省邵陽県出身。南洋大学卒業後、軍事交通技術学校中校教官、安徽省建設庁秘書、資源委員会国際貿易事務所ニューヨーク分所主任を歴任した。戦後は行政院工程計画団団長に就任、1949年に台湾へ渡ってからは台湾区生産事業管理委員会主任委員、中央信託局局長、経済部長、経済安定委員会委員兼秘書長を歴任した。劉紹唐編「民國人物小伝—尹仲容（1903-1963）」『伝記文学』26：3、100-101頁。

58) 「中美有関官員集会決定殷台公司継続経営　重要人士勢需更動」（『聯合報』、1962年7月17日）、第二版。

59) 「殷台公司存廃問題　中美会報今日商談」（『聯合報』、1962年7月26日）、第二版。

60) 「美方投資人已決定撤退　殷台公司即将決束」（『聯合報』、1962年8月21日）、第二版。

第4節　殷台公司の造船業と台湾工業化の限界

　後進国の台湾からすれば、当初の構想は外資を導入する方式によって造船業を発達させることを企図し、その成功が台湾の造船産業のさらなる発展を実現できると考えていた。しかしながら、1957年に殷台公司に台船公司の経営を貸し出した経験からいえることは、当時の台湾工業化の発展レベルからして、造船部門は利益を得ることが難しく、船舶修理と機械製造部門が低廉な労働力によってようやく利潤を獲得できる程度であった、ということである。しかしながら、殷台公司は経営戦略を造船業に集中させたため、造船に必要な部品の多くを海外から輸入し、原料コストが高くなる状況の下では、造船業務の著しい欠損を生じさせた。殷台公司は運営コストが低くかつ利潤が高い船舶修理と機械製造部門とは異なる造船部門に経営資源を集中させたため、赤字状況をかえって悪化させるという結果を招き、最終的には1962年に経営権を経済部に返還することとなった。そして返還後も、台船公司は引き続き、殷台公司期における銀行に引き渡した担保と債務の処理と清算を行わなければならず、それは1968年にようやく完遂したのである。

　殷台公司期、政府は会社に対し関税及び外国人役員の所得税の減免と資金調達の優遇措置などを提供した。一方で、民意を代表する機関はインガルス台船公司の設立について反対、あるいは疑問の声をあげていたが、政府は党の勢力を通じて押し通したのである。しかし、当時の殷台公司には長期的かつ総合的なガイドラインが欠けいた。また、当時の台湾の工業化と人的資源の発展レベルは、殷台公司の造船業務に特化していく経営方針とは全く適合していなかった。ただし、殷台公司期は3万6,000トン級タンカーの建造の経験を通じて、台湾の技術者に大型船舶の建造のプロセスを理解させたことは、台湾造船業の発展にとって1950年代の後進国段階から1960年代の新興国段階へと移行していく橋渡しをさせたともいえる。したがって、経営指標からは消極的な評価となった外資導入ではあったが、技術導入・人的資源の陶冶という観点からみれば、その後の発展につながる積極的な面も有していた点を看過してはならない。

第3章 公営事業の外部委託経営―殷台公司期（1957-1962年） 115

　要するに、殷台公司期の造船事業は、いまだに体系的なそれには至っていなかった。次章で議論する台船公司と石川島の技術移転の後、台湾造船業はようやく大規模かつ体系的な発展段階に入るのである。

第4章

台船公司と石川島会社の技術移転
（1962-1977年）

第1節　人事制度及び経営戦略の調整

　1962年9月、台船公司は、殷台公司による委託経営から、経済部の直轄経営へと移行した。つまり、企業体制が従来の国営事業へと戻ったのである。この時、殷台公司から職員242人・労働者1,138人が異動し、台船公司の元職員と合わせて、職員252人・労働者1,145人になった[1]。

　殷台公司時代、職員に支払っていた賃金は高額であったが、国営事業体制へと戻った以上、賃金の支給は公営事業の人事昇給制度に従わなくてはならなかった。しかし、殷台公司時代から引き継がれた業務のうち、12,500トンの船舶がなお未完工であったため、大幅な人事異動を回避して、生産スピードを上げるためにも、暫定的に臨時方法を用いることになった。1962年10月、経済部の認可を得て、職員の賃金制度が3段階に分けて処理された。まず、董事長と総経理は、一般の国営事業の基準にもとづき給料が定められた。次に職員は、月給4,000元以下の者には殷台時代の給料が、月給4,000元以上の者には超過分の60％が支払われた。最後に労働者は、全員に殷台時代の賃金が支払われた。この過渡期の賃金制度は、当初の計画では2艘の貨物船が完

---

1) 「台湾造船有限公司董事會第六屆第七次董監聯席会議記録」1962年10月26日（『李国鼎先生贈送資料影印本　国営事業類（11）台湾造船公司歴次董監事連席会議紀録及有關資料』台湾大学図書館台湾特蔵区所蔵）。

成するまで、もしくは米国国際協力局が殷台公司の財務状況に対し別の具体的な解決方法を提出するまで運用される予定であった[2]。なお、この殷台公司から台船公司へと経営が移行する時期、月給4,000元の一覧に示された副工程技師・副管理者以下の職位の給料がみな未受給になっていた（表3-1の殷台時代の名簿中にあった給与表を参考）。これは、経営状況は芳しくなかったにもかかわらず、暫定だが割高な賃金制度に据え置かれたために生じた、結果だと思われる。

　結局、この賃金制度は1963年まで運用されたが、行政院は台船公司の職員待遇を経済部に所属する国営事業の職員待遇法にもとづき定めるべきだとし、経済部は台船公司に対して賃金制度の調整を進めるよう意見を出した。しかし、台船公司は2艘の貨物船の完工を急いでいたため、職員の給料のみを公営事業制度にもとづいて処理した。一方で、労働者は毎月の賃金が実働時間により決まるため、無理に賃金を変えれば、作業モチベーションに影響を及ぼすことは必至であった。また、もし賞与を代替案のとおりにすれば、造船作業の項目が多すぎて、短期間のうちに作業時間の基準を定めることはできなくなる恐れがある。結局、台船公司は2艘の貨物船を製造する間は、造船労働者を特定職務契約労働者として雇用し、その待遇が殷台公司時代の賃金を超えないことを原則として、労働者の作業モチベーションを維持しようとした[3]。

　そして、台船公司職員の賃金が、殷台公司時代のやや高い賃金設定から、公営事業体制下の賃金水準に戻すという、賃金政策の転換を行ったことは、1960年代以後、台船公司職員が大量に離職した原因の一つになったといえる。統計によると、1962年9月に台船公司が自主経営に戻ってから1964年10月末までの、上級職員及び工業専門学校卒の学歴以上を持つ技術員の離職者は計59人であり、そのうち主任工程技師クラスの職員は9人、勤務10年以上の職員は23人に上った。これらの離職者の大部分は、海運業職に転職していっ

---

2) 同上資料
3) 「台湾造船公司第六屆第九次董監聯席会議議程」1963年7月6日（『李国鼎先生贈送資料影印本　国営事業類（11）台湾造船公司歴次董監事聯席会議紀録及有關資料』台湾大学図書館台湾特蔵区所蔵）。

た[4]。以上のような離職の動きによって、台船公司は1960年代に人材不足の危機に直面することになる。

　離職による人材不足は、主に海軍の技術員と海洋大学卒業生によって補われた。殷台公司時代より、すでに海軍の職員が出向し造船作業に関与していた。殷台公司時代末期に副総経理を務めた柳鶴図[5]少将は、中国大陸時期の海軍学校出身であり、後に海軍江南造船廠の総工程技師を歴任し、台湾後は海軍左営造船所の所長を務めた[6]。また、海洋大学は台湾で最初に設立された造船科を擁する一般高等教育機関であったが、軍事教育体系に属する海軍機械学校のなかにも造船科が設けられており、その卒業生は軍事に服務する者が多かった。さらに、1965年3月には元台船公司総経理の陳圭[7]が退職し、王先登[8]が総経理に就任し、海軍関係者が正式に台船公司に入ることになった。ここでは、当時の職員の履歴書から海軍勢力の台湾公司に対する影響力を直接判断することはできないが、石川島播磨重工業株式会社との技術移転契約後に日本に派遣された訓練員の名簿から、その技術員と中間主任管理者の多くが海軍からの転任であったことがわかる[9]。

　また、1950年代末に設立された海洋大学は、1960年頃まで台船公司に卒業

4）「台湾造船有限公司第六届第十二次董監聯席会議工作報告」1964年11月（『李国鼎先生贈送資料影印本　国営事業類（11）台湾造船公司歴次董監事聯席会議紀録及有關資料』台湾大学図書館台湾特蔵区所蔵）。

5）柳鶴図（1905～?）、江蘇省鎮江県人、海軍軍官学校、英グラスゴウ大学造船科卒業。上海江南造船所総工程技師、海軍総司令部艦械署署長、駐ワシントン海軍武官、国防部新聞局長兼軍事発言人、経済部顧問兼殷台造船公司副総経理を歴任。「台湾造船公司第六届第六次董監聯席会議記録」1962年9月1日（『李国鼎先生贈送資料影印本　国営事業類（11）台湾造船公司歴次董監事聯席会議紀録及有關資料』台湾大学図書館台湾特蔵区所蔵）。

6）同上資料。

7）陳圭（1902～?）、浙江省紹興県人、上海交通大学、独ドレスデン工業大学卒業。兵工署技正工程師、兵工署工務処長、台湾肥料公司副経理、台湾造船有限公司董事長、台湾機械有限公司総経理を歴任（同上資料）。

8）王先登（1914～）、安徽省無為県人、海軍電雷学校第一期輪機科卒業。海軍系統造船所副所長兼工程師、海軍機械学校校長、海軍第一及第二造船廠廠長、海軍総司令部副参謀長、台船公司総経理及董事長、中国造船公司総経理兼董事長を歴任（劉素芬編・李国鼎口述［2005］、576頁）。

生を輩出した。しかし彼らは実務経験が未熟であり、主任管理者にはなれなかったので、1960年代は台船公司の役職には就任せず、その多くが基層部門の工程技師職についた。

　台船公司は殷台公司から経営を引き継いだ後、業務の調整を行った。殷台公司は造船事業を主としており、船舶修理事業の規模は縮小され、機械製造事業は完全に停止されていた。しかし、造船事業はドックの占用を要するため、その利益は有限であり、比較的短期間で利益を上げられる船舶修理事業や機械製造事業を中断すれば、造船による収益も限られてしまう。そこで、台船公司は造船・修理・製造の3部門を等しく重視するための、経営戦略をとったのである。

　1962年11月に開かれた第6期第1回董監事会（取締役・監査役会）において、董事長の杜殿英[10]は、台船公司が殷台公司に資産提供をする以前に、350トン及び150トン漁船を建造したことがあることから、よって台湾公司も大型船舶の建造を主要業務にすべきだと提案した。さらに、公営事業や造船能力を備えた台湾機械公司とも提携して、業務分担の黙約を結ぶことを期待した。また、総経理の陳圭は、台湾と日本の間で協議されている4,000万元の資金援助のうち、1,000万元を船舶修理事業に用いる計画であるとし、政府が決定した投資計画以外にも、修船業務に関して当社は日本側との造船工場

9）『六十年度出国考察實習』（台湾造船公司檔案、檔号13-26、台湾国際造船公司基隆総廠所蔵）。この他に、第二次世界大戦後、海軍はアメリカの海軍制度を採用し、1947年夏に海軍機械学校を設立して、その下に造船・機械・造造・造械の4学科を設け、同年8月に第一期生を募集した。その後、1948年12月に、王先登が同校校長に就任した。また、国民党政府の台湾進駐に従って、学校が高雄左営に移設された後には、計六期の学生募集が行われ、毎期約50～60名の学生が入学し、1955年に政府の命令によって学生募集が中止され、1957年に制度が改正されるまでの卒業生は約500余人に上った。さらに、技術軍官補訓班・廠務専修科・技工幹部訓練班の3クラスが設けられ、各クラスで訓練された技術員たちは、海軍造船廠の技術養成幹部になった。王奐若［1987］、76-77頁。

10）杜殿英（1903～?）、山東省濰県出身、同済大学機械科卒業、独ヴェストファーレン・ヴィルヘルム工業大学（Westfälische Wilhelms-Universität Münster）機械科卒業。同済大学秘書長兼教務長、資源委員会簡任技正兼工業処長を歴任。来台後は台湾機械股份有限公司董事長、台湾造船公司董事長に就任。中華民国工商協進会［1963］、164頁。

の合資設立を希望しており、その余剰業務を台船公司が請け負うことは可能であるとした[11]。

第2節　日本技術の導入

1．技術選択

　殷台公司の解散後、アメリカ国籍の技術員が台湾を去り、技術的な外部支援を受けないことから損失が生じた。そこで、台湾政府は日本の造船所に支援を求め、設計製図や技術指導を含む全面的な提携と、必要機械の購入を望んだ。実際の提携に応じた企業は、かつて1950年代に台船公司と技術提携を結んでいた石川島播磨株式会社（以下、石川島）と、戦前に台船公司の前身である台湾船渠を創設した日本三菱造船株式会社（以下、三菱）に加え、三井造船株式会社[12]と浦賀船渠株式会社[13]も台船公司との技術提携を希望した。審査と評定を経た結果、政府は石川島と三菱の2社のうち1社から技術移転を行うものとし、両者が12,500トンの造船計画を提出した上で、選択することを決定した[14]。
　両社の造船計画の概要を表4-1で示した。それでは、この両社の造船計画を具体的にみてみよう。まず、石川島が提出した12,500トン級貨物船の造船計画は、1年目（1964年）に1艘を建造し、第2年（1965年）に2艘、3年目（1966年）には年間3艘を建造する能力を備え、それに加えて毎年50万トンの船舶修理能力をつけるというものであった。1966年以降には、台船公司

---

11)「台湾造船公司第六屆第八次董監聯席会議紀録」1963年2月5日（『李国鼎先生贈送資料影印本　国営事業類（11）台湾造船公司歴次董監事聯席会議紀録及有關資料』台湾大学図書館台湾特蔵区所蔵）。

12) 三井造船株式会社は1917年に創設された。最初は三井物産株式会社の造船部門に属しており、1937年に三井物産から独立して三井造船株式会社に改称された（日本造船学会編［1977］、40頁）。

13) 浦賀船渠株式会社の前身は、戦前1938年に成立した大日本兵器株式会社（同上、41頁）。

14)「台湾造船公司第六屆第八次董監聯席会議記録」1963年2月5日。

の造船能力は国際規模の水準に到達することが見込まれた。石川島はまた、台船公司の技術が成熟した後は、台船公司を基地として、欧州・アフリカ・中東・東南アジア・南米などに補機・艤装品や各種の陸上機械を輸出することを承諾した。その他、日本国内及び世界各国にまたがる直接・間接の組織ネットワークを利用し、石川島と台船公司の技術提携によって製造した機器や機材を、日本や世界各国へ販売するとした。さらに、石川島が世界各国に輸出している肥料やセメントのプラントなど、各種の付属機械設備及び機器の改良・部品補充について、その一部あるいは全てを台船公司や同じ公営事業である台湾機械公司が請け負うことが考案された。人的資源の養成に関しては、石川島が技術員を台湾に派遣して協力し、また台船公司が日本に技術員を派遣し訓練させることも受け入れた。これらを見ても、石川島が台船公司の技術発展及び対外的な機械輸出に実現可能な見通し与えたといえよう。設備面においても、石川島は陸上機械設備の新設はせず、なるべく台船公司が現有する設備によって、造船及び修船業務を進めることを目指した。すなわち、石川島が提案した計画を実施するに当たり台船公司は必要経費を低くおさえることができたのである[15]。

　一方で、三菱の計画は、船舶修理を主軸とするものであった。その理由は、台湾船渠を三菱が創設した時の工場設備が、主に修船所用に提供されたものであり、船台数には限りがあること、また当時の台船公司が有した技術水準では造船は難しく、まず500トンの小型船を建造することが先決で、それから徐々に5,000トン以上の大型船に移行すべきだと提案した[16]。よって、修船と造船業務をともに重視し、まず修船業務を主として、続いて小型船を建造し、その後に陸上機械の生産を行うべきだとした。修船については3段階に分けて行い、第1段階の1963～64年には年間生産額606万ドルを維持し、第2

---

[15] 石川島播磨重工業株式会社「關於台湾造船股份有限公司自立發展計画報告書」1963年3月27日、8-10頁(『台船與日本石川公司合作案』経済部国営事業司檔案、檔号35-25-20　76、中央研究院近代史研究所檔案館所蔵)。

[16] 「日本三菱考察団來部商談與台船公司合作計画談話記録」1963年5月7日(『日本石川島重工業株式会社與三菱造船公司擬與造船公司恢復舊約』、経済部国営事業司檔案、檔号35-25-20　77、中央研究院近代史研究所檔案館所蔵)。

段階の1964-66年には中期方針を実行し、年間生産額を約808万ドルに、第3段階の1966～67年には長期方針を実行し、年間生産額を約1,000万ドルにするとした。造船についても3段階に分け、第1段階では606万ドルで350～500トンの小型船12艘を建造し、第2段階では931万ドルで12,500トン級の貨物船2艘、小型船3艘を建造し、第3段階では1,224万ドルで5,000トン級貨物船2艘、12,500トン級貨物船2艘、500トン小型船1艘を建造するとした。この他、三菱は契約にもとづき技術員を台湾に派遣し、また台船公司職員の日本への派遣訓練を受け入れ、毎年40万トンの修船業務を台船公司に委託することを希望した[17]。

しかしながら、この時の台船公司の経営目標は、現有設備を適切に運用し、職員の技術訓練と技術水準の引き上げ、コストの低下を図るだけでなく、技術提携によって大型貨物船を建造することを期待していた。殷台公司時代にも、すでに2艘の36,000トン級タンカーを建造する能力を有し、2艘の12,500トン級貨物船を建造していたので、三菱造船の修船業務を経営の主体とする提案は、政府及び台船公司の考えと一致しなかった。また三菱は、台船公司の工場が戦前に三菱重工が建設したもので、その設備は修船用であり、もし技術提携を行うのであれば、大規模な工場設備の改築が必要だと主張し、そのため提示した必要資金は石川島と比べて割高であった[18]。

資金投入の面では、石川島は1964年度予算として16万4,000ドルを投資し、1966年以後、もし生産力の拡張が見込めるならば、再び300～600万ドルの投資協力を行い、毎年6万トン級タンカー3艘、12,500トン級貨物船2～3艘の造船、40～50万トンの修船ができる生産レベルまで到達させるとした。

一方、三菱の計画は、1963年7月から7年間で計407万ドルの投資を予定しており、以後は9～10万トンの造船を望むのであれば、200万ドルの追加投資

---

17) 「函送三菱合作計畫提案等請研究簽註意見函附件一：三菱清水団長致副總統函抄本一份」1963年5月29日（『日本石川島重工業株式会社與三菱造船公司擬與造船公司恢復旧約』、経済部国営事業司檔案、檔号35-25-20　77、中央研究院近代史研究所檔案館所蔵）。

18) 三菱日本重工業株式会社、新三菱重工業株式会社、三菱造船株式会社「台湾造船與公司與三菱合作之提案」1963年4月（『台船與日本三菱公司合作案』、経済部国営事業司檔案、檔号35-25-20　78、中央研究院近代史研究所檔案館所蔵）。

表4-1 石川島・三菱による対台船公司技術提携計画案の製造能力比較表
(単位：年間生産量)

業務項目	石川島	三菱
新造船	1966年の生産達成量 12,500トン貨物船3艘	1970年の生産達成量 A　500トン漁船1艘 B　5,000トン貨物船2艘 C　12,500トン貨物船2艘
修船	500,000トン	700,000トン
製造機械	5,000トン	3,000トン

出所：『日本石川島重工業株式會社與三菱造船公司擬興造船公司恢復舊約』（経済部国営事業司檔案、檔号35-25-20　77、中央研究院近代史研究所檔案館所蔵）。

を行うとした。投資金額から見れば、石川島の計画は初期に12,500トン級貨物船を建造するものであり、初期コストは三菱に比べて低かった。パテント料については、石川島の提示額は、船舶売価の1.2%及び1艘目の12,500トン級貨物船設計費9万7,000元であり、三菱は1～5年間は1%、6～10年間は2%、1艘目の12,500トン級貨物船設計費5万ドルであった。

また、当時の国際造船市場において、日本の業務量は世界第一位を占め、1950～60年は三菱が日本国内の造船生産力の筆頭であったが、石川島がその後を猛追しつつあり、1962年までに石川島が新たに建造した船舶の進水量35万7,900トンは、三菱の30万6,570トンを上回った。また、石川島の新規造船生産余力は160万8,741トンと、三菱の148万5,000トンより多かったことから、政府は石川島の潜在生産力が三菱に勝っていると判断したのである。繰り返すが、台船公司の経営方針は、現有設備を主としながら、国外から技術導入を行うというもので、少ない資金での技術水準の引き上げを望んでいた。石川島の計画が示したわずか約16万ドルという予算は、発展途上国として外貨を急ぎ必要としていた台湾にとって、資金を節約するためにも良い選択であった。

そして人事面でも、石川島が5人の顧問のみを台船公司に派遣するとしたのに対し、三菱は20～30人の派遣を望んでおり、日本人職員の招聘コストも石川島の方が優位であった[19]。また、石川島と台船公司とはかつて1954年に台船公司と10年間の技術提携契約を結んでいたが、台船公司が経営権を殷台

公司に貸与した後、殷台公司が契約の継承を望まなかったため、中断された経緯があった[20]。したがって両社はかつて経営の協力関係を取り結んだ経験があったことと、そこに経営目標とコストを考慮した結果、政府は台船公司と石川島の技術提携を提議し、1965年5月17日に双方は技術提携の契約を結んだ[21]。

2. 台船公司と石川島の契約

それでは、続いて調印された計画書と契約の内容から、台船公司が石川島との技術提携の過程で、どのように先進技術を獲得し、それがどういった影響を与えたのかを検討していこう。まずは、技術的な観点から石川島の造船計画の概略を追っていく。

石川島が提出した造船計画は、台船公司が3年度内に6艘の12,500トン級貨物船を生産することを予定していた。建造過程については、台湾政府の政策による過去の年度計画を、4ヶ年期限の計画へと更改し、生産を長期企画化させて、生産計画に持続性をもたせることを望んだ[22]。

石川島が定めた技術提携契約は、主に四つの側面に分けられる。第1の側面は技術管理契約で、主に経営管理技術を導入し、台船公司が最高の管理原則のもとで船舶の建造を行えるようにするというもので、そこには全面的な設計技術、生産管理方式、生産技術指導、生産設備計画、資材の購入及び管理が含まれた。他には、台船公司職員の教育訓練も重視された。1960年代、職員の教育訓練を導入することは、台湾では事業の公営・私営を問わず、初

---

19)「為關於日本石川島及三菱兩株式会社対台湾造船公司所提発展及合作計画同研擬謹將原計画連同台船公司分析意見及予算表等一併報請 鑒核示遵由」1963年7月9日(『日本石川島重工業株式会社與三菱造船公司擬與造船公司恢復旧約』、経済部国営事業司檔案、檔号35-25-20 77、中央研究院近代史研究所檔案館所蔵)。
20) 経済部[1958]、74頁。
21)「為關於日本石川島及三菱兩株式会社対台湾造船公司所提発展及合作計画同研擬謹將原計画連同台船公司分析意見及予算表等一併報請 鑒核示遵由」1963年7月9日。
22) 石川島播磨重工業株式会社「関於台湾造船股份有限公司自立発展計画報告書」1963年3月27日、6頁(『台船與日本石川公司合作案』、経済部国営事業司檔案、檔号35-25-20 76、中央研究院近代史研究所檔案館所蔵)。

めての試みであった。

　第2の側面は、造船用機材の一括購入契約で、ここでは造船コストの削減が重視されただけでなく、機材の品質も重視された。石川島は台湾国内で機材の製造ができず、もしできたとしても、品質・価格とも理想の製品にはならなかったため、石川島との委託契約によって、台船公司は最低価格で造船進度に合わせた機材の供給を得られるようになったのである。

　第3の側面は、石川島が台船公司に新船建造及び修船の受注を斡旋するという基本契約である。さらにこの契約の前提には、台船公司の新船建造及び修船の技術とコストを、国際水準まで等しく引き上げることが条件になっていた。この契約によって、業務量の増加と生産の促進によってスケールメリットを得られれば、台湾の外貨収入も増加する。よって、台船公司は石川島の商業的名声と日本及び世界で有するネットワークや影響力を頼りとして、十分な業務量と収益を獲得しようとした。

　第4の側面は、石川島と台船公司が結んだ機械等の購入をめぐる総合契約で、石川島が必要とする付属機械・艤装設備から各陸上機械までを、台湾で製造することができ、また品質・価格とも国際的水準に達するようであれば、日本あるいは海外に輸出するというものであった。これらの提携契約が十分に履行されれば、台湾の造船技術を高め、品質・価格の国際競争力を引き上げ、輸出力を備えられるだけでなく、石川島側としても台船公司にその下請け事業を任せられるため、まさに共存共栄を目指した契約であったといえよう[23]。

　ただし、表4-2が示す材料の自給率をみると、この当時の台湾の工業力では、造船業で必要とされる重機や鋼板等の材料に限りがあり、自主製造も十分な供給も難しかったといえる。いうまでもなく、外国からの材料購入の増加は外貨支出を増加させる。また計画書は、特定材料の輸入禁止範囲を規定していた。すなわち、石川島が提供する設計図面と技術指導にもとづき、台船公司・台湾機械公司や他社工場で製造可能な材料や、台湾内で購入できる材料、または石川島の技術指導によって製造できるものは、必ず台湾で購

---

23) 同上資料、7-8頁。

表4-2 石川島提供材料の国内自給率計画表　　(単位：%)

項目	第1、2船	第3、4船	第5、6船	項目説明
鋼材	1	1	1	
大型鋳鍛鋼	1	1	1	Rudder stock Shaft Prop
艤装用鋳鍛鋼	100	100	100	五金用素材
木材、合板	100	100	100	
塗料	70	70	70	
電線	100	100	100	
溶接材料	90	90	90	
鋼管	10	10	10	
非鉄金属	30	30	30	
その他素材	40	40	40	防熱材料、メッキ鋼板
主機	0	0	0	
発電用原動機	0	0	0	
機関補機	0	45	80	
甲板機械	0	20	80	
ボイラ	0	100	100	
電源、動力装置	6	6	10	Generator、モーター配電盤
電気艤装器具	35	35	45	
無線電気装置	0	0	0	
航海計器	0	0	0	
補助材料	100	100	100	
全項目	15	20	20	

出所：石川島播磨重工業株式会社「關於台湾造船股份有限公司自立発展計画報告書」1963年3月27日、21頁。

入すべきだとされた。表4-2では、各種材料の購入金額を全材料の購入金額で割った百分率も示した。表4-2からは、6艘の船舶建造にともなう技術移転の過程を経て、台船公司が徐々に国産材料、主には機関補機、甲板機械、ボイラ、電源・動力装置、電気艤装器具といった、造船部品のなかでもやや付属的な中間資材の国産割合を高めていこうとしていたことがわかる。逆に、主機、発電用原動機、無線電気装置、航海計器は、従来と同様に自主生産することはできなかった。したがって、石川島との技術提携によって、台船公司は副次的な中間資材の製品化を習得しただけで、未だ独自に主要機械を製造する能力は備えていなかったのである。また、台湾ではなお大規模な製鋼

工場が建設されておらず、鉄鋼材も完全に輸入に頼らざるをえなかった。

さて、台船公司は1960年代初期に経営権を回復したが、その時所有した機械設備は以下の4種類に分けることができる。一つめは、戦前に日本人が遺留した設備であり、全体の約45％を占めた。二つめは、戦後の日本による賠償及び余剰物資から構成された設備で、約30％あった。三つめは、アメリカの援助により購入した機具で、約15％あった。四つめは、殷台公司が買い足しした施設で、それは約10％である。殷台公司が買い足しした機材は中古品であったが、造船設備としての能力は高く、大型船の建造に用いられた[24]。このことから、台船公司の生産設備は、寄せ集め式の生産システムであり、大規模造船用の機械及び工場の拡張や投資には未対応であったといえよう。

台船公司は石川島との技術提携後、よりトン数の高い船舶建造と修船能力の向上を推し進め、1966年から1年間の緊急拡張計画と、石川島が提案した4ヶ年計画の実施を開始した。1966年の緊急拡張計画の中心は、1年間で従来の1万5,200トン積載船舶を建造できる造船台から、3万2,000トン級船台へと拡張することであった。その後、1967～70年の4年拡張計画によって、従来の3万2,000トン級の造船能力を10万トン級に引き上げ、修船能力を年間80万トンから150万トンまで引き上げようとした[25]。台船公司が進めた設備拡張は、主には石川島からの技術導入後、より大型船舶の建造と修船能力の拡張に対応し、利益獲得力を高めていくためのものであった。

この他に、台船公司は1965年、殷台公司への資産貸与によって中断した技術訓練課程を復活させ、技術工の養成訓練計画によって、下級技術員の養成を継続し、その職員を技術導入に必要な労働力として、造船の基本能力を身につけさせようとした[26]。すなわち、技術移転を行っていく過程のなかで、石川島からの様々な技術導入以外に、台船公司自らが工場等の環境整備や職

---

24)「第四部份―業務」(『台湾造船公司有限公司：資料総目録（組織、管理、財物、業務、其他等）』、経済部国営事業司檔案、檔号：35-25-01a-094-001、中央研究院近代史研究所檔案館所蔵)。

25) 経済部［1973］、8-9頁。

26)「台湾造船有限公司第六屆第十六次董監聯席会議記録」1965年9月(『台船公司五十四年董監聯席会議記録』、経済部国営事業司檔案、檔号：35-25-20-003、中央研究院近代史研究所檔案館所蔵)。

員の素質を向上させていく必要があったのである。

　石川島との契約後、1965年7月12日の「台湾造船有限公司第6年度第15回董監連席会議」では、日本へ職員を派遣し短期訓練を受けさせる政策と、それによる生産効率の向上、コストの削減を一層徹底させる必要性が確認された[27]。続く、同年9月13日の「台湾造船公司第6年度第16回重役会議」では、5人の実習職員を石川島に選抜派遣することが再度決定された。新船修造分については、台船公司が請け負った新造船業務は、石川島の推進する設計と研究に委ねることとし、当時、台湾航業公司が建造を希望していた15,000トンの新船1艘、及び琉球有村株式会社が台船公司に委託しようとしていた2,000トン貨物船1艘の建造を、全て石川島の設計・研究に任せた[28]。

第3節　台船公司の経験の移植――中国造船公司の成立

　戦後の台湾造船業の発展は、1970年代以前は台船公司が主軸となり、またその1960年代の石川島との技術移転が、システム化された生産の端緒になった。しかし、1970年からの十大建設以後は、高雄の中国造船公司（以下、中船公司）が台湾最大の造船工場となった。もっとも、同社における工場の設備計画や設立の過程、人的資源の供給には、台船公司の経験が継承された側面があったといえる。本研究の検討範囲は、1978年に中船公司と合併する以前の台船公司に限られるため、ここでは中船公司について詳しくは取り上げないが、ただその成立過程と台船公司が中船公司に合併される部分のみ、議論していくことにする。

　中船公司の成立起源は、1963年の政府による12ヶ年の高雄港拡張計画にあり、最初の計画は港湾の拡張に従い、6万トンのドックを建造し、大型造船工場を建設するというものであった[29]。1965年、中国航運公司董事長の董浩雲[30]は、国外からのドック購入と、高雄に中華造船廠を設立し、修造船事

---

27)「台湾造船有限公司第六届第十五次董監聯席会議記録」1965年7月（『台船公司五十四年董監聯席会議記録』、経済部国営事業司檔案、檔号：35-25-20-003、中央研究院近代史研究所檔案館所蔵。

28)「台湾造船有限公司第六届第十六次董監聯席会議記録」。

業に投資することを提唱した[31]。しかし、政府が造船工場の自主建設を決定したために、董浩雲による造船工場への投資計画は実現をみなかった[32]。

その後、海軍が退役した造船技術者及び機関士の人材を利用して、高雄旗津地区に大型造船工場を準備すると同時に、日本の三菱に計画案の提出を委託することを提案した。1969年、蔣経国が国防部長に就任すると、台船公司は指示によって実地調査に赴き、工場建設用地・人材資源・物資運輸等の条件には限界があり、造船工場を設立するには困難があるという結論を出した。また、行政院は海軍が営利事業をするべきではないとし、この計画は経済部へと回され、最終的に1970年5月22日の行政院第10回財経会報において、特別案件班を立ち上げて高雄大造船工場の設備計画をすることが決定され[33]、また台船公司の周茂柏・劉曾适・厲汝尚に草案の策定が託された[34]。

初期の計画では、20万トン以上の船舶建造への発展を目標とし、高雄港拡張の完成によって港湾に出入りする船舶のトン級を上げ、修船業務を受注することを構想していた。技術員については、当時の台湾造船業の人員不足に鑑み、初期の職員は大専院校の関連学科の卒業生と民間からの募集によって獲得する以外に、台船公司の職員を派遣して初期の主要幹部とした[35]。

会社の設立形態について、公営にするか民営にするかが議論された。公営形態の長所は、政府から提供された土地を時価換算して政府持ち株とし、台船公司が主体になってそれを運用できるところであった。私営形態は、経営

---

29)「高雄港擴建計画」1963年8月、「為奉部長指示研究中油公司裝設油管通達登陸艇基地工程一案復請查照由」1963年12月17日（台船（62）設発字2581号、『造船公司收回殷台公司租賃後業務』経済部国営事業司檔案、檔号：35-25-20 42、中央研究院近代史研究所檔案館所蔵）。
30) 董浩雲（1912～1982）、上海市出身。中国航運公司、金山公司等を設立し、華人界における重要な海運業主となる。金董建平・鄭会欣編注［2007］。
31)「五萬噸浮船塢 現正拖來台湾」（『聯合報』1965年9月15日、第二版）。
32) 王先登［1994］、69頁。
33) 同上、69-70頁。
34)「行政院対経済部所属事業機構五十八年度工作考核対台湾造船公司事項辦理情形報告」（『五十九年度業務検討』、台湾国際造船公司基隆総廠所蔵）。
35) 台湾造船公司「籌建高雄造船廠計画草案」（1970年6月）（『五十九年度業務検討』台湾国際造船公司基隆総廠所蔵）。

政策上は政府の法規の制約を受けないが、逆に政府の補助と低利融資を獲得しにくかった。いずれの経営形態にも長短があり、優劣つけ難かったといえる[36]。

　討論を経て、最終的に石川島に委託してあった実施計画の評価報告を採用し、民営方式により中船公司を設立することを決定した。1973年4月20日、中国造船股份有限公司の発起人会議が開かれ、その資本構成は、政府と中央投資公司による国内資本が55％、外国資本が45％を占め、うち政府45％、中央投資公司10％、外資であるアメリカの恵固公司（Oswego Corporation）25％、開隆公司10％、連合公司及び康莎公司が各5％を占めた。1973年7月27日、中船公司が正式に設立された。1974年1月、高雄小港の臨海工業区において、工場建設に着工し、その敷地は計83ヘクタールであった[37]。

　中船公司の成立後、元台船公司総経理を務めた王先登が、中船公司の董事長兼総経理に転任し、造船工場建設計画の実行責任者となった[38]。台船公司は人材資源の協力について、1974年2月25日に中船公司と「人力計画及支援協議書」を交わしており、台船公司が中船公司の必要とする人材支援を、雇用育成、在職訓練、現職人員の出向という三つの方法によって実行することが、明確に定められた。また、中船公司は台船公司の同意なく、支援以外で台湾公司の現職員あるいは離職後1年未満の職員を採用してはならなかった[39]。

　すなわち、台船公司の多くの古参幹部が、出向という形で中船公司に支援派遣されたのである。例えば、当時台船公司の造船工場長であった蕭啓昌[40]と副工場長の陳泗川は、戦後最初の台船公司の職員となり、平職員から1970年代に工場長及び副工場長まで昇進し、1974年9月と11月に中船公司へ出向

36) 同上資料。「台船公司業務簡報記録」（1970年6月15日）（『五十九年度業務検討』台湾国際造船公司基隆総廠所蔵）。
37) 行政院経済建設委員会［1979］、441頁。
38) 王先登［1994］、79頁。
39) 「台湾造船股份有限公司董事会第四届第二次董監事聯席会議業務報告」1974年1月。
40) 蕭啓昌（1928～）、台湾澎湖人、日本統治期の澎湖馬公海軍工作部見習科第24期卒業、造船科製図工廠工具、戦後台船公司に入社し任職。曾慧香［2004］、140、310頁。経済部人事処編［1972］、249頁。

した[41]。この他に、台船公司は中船公司に代わって技術工の訓練も行った。1973年4月から1975年4月末までに、計49班、1,227人が養成訓練された[42]。

　台船公司は、十大建設にともなう中船公司と中国鋼鉄公司の発展に協力するため、政府の指示のもと、1973年10月より高雄に機械製造工場を設立し、1974年12月に竣工した[43]。台船公司が中船公司と中国鋼鉄公司の工場建設に協力することができたのは、船体と工場建設に多くの相似点があったためで、例えば鋼板の溶接と高所での作業工事とで、要求される技術に大差なかった。中船公司の工場建設工事は、1976年6月に完成した。ドックは長さ950メートル・幅92メートルと、当時の世界第3位の大きさであり、年間150万トンの造船、250万トンの修船能力を有していた。それ以外に、鉄鋼構架、加工敷設管理、大型設備の製造、船用甲板機械及び各種陸上機械の製造と据付等も請け負うことが可能であった[44]。

　石川島が提出した経営計画の初期段階では、市場需要を想定して巨大タンカーの建造を主としており、毎年45万トンの巨大タンカー3艘を建造できれば、中船公司は1981年に全損失を返済し、同時に株式の発行を開始できると予測されていた[45]。実際に、中船公司が設立される以前は、すでにアメリカの恵固公司から44.5万トンの巨大タンカー4艘、及びその他の国外華僑投資者らから6艘、合計10艘の受注を獲得しており、それは工場建設の主要条件の1つになっていた。1975年8月、工場建設工事の80%が進行し、一部の機械設備が使用できるようになった時に、中船公司は1艘目の巨大タンカーの建造を開始した。4艘の巨大タンカーのうち、2艘は1976年12月13日及び1977年7月20日に納品され、それぞれ260万元及び2.4億元の利益をあげた。その後、3艘目と4艘目の巨大タンカーはオイルショックの関係で、恵固公司か

---

41)「台湾造船公司第四屆第六次董監聯席会議記録」1974年9月20日、「台湾造船公司第四屆第七次董監聯席会議記録」1974年1月24日。
42)「台湾造船股份有限公司董事会第四屆第八次董監事聯席会議業務報告」1975年4月25日。
43)「台湾造船股份有限公司六十三年度股東常會業務報告」1974年11月22日、「台湾造船股份有限公司六十四年度股東常会業務報告」1975年10月20日。
44) 行政院経済建設委員会［1979］、57頁。
45) 同上、400頁。

第4章 台船公司と石川島会社の技術移転（1962-1977年） 133

ら中船公司に解約が申し出され、中船公司は2.75億元の賠償金を獲得した[46]。

　工場建設予算は、石川島の報告のなかでは1.1億ドルが計上されており、行政院は新台幣と米ドルを40対1の為替レートで換算し、44億元としていた。しかし、オイルショックにより物価が上昇したため、1974年6月25日の第1次修正では、72.947億余元へと変更された。1975年7月16日の第2次予算修正では80.12億余元とされ、同時に基礎工事と護岸工事などの項目が追加された。1976年1月30日には、第3次予算修正によって83.93億余元とされたが、その主な原因は工場建設の設計及び造船ドック部分の工事に関する改定であり、工事の設備等が付け加えられた。その後、民間株の増資を望まなかったため、政府による2度の増資を経て、資本額は44億元に調整され、政府の増資によって、政府の持ち株は96％、民間株は4％を占めることとなり、中船公司は1977年7月1日に国営へと改められた。1976年6月に工場建設工事は完成したが、実際の工事費は新台幣83.49億余元となり、おおよそ最終改定時の工場建設予算を下回った[47]。

　中船公司の工場建設が終了した後、オイルショックに直面したために、国際海運業及び造船業は不景気にみまわれ、会社の業務も影響を受けることとなった。経営1年目（1977年）には新台幣6.7億余元の欠損が生じ、2年目（1978年）には新台幣6.4億余元の損失が生じた。1979年5月までに、計19.9億余元の欠損となり、そのうち利息支出が11億元に上った。累積欠損額は33億余元であり、すでに同社の資本額である56億元の半分を超えていた。また中船公司の1979年5月分の会計報告書を分析すると、同社の負債総額は220億元で、そのうち工場建設借款が39億元、その他の造船及び経営借款が181億元であった。負債比率（負債÷自己資本）は633％と、負債額が自己資本額の6.3倍に上り、その資本構成が至って脆弱なものであったことを示している[48]。

　その後、中船公司が公営企業に改組されたため、政府は台湾にある2社の公営造船工場の効率と資源集中を考慮して、1978年1月1日に中船公司と台

---

46) 同上、400、402、403頁。
47) 同上、407頁。
48) 同上、404、405、407頁。

船公司を合併し、元の中船公司を中船公司高雄総工場へ、基隆にある台船公司を中船公司基隆総工場へと改称した[49]。

---

49) 経済部より中国造船公司・台湾造船公司宛て書簡、主旨「貴兩公司合併請於66年12月底以前完成一切必要程序、合併應自67年元月1日起生效、請査照」1977年12月16日（経（66）国営38300、『本公司成立交代』、台湾国際造船公司基隆総廠所蔵）。

第5章

台船公司の技術習得モデルと政府政策

第1節　技術移転の効果と限界

1．段階的な造船技術習得

　すでに第2章において、台船公司が1950年に台湾省水産公司に代わり漁船を建造したことが、台船公司の造船業の発端になったと述べた。外国からの造船技術の導入は、1954年の日本の新潟鉄工所との技術提携に始まり、当時は計350トンのマグロ釣り漁船4艘を建造した。その後、台船公司の工場は殷台公司に貸与され委託経営が進み、アメリカの技術を導入することで、一気に36,000トン船舶の製造能力を有するようになった。

　1965年より台船公司が石川島から技術を導入して後、1966年には緊急拡張計画を実施したことで、表5-1が示すように台船公司の造船能力は飛躍的な成長をみせる。1970年の4ヶ年拡張計画の終了後、台船公司の造船能力は年産20万トン以上まで高まった。

　しかし、1艘あたりの造船トン数でいえば、表5-2をみると、戦後初期の台船公司はわずかに各種の小型船舶しか建造できなかったことを示している。100トン曳網漁船を10艘建造しているほかに、建造した船舶の数は多くない。殷台公司時代に3万6,000トンタンカーを建造し、大型システム化造船が開始されたとはいえるが、本格的に生産が軌道に乗ったのは1965年からの石川島

表5-1　台船公司1946～77年の造船及び修船生産量

(単位：トン)

年度	造船	修船	年度	造船	修船
1946年5～12月	0	84,414	1962	10,250	486,177
1947	0	90,754	1963	11,062	499,037
1948	0	124,108	1964	3,829	695,926
1949	0	348,568	1965	2,790	917,394
1950	346	356,399	1966	8,866	860,711
1951	508	275,475	1967	43,139	761,477
1952	328	368,858	1968	45,011	780,148
1953	290	378,284	1969	80,320	696,503
1954	865	282,004	1970	178,087	908,087
1955	897	388,882	1971	226,153	1,160,693
1956	941	396,028	1972	224,044	708,509
1957	1,042	262,635	1973	225,209	1,307,103
1958	18,684	184,060	1974	272,871	1,552,286
1959	30,688	176,400	1975	300,529	1,769,988
1960	24,150	238,389	1976	145,509	2,052,369
1961	4,509	534,958	1977	139,824	1,885,513

出所：台湾造船公司［1972］、74頁。「台湾造船有限公司業務資料」1955年（『公司簡介』、台湾造船公司檔案、檔号：01-01-01、台湾国際造船公司基隆総廠所蔵）。台湾造船股份有限公司計画処『台湾造船股份有限公司66年度経営分析』。経済部会計処『経済部所属各事業会計資料』（1970-1977年）（経済部会計処編）。

との技術提携を行った後になってからだといえよう。表5-3によれば、1966年以降、台船公司が2万8,000トンのバラ積み貨物船、5万8,000トン貨物船、10万トンタンカーなど3種類の船舶の生産を開始したことを示している。

2. 技術導入後の財務状況

1965年より石川島から受けた技術導入が、台船公司の経営にどのような影響を与えたのかという点は、技術提携の効果を評価するための重要な項目である。また、台船公司が技術導入の過程で、工場の拡張に必要とした資金の財源が何であったかを明らかにする必要がある。

そこで、まず1960～70年代の台船公司の経営状況を把握するところからは

第5章　台船公司の技術習得モデルと政府政策　137

表5-2　1954～64年台船公司（殷台公司を含む）建造の主要船舶

種類	建造年	艘数
50フィート航用平底船	1954	1
100トン曳網漁船	1954-1956	10
100トン曳船	1956	1
350トンマグロ釣り漁船	1956-1957	4
150トンマグロ釣り漁船	1958	5
86トン貨客船	1959	3
36,000トン超級タンカー	1959-1960	2
80トン遊覧船	1960	2
2,840トンタンカー	1961	2
12,500トン高速貨物船	1962-1964	2

出所：「台湾造船公司概況簡報」1965年。

表5-3　殷台公司の石川島から技術導入後の主要建造船舶（1965～77年）

種類	建造開始年	艘数
28,000トンばら積み貨物船	1966-	23
58,000トン貨物船	1972-	3
100,000トンタンカー	1970-	8

出所：台湾造船股份有限公司計画処『台湾造船股份有限公司66年度経営分析』8-10頁。

じめるとしよう。表5-4は、初期に台船公司が技術提携を行った期間との収支表を示したものである。総収入については、1965年より増加し始め、1973年以後は更に大幅上昇している。これはおそらくオイルショックによる通貨高騰が、名目額を大きく変えたためであろう。損益状況については、1963年までに計上された損失は、殷台公司から引き継がれた債務処理に充てられたもので、1964年以降には赤字から黒字に転じた。とりわけ、1970年からの4ヶ年拡張計画の達成で大幅に向上した造船及び修船能力に同調して、収益も一挙に増加した。また、1974年以後の利潤の大幅増加は、通貨高騰によるものである。しかし、オイルショックの発生にともない、造船及び修船業務量が低減し、さらに資材コストが上昇するといった原因によって、1977

表5-4 1962～77年台船公司の経営総収支及び損益

(単位：新台幣千元)

年度	総収入	総支出	損益
1962	26,058	26,081	-23
1963	81,817	83,029	-1,212
1964	93,802	93,069	733
1965	126,337	122,680	3,657
1966	145,090	139,874	5,216
1967	432,256	419,225	13,031
1968	438,342	427,775	10,567
1969	611,491	598,218	13,273
1970	977,663	959,810	17,853
1971	836,993	796,932	40,061
1972	842,287	801,968	40,319
1973	1,780,168	1,689,784	90,384
1974	2,668,976	2,520,562	148,414
1975	3,289,894	3,166,305	113,589
1976	2,468,650	2,302,267	166,382
1977	2,192,703	2,149,076	43,627

出所：整理自経済部会計処『経済部所属各事業会計資料』（1964-1977年）（経済部会計処編）。

年の利潤は大幅に減少した。

　前述したように、台船公司は石川島との技術提携の契約後、石川島の提案を受け入れ、相次いで緊急拡張計画（1966年）と4ヶ年拡張計画（1967-70年）を実施した。しかしながら、一般に造船業はその性質上、多くの資金を必要とする割に利益獲得が緩慢な産業であり、通常は外部借入によって投資を募集し必要資金とする。その資金財源は主に2種類に分けられ、1つは自己資金、もう1つは借入金である。したがって、台船公司もその内部資金以外に、表5-5が示すような負債がみられた。いわゆる資本支出が、台船公司の投資額を表しており、1965年の石川島との契約後、毎年の資本的支出の増加は、同社が所属事業への投資を展開し始めたことを意味している。

　まず、表5-5から明らかな点は、自己資金に関して、台船公司が毎年の減価償却費以外に、1966・1968・1969年の利潤を投資に回し、4ヶ年拡張計画に必要な経費を調達したことである。また、経済部国営事業司の同意を経て、1967～69年の3年連続で、中央政府・台湾省政府・台湾銀行等が増資を行い、台船公司の4ヶ年拡張計画の実施を支援した[1]。

　さらに、1965年以降、台船公司は大規模な長期借入を開始し、台湾銀行・交通銀行・土地銀行からの融資を受け、合わせて工場増設、造船機材など必要経費の資金とした。アメリカの援助からも長期借入が提供され、行政院国

1）台湾造船公司「台湾造船公司五十六年度第二次業務報告」1967年7月（『五十六年度第二次経済部所属事業機構業務検討会議資料』）。

第5章 台船公司の技術習得モデルと政府政策

表5-5　1962~77年台船公司の資本支出及び資金財源

(単位:新台幣千元)

年度	資本支出計 (C) = (a) + (b) + (c) + (d) + (e) + (f)	減価償却費 (a)	各種社債 (b)	増資 (c)	銀行長期借入金 (d)	アメリカ援助長期借入金 (e)	その他 (f)
1962	643	643	0	0	0	0	0
1963	35,996	6,511	0	0	0	0	29,485
1964	8,286	2,524	5,762	0	0	0	0
1965	24,886	6,476	0	0	18,366	44	0
1966	40,764	8,033	799	0	48,182	15,200	8,550
1967	62,906	5,160	0	19,970	0	26,615	11,161
1968	226,178	11,406	751	104,231	105,534	0	4,256
1969	183,432	12,759	1,245	67,729	83,570	0	18,129
1970	132,706	23,912	0	0	108,794	0	0
1971	62,746	16,791	0	0	45,955	0	0
1972	68,174	23,030	0	0	45,144	0	0
1973	105,090	47,519	0	0	57,571	0	0
1974	372,413	45,078	0	100,000	227,335	0	0
1975	571,522	53,553	0	100,000	417,969	0	0
1976	836,767	104,459	0	100,000	632,308	0	0
1977	1,283,701	109,874	0	184,510	989,317	0	0

出所:整理自経済部会計処『経済部所属各事業会計資料』(1964-1977年)(経済部会計処編)。

際経済合作発展委員会の事業項目である中米基金として[2]、主に緊急拡張計画と4ヶ年拡張計画に運用された[3]。石川島との技術提携を行った工場の4ヶ年拡張計画に対しては、主な資金財源として、1965年のアメリカからの援助終了後は、日本政府から中華民国政府へ317万9,000ドルの円借款がなされた[4]。この他、石川島が台船公司に50万ドルの融資を行った[5]。

2) 1965年初頭、台湾とアメリカの両国はアメリカの援助中止後に「中米経済社会発展基金」(中米基金)を設置し、同年6月30日に中止されたアメリカの援助の残余金、及び後に援助の特別口座から回収された金額は、この基金に繰り入れられ、継続して台湾の各経済・社会発展計画のために援用された。よって、中米基金は相対的に見れば援助の延長であったといえる。趙既昌[1985]、56頁。
3) 台湾造船公司「台湾造船公司五十六年度第二次業務報告」1967年7月。
4) 外務省経済協力局[1970]、99-1012頁。行政院国際経済合作発展委員会[1971年]、91-92頁。

注目すべきは、日本政府との円借款契約は、その資金運用に制限があり、日本からの製品設備の購入か、日本人技術顧問・技師の給料にしか使えなかった点である[6]。すなわち、石川島から台船公司への技術移転は、生産面において日本に依存していただけでなく、資金の相当部分もまた、日本政府と石川島といった日本に依存していたといわざるをえない。このことは、アメリカの援助終了後の円借款の投入により、戦後日本は輸出入貿易と民間投資を公営事業にまで延ばすことで、台湾に対する資本独占を果たした、とする劉進慶の分析とも一致する[7]。つまり、この時期に公営企業へと転じた台船公司は、戦後の台湾が原資材の供給面では日本に依存しながら、工業組織化を進めた一つの代表例といえる。

表5-6で、台船公司の資産総額の推移をみると、1966年以後、増加傾向を見せており、その主な要因は設備購入や緊急拡張計画の実施などに対する投資であった。その後、台船公司は1970年代に第二次造船設備拡張計画（1971-75年）と、修船工程の拡張計画の第1段階（1972-75年）を進め、表5-6からもわかるように、資産はさらに増加していった[8]。また、表5-7で純資産対負債比率を確認すると、石川島との技術提携後の1966年から上昇している。このことから、台船公司もまた、重工業の発展が長期投資を必要とし、そのために資金の借入を進めるという通例に洩れなかったことを示している。

表5-8からは、台船公司の経営状況を知ることができる。まず、利益と営業総収入（P/R）についてみると、台船公司の総収入は営業収入とその他の投資などから得る収入の2種類に分けられた。営業収入は明確に生産部門から得られた収入であり、そこから台船公司が技術導入後に獲得した利益状況の変化がみてとれる。つまり、この数値が高くなれば、会社の収益力がより強まったということができる。表5-8が示すように、1966年以降、台船公司の利益対営業総収入比率（P/R）は徐々に上がり、その収益力も徐々に改

5）「台湾造船股份有限公司五十九年度股東常会記録」1970年9月30日。
6）「日円貸款辦法參考資料」（『日円貸款総卷』、行政院国際経済合作発展委員会檔案、檔号：36-08-027-001、中央研究院近代史研究所檔案館所蔵）。
7）劉進慶［1975］、370–373頁。
8）経済部国営事業委員会［1976］、154–158頁。

表5-6 1962～77年台船公司の資産総額・固定資産・純資産

(単位:新台幣千万元)

年度	資産総額(A)	固定資産	純資産(C)	C/A(%)
1962	97,891	49,037	31,299	32.0
1963	189,631	77,186	30,184	15.9
1964	215,273	76,467	37,880	17.6
1965	240,412	92,330	38,241	15.9
1966	405,539	132,373	119,498	29.5
1967	770,126	187,419	239,655	31.1
1968	1,161,428	419,429	315,045	27.1
1969	1,900,220	587,237	384,104	20.2
1970	2,414,451	692,778	382,036	15.8
1971	3,465,800	729,806	429,589	12.4
1972	4,013,600	749,486	466,254	11.6
1973	4,515,120	785,918	653,522	14.5
1974	7,430,019	1,105,914	873,869	11.8
1975	7,300,907	1,618,309	1,261,729	17.3
1976	7,897,020	2,119,699	1,784,897	22.6
1977	13,688,294	2,189,867	1,797,305	13.1

出所:整理自経済部会計処『経済部所属各事業会計資料』(1964-1977年)(経済部会計処編)。

善され、1970年の4ヶ年拡張計画の達成後には、会社の収益力は一段と高まったのである。しかし、1975年以後、オイルショックによる通貨高騰と運輸業への衝撃は、造船受注の減少だけでなく注文取消にまで及び、船舶修理業務も著しく停滞し、台船公司の収益力を低下させた。さらに、前述の通りに、原料の値上がりからコストの見積もりが困難になり、それもまた収益力低下の一要因となった[9]。

また、利益対純利益比率は、いわば筆頭株主への利益還元率を示しているが、表中では1965年から1974年まで安定的成長が続いており、ここから台船公司は石川島からの技術移転後、収益力にも改善がみられたことがわかる。

続いて、台船公司の外貨収入状況を表5-9でみてみよう。台船公司が石

---

9)「台湾造船股份有限公司六十四年度股東常会業務報告」(1975年10月30日)。

表5-7 1962〜77年台船公司の財務構成比率

年度	財務構成分析		
	流動資産対流動負債比	純資産対資産総額比	純資産対負債比
1962	138.5	32	47
1963	125.1	15.9	18.9
1964	122.8	13.0	14.9
1965	118.9	15.9	18.9
1966	166.7	29.5	41.8
1967	138.7	31.1	45.2
1968	131.3	27.1	37.2
1969	100.5	20.2	25.3
1970	96.1	15.8	18.8
1971	119.3	12.4	14.2
1972	169.5	15.1	17.7
1973	149.93	14,5	16.9
1974	112.62	11.8	13.3
1975	97.22	17.3	20.9
1976	105.6	22.6	29.2
1977	120.01	13.3	15.3

出所：経済部国営事業委員会『経済部国営事業委員会暨各事業五十八年刊』（国営事業委員会、1970年5月）、151頁。経済部国営事業委員会『経済部国営事業委員会暨各事業五十九年年刊』（国営事業委員会、1971年5月）、157頁。経済部国営事業委員会『経済部国営事業委員会暨各事業六十一年年報』（国営事業委員会、1973年5月）、149頁。経済部国営事業委員会『経済部国営事業委員会暨各事業六十四年年報』（国営事業委員会、1976年5月）、158頁。経済部国営事業委員会『経済部国営事業委員会暨各事業六十六年年報』（国営事業委員会、1978年5月）、161-163頁。

注：1973年以後の指標は年報中にも示されていないため、そのうちの資産負債表から算出した。

川島の技術導入後、1966年から製品の対外輸出による外貨獲得を継続させ、またその収入額も高くなったことを示している。造船業の対外輸出は主に、国外からの造船と修船の受注である。当時、台船公司は多くの国外船舶会社からの修船を請け負っており、特に艘数は多くなかったが、トン級が高く、かつ修繕工程も比較的大規模であったため、その売上値も大きくなった。例えば、1972年に台船公司は計71艘の船舶を修理しているが、そのうち17艘が

表5-8　1962〜77年台船公司の経営分析比率

年度	利益状況分析		
	利益対営業総収入比（P/R）	利益対純利益比	利益対固定資産比
1962	-0.1	-0.1	-0.1
1963	-1.5	-3.9	-1.6
1964	0.8	1.9	1.0
1965	2.9	9.6	4.0
1966	3.6	4.4	3.9
1967	3.0	5.4	7.0
1968	2.3	3.5	2.6
1969	2.0	3.2	2.1
1970	1.8	4.6	2.6
1971	3.8	12.6	7.4
1972	4.6	12.0	9.5
1973	5.1	13.83	11.5
1974	5.6	13.98	13.4
1975	3.5	9.30	7.3
1976	6.7	9.32	7.8
1977	2.0	2.40	1.9

出所：表5-7に同じ。
注：1973年以後の指標は年報中にも示されていないため、そのうちの資産負債表から算出した。

外国籍船舶であり、総修船トン数の32.7％を占め、対外修船売上値は総修船収入額の35％を占めた[10]。その他にも、1974年時の修繕船舶総数は75艘であったが、そのうち外国籍船舶は16艘、総トン数の18％弱を占め、売上は総修船収入額の69％を占めた。造船輸出については、1972年の経済部国営事業委員会年報の記録によると、台船公司はギリシャの海運会社から2万8,000トン貨物船2艘と、リヒテンシュタインの海運会社から10万トンタンカー1艘の受注があったという[11]。

以上の分析をまとめると、1965年に台船公司が石川島からの技術導入後、造船と修船の生産面だけでなく、財務構成と経営成績の面でも等しく改善が

10）「台湾造船股份有限公司六十一年度股東常会業務報告」1973年8月。
11）経済部国営事業委員会『経済部国営事業委員会暨各事業六十一年年報』（国営事業委員会、1973年）、143頁。

表5-9　1962〜77年台船公司の外貨収入

(単位：ドル)

年度	製品輸出	労務及びその他	合計
1962	0	10,254	10,254
1963	16,894	4,165	21,059
1964	0	118,881	118,881
1965	0	154,639	154,639
1966	522,000	154,225	676,255
1967	684,638	365,931	1,050,568
1968	2,246,486	3,079,874	5,326,360
1969	2,201,559	1,094,252	3,295,811
1970	6,219,314	2,486,666	8,705,980
1971	13,017,988	7,283,550	20,301,538
1972	8,040,1321	3,330,873	11,371,005
1973	27,329,310	9,779,137	37,108,467
1974	32,944,435	14,762,566	47,707,001
1975	40,850,266	39,528,570	80,378,836
1976	23,645,376	10,753,471	176,418,272
1977	17,045,531	16,976,397	34,021,928

出所：整理自経済部会計処『経済部所屬各事業会計資料』(1964-1977年)（経済部会計処編）。

なされ、収益力も明らかに増加した[12]。台船公司と石川島の技術移転契約は、1970年5月7日に満期を迎え、再度5年間の契約が結ばれた[13]。この契約継続の意義は、両者の技術提携が互いに満足のいくものであったということと、その後の台船公司の発展に対しても、石川島の技術が常に影響を与えるようになった、といえる。

そして、技術提携の過程を通じて、提携前の台船公司は船舶の要となる機械の生産能力を十分には備えていなかったが、石川島との提携により共同で

---

[12]「台湾造船有限公司第六屆第十六次董監聯席会議記録」1965年9月（『台船公司五十四年董監聯席会議記録』、経済部国営事業司檔案、檔号：35-25-20-003、中央研究院近代史研究所檔案館所蔵）。

[13] 経済部国営事業委員会『経済部国営事業委員会暨各事業五十九年年刊』（国営事業委員会、1971年）。

船舶建造を行うことで、大型船舶建造の手法を学び、技術習得の基礎を固めていった[14]。

3. 技術習得

それでは、そうした台船公司の経営状況を大きく変容させる要因となった技術習得について、これまで各章で述べてきたことの要点をふりかえってみよう。戦後の台船公司の発展過程は、技術力と開発能力が不足した状況のなかでは、1950年代の国外から技術導入する以前より、主に小型漁船を設計・建造することで、徐々に造船技術を蓄えていった。その後、外国から技術を吸収し、大型造船能力を備えるに至ったのである。技術移転の過程をまとめた表5-10は、戦後の台湾の造船業が国外から導入した技術が、大きく分けてアメリカと日本という二つの系統に分けられることを示している。さらに、時期別の特徴をみてみると、部分的なものから系統的なものへ、そして全体的なものへと変わっていった。

まず、1951年、台船公司が台湾省水産公司として75トン漁船2艘を建造する際に、船舶肋骨（リブ）の製造にあたって、それまでの木材に代えて鋼材を利用した。台湾が建造していた木造漁船は、肋骨部分の原料には全て龍眼や相思樹などの天然材を使用していた。しかし、戦後、大量に木造漁船が建造されたことで原料の供給が不足し、台船公司は代替原料の開発・利用を進め、鋼材利用へと辿りついた。そのことは、当時の台湾漁船建造の歴史における一里塚となったといえる[15]。

1948年には、台船公司は溶接技術員の養成を開始した[16]。この技術者養成の成果は、1953年に100トン漁船を自主設計した際、ブロック電気溶接法を用いて生産を行ったが、それには原料の節約以外に、養成した技術員を効率的に用いることで工期の短縮につながった。生産工程においても、漁船1艘につき6段階に分けられ、まず工場内での溶接完了後、再び重機を使って船台上へと運び上げ溶接を施す。船舶の設計図は予め中国験船協会で検査を受け、

---

14) 交通銀行［1975］、18頁。
15) 張志禮「一年來的工程建設概況」『台湾工程界』7：7、1954年7月、4頁。
16) 劉鳳翰・王正華・程玉鳳訪問［1994］、26頁。

表5-10 台船公司の技術移転による造船新技術の吸収過程

年時	1952～1957	1957～1962	1962～
技術提携先	新潟鉄工所（日本）	インガルス（米）	石川島（日本）
建造船舶	350トン漁船	36,000トンタンカー	100,000トンタンカー
建造日程	遅延	満期完工	満期完工
完成予想図	全て新潟鉄工所が提供。	基本設計図約70枚を購入し、細部施工図のみ自主制作。T5型タンカーについては全ての完成予想図を購入し、参考資料とした。	P/D方式により、石川島が全ての細部施工図を提供。
購入規約	新潟鉄工所が提供	国内技師が制定	なし（P/D）
原料・設備の国外購入	国内技師が購入	国内技師が購入	石川島が提供
建造施工方法	国内技師が決定	総経理が指導決定	石川島が提供
技術特徴	片段	系統	整合

出所：『台船與日本新潟廠技術合作巻』（檔号：35-25-20 79、中央研究院近代史研究所檔案館所蔵経済部国営事業司檔案）。『台船與日本石川公司合作案』（檔号：35-25-20 76、中央研究院近代史研究所檔案館所蔵経済部国営事業司檔案）。台湾造船公司 [1972]、182-183頁。

漁船の品質が規定基準を満たしているか確認された。台船公司は伝統的な小型木製漁船を生産する造船工場と比べて、原料及び工法の面で近代的な造船会社に発展していく突破口を開いたといえる[17]。

1952年、台船公司が日本の新潟鉄工所から造船技術を導入し、350トン漁船の建造を開始した時、台船公司はまだ完成予想図の製作と購入規約を制定するノウハウがなかったため、必要な予想図及び購入規約は全て日本側が提供した。しかし、原料の購入と施工方法の決定は国内の技術者が自ら行った。また、新潟鉄工所との技術提携によって、台船公司はやや大型船舶の組立て能力を備えるようになった[18]。

1957年から1962年まで、台船公司は殷台公司への資産貸与によって、経営者がアメリカ国籍の経理に代わり、アメリカ式の造船方式が導入された。完成予想図は、先に基本設計図を購入し、さらに自ら細部施工図を製作する方

---

17) 張志禮「一年來的工程建設概況」、24頁。
18) 「台灣造船公司業務資料」1955年10月11日（台船（44）総字第2951号、『公司簡介』、檔号：01-01-01、台湾国際造船公司基隆総廠所蔵）。

表5-11 台船公司350トン漁船と殷台公司36,000トンタンカーの主要寸法比較

項目	350トン	36,000トン
全長（メートル）	46.73	213.4
垂線間長（メートル）	41.6	205.9
型幅（メートル）	7.20	25.62
型深（メートル）	3.60	14.95
平均喫水（メートル）	3.10	11.13
主機動力（馬力）	750	20,000
航海速力（ノット）	11.6	18.4
航続距離（海里）	10,600	18,000

出所：呉大恵［1968］、31-32頁。

表5-12 台船公司350トン漁船と殷台公司36,000トンタンカーの主要資材比較

船舶資材	350トン	36,000トン
鋼板（トン）	188	8,730
型鋼（トン）	26	1,530
溶接棒（トン）	7.32	270
パイプ（フィート）	6,450	139,906
バルブ（個）	98	2,504
電線（フィート）	4,650	108,078
鋳造品（トン）	6.5	197

出所：呉大恵［1968］、32頁。

法で作られた。購入規約の制定と原料・設備購入は、国内の技師が自ら行った。それと同時に、生産設備の拡張と改良が開始された。組立て場の設立、冷却装置の拡張、鋼板加工場の設立などは、造船工場設備の現代化の一過程であったといえる[19]。表5-11・5-12から明らかなように、殷台公司時期に建造された大型タンカーは、台船公司が以前建造した350トン漁船よりも船体と資材の規模が大幅に拡大している。

他にも、この資産貸与の経験は、台船公司の職員に大型船舶の建造方法を学ぶ機会も与えた。このことは、台船公司は1960年代に造船の系統化を進める以前から、「小船」建造から「大船」建造へ経験の習得を重ねていったといえるだろう。しかし、殷台公司は管理及び財務上の不手際により、最終的に経営を解消する結果となった。すなわち、1950年代の台船公司から殷台公司に至る時期には、工場設備の大規模化が進んだが、その受注数には限りがあり、依然として生産の系統化は進まなかったのである。

その後、1965年、台船公司と石川島は技術移転を進め、パッケージ・ディール方式（Package Deal、P/Dと簡略）を採用し、完成予想図・機材・製造工法から原料に至るまでの全てが、石川島から提供された。P/D方式を採用し

---

[19] 呉大恵［1968］、31頁。

た主な理由は、当時の台湾の造船関連産業がまだ技術力不足であること、また時間の制約や連携の不可により、何度かに分けて外国から購入した方が容易であり、造船の進行速度も高めることができると、日本側が考えたためである。一方、台船公司は自社の経営能力を総合的に判断すると、自ら原料を購入するには大規模な資金調達が必要であり、政府から提供される巨額の融資によって初めて実現可能になると考えていた。しかし、台船公司は公営事業になったため、原料購入にも法律及び行政制度の煩雑な手続きをとらねばならず、行政上の効率や制度の限界によって、時間的な遅れと市場機会の喪失を招くおそれがあった。逆に、石川島からP/D方式によって資材を購入すれば、石川島を経由して直接日本の銀行から融資を受けられ、国内で資金財源を探すという困難な状況も免れることができたのである[20]。

生産ラインについては、台船公司は石川島が提案した科学的管理方式を採用し、造船現場を各科に分け、鋼板切断、曲げ加工、小組立、大組立、船台など、生産ラインの順序に沿って全体作業が進められ、生産管理の強化によって、作業効率・コストの削減や作業速度などの全面で改善が見られた[21]。

提携以前、台船公司は造船を行うにも修船用のドックを主に利用しており、新船の建造と同時に、修船業務を中止しなくてはならなかった。そこで作業効率を考えて、台船公司は1965年秋に15,000トンの船台を完成させ、その後拡張工事を行い、1966年6月に竣工すると、35,000トン船舶の建造が行えるようになった[22]。この工場の拡張は、台船公司が造船と修船の作業場所を分別する上で最も重要な意味を持っており、造船業務の受注により、修船業務が中止になるという業務上の矛盾がようやく解消されたのである。

また、造船技術の革新の影響は他の方面にも及んでいる。1962年に台船公司が殷台公司から12,500トン貨物船の建造を引き継いだ時は、未だ伝統的な原尺の切図方式を用いており、加えて厳密な生産管理はされておらず、船舶に竜骨（キール）を取り付けてから引渡しまでに合計20ヶ月もかかっていた。

---

20) 呉剛毅「P/D作業漫談」『台船季刊』1：5、台船季刊社、1969年4月、114頁。
21) 中国造船工程学会「一年来的工程建設概況（造船工程）」『工程』38：5、1965年5月、35頁。
22) 張志禮「一年来的工程建設概況」『工程』39：6、1966年6月、34-35頁。

石川島からの技術導入後は、それが10分の1の縮尺の切図方式を用い、木製型板に代わってプラスチックや鉄製の型板を使うことで、以前のような広い切図室ではなくても、わずかな製図机だけで完成できるようになった。切図技術は空間の節約だけでなく、その型板の製作と保存も容易になった。注目すべきは、台船公司が生産工程において、石川島の生産方式を採用し、船体の製造・組立て・据付から主機・補機の据付と艤装等に至るまで、全ての各生産項目について詳細な設計図を製作し、またそこで必要となる原料量や溶接長さを算出・明示して、作業人員の施工目安とすることで、作業時間を減らせるようになった点である[23]。

鋼材加工工程においては、オートコンベア・システムによるライン生産が行われ、ロール機・チェーン輸送機・台車などを設置することで、鋼材の自動的な製造・組立・据付が可能となり、以前は1トン鋼材あたりの加工には従来135時間を要していたが、新システムの採用後は90時間にまで短縮された[24]。

生産管理については、まず技師が半月から1ヶ月の進度表を作成し、それをもとに領班が毎日の進度表を配列して、必要な資材や工具を準備することで、生産の進度を決めることとした。このように建造された貨物船は、竜骨の取り付けから船体の納品まで、わずか8ヶ月で竣工することが可能となったのである[25]。

また、生産過程において、以前は伝統的な手作業方式を用いていたが、それを電動作業に改めた。例えば、溶接部門では、自動溶接機が伝統的な手作業による電気溶接へと代わり、各労働者は同時に3台の自動溶接機を使用できるため、生産効率は上昇した。鋼板切断部門では、火炎切断機が以前の手工切断法に代わった[26]。鋼材加工部門では、運搬システムの機械化が進み、生産ラインシステムを採用した。

台船公司の労働者は、その造船工程のなかで、日本人技術員から指導を受

---

23) 同上、33頁。張志禮「一年来的工程建設概況」『工程』40：7、1967年7月、33頁。
24) 中国工程師学会総会「一年来的工程建設概況」『工程』40：5、1967年5月、33頁。
25) 張志禮「一年来的工程建設概況」、33頁。
26) 中国工程師学会総会「一年来的工程建設概況」、33頁。

け、海外の訓練方式によって、より効率的な生産技術を身に付けていった[27]。そのうち最も注目すべき点は、1966年に中国石油公司が台船公司に委託した10万トンタンカー4艘の建造である。船の必要期限が迫っており、また当時は台船公司が4ヶ年拡張計画の進行中で、大型船舶の建造作業をすぐに行えなかったため、1艘目のタンカー伏義号の生産は石川島に委託された。その過程で、台船公司はおよそ80人の労働者を日本に派遣して生産技術を学ばせた。そして、3艘目の有巣号からは台船公司が自ら建造したのだが、石川島に派遣され実際に伏義号を建造した労働者が、台船公司が大型タンカーを自主建造する基礎になったのである。台船公司の労働者は、日本で訓練を受け、実際に造船作業に加わった経験によって、その造船技術を確かなものにしたのである[28]。

それ以外にも、当時の船舶の基本設計は石川島との技術提携契約にもとづき、石川島と似たような船型を採用し、中国石油公司の要求に沿ってそれに修正を加えるものであったので、石川島は顧問を派遣して台船公司に駐在させ、工事の設計と資材準備の指導を行った[29]。

まとめると、台船公司は1960年代半ばより石川島の技術を導入し、生産設備や生産工程と労働者配置など、生産と管理面を分けて改革を進め、より効率的な方法によって造船業務を行えるようになっただけでなく、その経営もまた赤字から黒字へと転じたのである。

---

27) 王先登［1994］、51頁。
28) 同上、64頁。この他、筆者は2006年11月6日、台船公司船体工場工務員から中国験船協会総船舶試験官を務めた李後鑛氏を訪問した際に、当時の中国石油公司が台船公司に委託した10万トンタンカー4艘の建造は、台船公司内部で工場の拡張計画が進んでおり、納期に限界があったため、よって1艘目の伏義号と2艘目の軒轅号は日本の石川島相生造船所で建造し、台船公司の組立て作業員のうち上は技師から下は技術工まで日本に派遣して造船方法を学ばせ、毎回約1ヶ月の訓練を受けさせたと述べている。何度も順番に日本への派遣実習をさせたことで、多くの作業員が日本で実践技術を学ぶ機会を得、それにより造船技術は更に確実なものとなった。
29) 同上。「把握契機加速完成台船的基本発展」1968年12月、4頁。

4. 技術依存と自給率の向上

　台船公司は1960年代の石川島からの技術導入後、自らも工場を拡張し人材の素質を高める方法によって、大規模トン級の船舶を生産する能力を獲得し、次第にコストを削減していった。ただし、表5-13をみると、台船公司と石川島が2万8,000トンばら積み貨物船のシステム生産を行うにあたり、生産機材は前2艘と同様全て日本から提供され、その自給率は0％であったことを示している。しかし、その後の政府による自給政策の推進と造船周辺産業の発展によって、自給率は徐々に向上し、20艘目の同型船舶を建造する時には、25％まで上昇した。このことは、明らかに台船公司が外国産機材への依存度を減らしつつあったことを示している。それでも、23艘目の船舶建造時になると、台船公司は資金不足に陥り、そのため一部の資材を石川島のP/D方式によって供給し、自給率を下げる結果となった[30]。

　また、労働コストについていうと、台船公司が同型船舶を建造する過程で、毎艘の建造に必要な労働量の割合は明らかに減少していった。1967年に生産された1艘目の銀翼号を基準とすれば、およそ7艘目の船舶生産後までに、その必要労働量は当初の60～70％に至った。この点から、台船公司が同型船舶のシステム生産を行うなかで、実地から学ぶ方法によって、労働コストを低減させたことがうかがえる。

　ただし、2万8,000トン級船舶1艘あたりの収益でみると、前3艘の船舶建造による収益は全て赤字であった。原因はおそらく、新船建造を始めるにあたり消費される労働コストが高く、また造船資材の自給率の低さによって、日本からの大量輸入に頼らざるを得ず、それが高コストにつながったのであろう。しかし、その後の自給率の向上と、必要労働量の減少に従い、2万8,000トン船舶の収益はわずかながら改善された。

　表5-14によれば、台船公司が自主建造した1艘目の10万トンタンカー有巣号を基準とすると、それ以後の船舶建造における必要労働比率は明らかに低下している。このことから、船舶建造の過程において、造船経験が増える

30）台湾造船公司［1978］、8頁。

表5-13 28,000トン級ばら積み貨物船建造用機材の国内自給率

(貨幣単位:新台幣千元)

建造順序	船名	自給率(%)	必要労働比率(%)	収入	総コスト	損益	利益率(%)	納品時期
1	銀翼	0	100.00	138,564	156,723	-18,159	-13	1967
2	永祥	0	92.50	139,200	155,117	-15,917	-11.4	1968
3	正義	4.90	92.00	142,833	150,536	-7,703	-5.4	1969
4	嘉利	7.03	87.70	154,000	151,908	2,091	1.35	1969
5	毅利	11.17	87.07	153,400	156,694	-3,294	-2.15	1970
6	瀛利	11.35	80.30	152,564	153,348	-983	-0.64	1970
7	台康	10.97	73.50	160,745	156,297	4,447	2.77	1971
8	舟利	13.58	69.00	153,191	147,496	5,695	3.62	1971
9	鴻徳	13.58	72.80	137,145	153,798	3,347	2.13	1971
10	利達	15.15	68.40	167,417	164,203	3,213	1.92	1972
11	航利	15.15	67.50	207,012	179,711	27,301	13.19	1972
12	塔璐斯	15.49	74.70	206,152	201,780	4,371	2.12	1973
13	亞歷蘭達	15.15	72.00	190,232	188,148	2,084	1.10	1973
14	興安	16.99	70.90	198,391	189,075	9,315	4.69	1973
15	復瑞	17.88	73.00	200,391	206,712	-6,320	-3.15	1973
16	楽明	23.39	69.00	260,646	255,505	5,141	1.97	1974
17	安利	23.76	70.30	276,301	253,864	22,437	8.12	1974
18	吉星	23.76	65.10	261,703	242,253	19,450	7.43	1974
19	台新	27.76	60.50	293,680	293,680	30,549	10.90	1975
20	儲利	25.19	65.70	342,525	300,014	5,488	12.42	1975
21	CAMERONA	25.19	72.60	342,140	313,980	7,900	8.23	1976
22	和利	25.19	65.86	324,461	302,900	21,561	6.65	1977
23	宝利	18.75	67.88	386,456	366,599	19,857	5.13	1977

出所:台湾造船公司『台湾造船股份有限公司66年度経営分析』(台湾造船公司計画処編、1978年)。「台湾造船股份有限公司第四届第六次董監聯席会議業務報告」1974年9月20日。「台湾造船股份有限公司第四届第七次董監聯席会議業務報告」1975年1月24日。「台湾造船股份有限公司第四届第十一次董監聯席会議業務報告」1976年1月23日。「台湾造船股份有限公司第四届第十三次董監聯席会議業務報告」1976年5月28日。顧大凱「台湾之造船工業」『台湾銀行季刊』26:1、1975年3月、104-105頁。

に従って必要労働コストも減少したということができよう。また、同表で造船部品の自給率についてみると、国内工場からの製品提供による自給率の漸次向上を示しており、1977年末に台船公司が8艘目の10万トンタンカー巴西友誼号を建造した時までには、わずかながら約20%前後に上った。全体的に

第5章　台船公司の技術習得モデルと政府政策　153

表5-14　100,000トン級タンカー建造用機材国内自給率（1970～77年）

建造順序	船名	自給率(%)	必要労働比率(%)	収入	総コスト	損益	利益率(%)	納品時期
1	有巣号	0.81	100.00	349,690	348,827	863	0.25	1970
2	神農号	2.71	84.49	349,912	338,141	11,771	3.36	1971
3	嫘祖号	4.90	82.49	425,029	380,236	44,793	10.54	1972
4	祥運号	4.90	79.49	509,122	471,439	37,682	7.40	1974
5	泰晤士栄耀号	12.00	80.08	600,529	539,563	26,682	4.49	1974
6	愛能号	17.24	74.19	607,112	524,511	82,601	13.61	1975
7	華運号	20.10	73.20	763,096	643,573	119,523	15.66	1976
8	巴西友誼号	19.12	74.03	639,524	549,270	90,254	14.11	1977

出所：台湾造船公司『台湾造船股份有限公司66年度経営分析』（台湾造船公司計画処編、1978年）。「台湾造船股份有限公司第四屆第八次董監聯席会議業務報告」1975年4月28日。「台湾造船股份有限公司第四屆第十二次董監聯席会議業務報告」1976年3月26日。顧大凱「台湾之造船工業」『台湾銀行季刊』26：1、1975年3月、104-105頁。

みれば、自給率はその他の産業と同じような大幅上昇はなく、その主要因は国内造船関連産業における発展の遅れにあった。しかし、自給率の向上と必要労働比率の低下に従って、10万トン船舶建造による収益もまた改善されたのである。

経済部が1970年以降、台船公司による船用機材の自給率向上を期待していたにもかかわらず、1973年まで台船公司はわずかに艤装品・甲板機械等の船用機材を生産するのみであった。当時、1艘あたりの船舶建造に必要な機材は、主機と鋼板が全体コストの約半分を占めており、1978年に台船公司は中国造船公司との合併を停止したため、国内では造船用主機と鋼板を自主生産することができず、必然的に国外からの輸入に頼らざるをえなかった[31]。その他の船用機材については、台船公司は下請け工場を助成して、造船機材の提供工場とするという戦略を講じた。しかし、大規模工場は最新機械を投入するにもコストが高く、また政府による入札購入の手順をとるにしても、長

---

31) 台湾造船公司「因應国際物資短欠如何調整営運方針及促進国内造船器材之自足」1974年2月（『経済部所属事業機構六十三年度第一次業務検討会議』、5頁）。「行政院対経済部所属事業機構五十八年度工作考核対台湾造船公司事項辦理情形報告」（『五十九年度業務検討』、台湾国際造船公司基隆総廠所蔵）。

表 5-15 台船公司の業務売上内訳（1968～77年）

（単位：新台幣千元）

年次	造船	修船	機械製造	合計
1968	214,866（52.96％）	156,232（38.51％）	34,621（8.53％）	405,719
1969	386,364（67.63％）	130,880（22.91％）	54,028（9.46％）	571,272
1970	759,987（85.15％）	94,978（10.64％）	37,533（4.21％）	892,498
1971	1,047,214（77.79％）	261,849（19.45％）	37,107（2.76％）	1,346,170
1972	1,235,928（81.94％）	251,193（16.65％）	21,180（1.41％）	1,508,301
1973	1,223,778（75.10％）	374,399（22.98％）	31,412（1.92％）	1,629,589
1974	1,695,029（69.53％）	723,918（29.69％）	19,058（0.78％）	2,438,005
1975	2,298,537（75.27％）	646,912（21.19％）	107,992（3.54％）	3,053,441
1976	1,781,527（79.23％）	288,793（12.84％）	178,335（7.93％）	2,248,665
1977	1,276,625（67.36％）	250,839（13.24％）	357,562（19.40％）	1,895,027

出所：台湾造船公司『台湾造船股份有限公司66年度経営分析』（台湾造船公司計画処編、1978年）。

期的に台船公司からの受注を獲得できる保証がない状況で、同社との提携はあまり望ましくなかった。その結果、台船公司との提携を希望する工場は比較的小規模のところが多く、生産品質も管理し難かった。しかも、最終的な船用機材の選択権は船主が握っているため、どのようにして船主に国内製品を受容させるかが、台船公司の直面する課題になったのである[32]。

表5-15によると、1968年から1977年の中船公司との合併時まで、台船公司の売上の大部分は造船分野に集中しており、修船と機械製造はその補助分野に過ぎなかった。すなわち、台船公司の業務は造船事業に集中していたといえる。そして、前掲の表5-4が示すように、台船公司は石川島からの技術導入後、収益面では改善をはたした。しかし、表5-16と対照させてみると、造船・修船・機械製造の3分野における、毎トンあたりの単位コスト・単位価格、そこから算出した利益率のうち、初期の造船分野の利益率はマイナス値を示しており、赤字状態であったことがわかる。1970年・1974～76年の造船利益率を除けば、その他の年度は全て赤字であった。言いかえれば、1960

---

[32] 台湾造船公司「因應国際物資短欠如何調整営運方針及促進国内造船器材之自足」、4頁。

表 5-16 台船公司各部門の単位コスト・単位価格・利益率比較表

(単位：トン、貨幣単位：新台幣千元)

年度	造船			修船			機械製造		
	A	B	C	A	B	C	A	B	C
1964	4,352.17	3,679.75	-18%	66.04	73.88	11%	9,292.02	8,091.06	-15%
1965	7,171.66	5,373.39	-33%	60.41	71.82	16%	7,185.39	6,665.80	-8%
1966	7,164.39	5,140.00	-39%	78.33	99.90	22%	5,286.49	5,350.82	1%
1967	7,014.90	6,306.64	-11%	93.25	116.32	20%	12,463.78	17,539.94	29%
1968	8,443.53	7,200.47	-17%	91.02	102.96	12%	24,731.31	27,998.62	12%
1969	5,178.70	4,810.33	-8%	107.91	115.47	7%	23,404.96	26,845.86	13%
1970	4,703.39	4,810.33	2%	127.55	115.47	-10%	26,445.98	26,845.86	1%
1971	4,642.98	4,613.39	-1%	214.93	213.82	-1%	8,101.40	8,631.76	6%
1972	5,226.87	5,369.38	3%	190.01	171.01	-11%	5,819.54	5,981.66	3%
1973	5,621.22	5,433.97	-3%	225.06	232.93	3%	4,723.36	6,043.56	22%
1974	6,074.20	6,211.82	2%	442.06	466.35	5%	21,501.74	17,400.11	-24%
1975	7,157.29	7,684.31	7%	429.22	363.35	-18%	7,810.14	11,229.21	30%
1976	11,478.83	11,915.82	4%	122.52	140.71	13%	45,878.14	68,892.97	33%
1977	10,041.51	9,130.23	-10%	108.13	133.03	19%	47,092.21	135,043.69	65%

出所：整理自経済部会計処『経済部所属各事業会計資料』(1964-1977年)(経済部会計処編)。
注：A＝単位総コスト、B＝単位価格、C＝収益率。

年代以後の台船公司の収益源は、多くを修船・機械製造分野の売上に依拠し、それが造船事業の発展を支えていたのである。

第2節　造船教育の展開から研究開発の開始へ

　台船公司は1965年の石川島からの技術導入後より、日本からのみ資材の供給を受け、その後に台湾で組立て工事を行うようになった。つまり、船舶の設計から原材料の提供までを、いわゆるP/D方式によって日本に依存していたといえる。

　しかし、1960年代後半より台船公司は技術の外国依存から脱する方法を考え始め、具体的な行動としては、1960年代末に台湾大学に船舶試験水槽を建設し、1970年には更にそれを一歩拡張させ、台湾大学造船研究所と造船学科を設立した。また、台湾造船業の設計能力については、1970年代前半に台船

公司が船舶設計を開始し、1976年には連合船舶設計発展センターを設立することで、台湾はようやく船舶設計の専門法人組織を有したのである。以下、台湾造船技術が1970年代、どのように独自の成長を遂げたかということについて検討していこう。

それと、船舶試験水槽の建設過程及び台船公司が1970年代から進めた船舶設計と連合船舶設計センターの設立について論じる前に、留意しておかねばならない点は、戦後の台湾造船教育が、1950年代末に海事専科学校が造船科を設立した時から始まっており、正規の教育体制によって造船の人材養成が進んだという点である。よって、本節ではまず、海事専科学校造船科の成立について確認し、それから台湾大学の船舶試験室と船舶設計の発展に対する検討を進めたい。

1. 海事専科学校造船工程科の成立

前述したように、台船公司の成立期には資源委員会が職員の主体として上級職に就き、また実地学習の方法により、自ら若干の技術職員を養成していた。しかしながら厳密にいえば、台湾では1950年代末の海事専科学校造船工程科の設立後、ようやく本格的な造船業の人材養成が開始されたとみるべきである[33]。同校は戦後初期から台湾で最も重要な海事教育機関であったが、造船工程科の成立によって台湾造船業の発展と密接な関係を持つようになった。

戦後初期の台湾における海事教育の原点は基隆水産職業学校であり[34]、その成果は水産技術員を育成したところにある[35]。当時、台湾省初代交通処処長であった厳家淦は、基隆港務局局長・徐人壽とその所轄下の港務長・唐桐蓀[36]による建議を受け入れ[37]、基隆に台湾商船学校を設立し、かつて呉淞

---

33) 魏兆歆［1985］、138頁。
34) 基隆水産職業学校は、日本統治時期の台北州立基隆水産学校であり、戦後は基隆水産学校に改称され、漁労・エンジン・製造・養殖・水産経営等の5科、及び水産技術訓練課程を併設した。胡暁伯「十年來之基隆水産職業學校」（慶祝第十屆航海節基隆区籌備委員会編『基隆海洋事業十年』基隆輪船商業同業公会、1964年、286頁）。
35) 史振鼎編［1955］、5頁。

商船学校校長を歴任し、交通処航務管理局局長に在任していた徐祖藩を校長とした。しかし、教師の招聘が困難であったため、計画に着手することは叶わなかった[38]。

1950年内には、かつて交通部長を務めた兪飛鵬が海運業員の講習会を立ち上げ、その後「全国航業人員連誼会」へと組織された。そして、台湾航運公司運務部経理の唐桐蓀や王鶴ら約20人が連誼会において、再度政府へ台湾商船学校の設立を要請し、学校設立運動を推進することの提案を行った。しかしながら、連誼会の解散によって、同校設立の動きは再び頓挫してしまった。1950年冬、考試院が第1回河海運業員特種試験を実施し、盧毓駿が試験委員長を務め、試験委員には前交通部航政司長・王洸[39]、台湾省政府交通処処長・侯家源[40]、基隆港務局局長・徐人壽、基隆港務局港務長・唐桐蓀、高雄港務局局長・王国華[41]、高雄港務局正技官・宋建勛ら6人が任じられた[42]。委員会は商船学校創設の決議を通過させ、考選部長・馬国琳の支持を得て、考試院がこの決議を関連部会へ通達した。また、1951年度第1回試験委員会が高雄で開かれた際には、さらに商船学校を海事学校にまで拡大する決議がなされ、操縦・エンジン・造船・漁労・築港など5科の設立が計画された[43]。

36) 唐桐蓀（生没年不明）、上海市人、呉淞商船学校モーター科卒業。基隆港務局港務長、各海上船二等航海士、英商怡隆洋行の神福・神佑・神光等の一等航海士、中国内河航運公司南充辦理処副主任を歴任。章子恵編［1947］。
37) 台湾省政府人事処『台湾省各機関職員録』（台湾省政府人事処、1947年12月）、29、334、335頁。
38) 唐桐蓀「海事専科学校発起経過」1963年6月（『百忍文存』中華民国船長公会、1976年）、175頁。
39) 王洸（1906-～1979）、江蘇省武進県出身。北京交通大学管理科卒業。国防設計委員会航政組主任研究員、長江区航政局局長、交通部航政司長を歴任。1951年、台湾移転後は交通部設計委員会委員、台湾航業公司董事長を務める。劉紹唐編「民国人物小伝―王洸（1906-1979）」『伝記文学』35：6、143-144頁。
40) 侯家源（1896～1957）、江蘇省呉県出身、交通大学唐山工学院卒業。アメリカ・コーネル大学に留学し土木工学修士号取得。帰国後は交通大学で教鞭をとり、後に鉄道界に勤務、膠済鉄路工程司兼段長、浙贛鉄路局副局長兼総技師、湘黔鉄路工程局長兼総技師を歴任。戦後は行政院工程計画団団長及び浙贛鉄路局長兼総技師を務め、1950年の台湾移住後は台湾省政府顧問、国防部軍事工程総処長となる。劉紹唐編「民国人物小伝―侯家源（1896-1957）」『伝記文学』27：2、102頁。

当時、教育部長・程天放[44]と交通部長・賀衷寒[45]は、海事学校の設立に賛成の意を示していたが、予算に限りがあるため、すぐには支持できないでいた。その後、王鶴と唐桐蓀は政府からの費用捻出に困難を感じ、一時は海事学校設立の促進が難しくなったため、左営へ赴いて海軍総司令官・馬紀壯[46]と副総司令官・黎玉璽[47]に面会し、海軍官校内に商船学科を併設する構想を提出したが、制度上の関係でその希望も叶わなかった[48]。1951年末には、水産業界の第一人者である袁淦が行政院長・陳誠に書面を送り、海事学

---

41) 王国華（1900〜73)、陝西省楡林縣出身、北京清華大学卒業、アメリカ・コロラド大学、シカゴ大学修士課程を経て、中国帰国後に上海滬江大学に勤務。後に官界へ転じ、浙江省建設庁長秘書、交通部総務司司長、交通部駅運管理処処長、物資供応委員会駐美採購団団長を歴任。戦後は交通部顧問を務め、1947年の台湾移住後は台湾航業公司総経理となり、1950年に高雄港港務局局長、1958年に交通部国際合作小組委員会主任及び電信総局顧問に転任。劉紹唐編「民国人物小伝―王国華（1900-1973)」『伝記文学』43：6、138-139頁。
42) 台湾省政府人事室『台湾省各機關職員録』（台湾省政府人事室、1950年12月)、172、327、328頁。王洸『我的公教写作生活』（私家版、1977年)、81頁。
43) 唐桐蓀「海事専科学校発起経過」、175頁。
44) 程天放（1899〜1967)、江西省新建縣出身、上海復旦大学卒業。卒業後、アメリカ・イリノイ大学及びシカゴ大学へ留学。カナダ・トロント大学に転学し、政治学博士号取得。帰国後は江西省政府委員兼教育庁庁長、浙江大学校長、中央政治学校教務主任、駐ドイツ大使、四川大学校長、中央政治学校教育長兼国防最高委員会常務委員を歴任。戦後は立法委員、中央宣伝部長を務め、台湾移住後は教育部長及び考試院副院長を務める。劉紹唐編「民国人物小伝―程天放（1899-1967)」『伝記文学』28：2、105-106頁。
45) 賀衷寒（1899〜1972)、湖南省岳陽県出身。黄埔陸軍軍官学校第一期卒業、その後、ソ連のモスクワ陸軍学校に留学。南京中央陸軍軍官学校第六・七期学生総隊長、軍事委員会政治訓練処処長、行政院国家総動員会議人力組主任を務める。戦後は社会部政務次長、1950年の台湾移住後は、交通部部長、国策顧問、行政院政務委員を歴任。劉紹唐編「民国人物小伝―賀衷寒（1899-1972)」『伝記文学』34：5、143-144頁。
46) 馬紀壯（1912〜1998)、海軍青島学校第三期卒業、海軍出身。連勤総司令、国防部副部長、中国鋼鉄公司董事長を歴任。戴宝村『台湾全志』（国史館台湾文献館、2004年)。張守真主編『中鋼推手趙耀東先生口述歴史』（高雄市文献委員会、2001年)。
47) 黎玉璽（1912〜2003)、四川達県出身。電雷学校卒業。海軍総司令を務める。張力編『黎玉璽先生訪問記録』（中央研究院近代史研究所、1991年)。
48) 唐桐蓀「海事専科学校発起経過」、176頁。

院の設立、もしくは台湾大学内に商船・水産・港務の人材育成のための専門課程を付設することを建議した。そして、海事学院の創設が行政院長・陳誠の正式な同意を得て、交通部と教育部によって実行されたのである[49]。

1952年春、行政院は教育部・交通部・台湾省政府及び省属教育庁・招商局と協議し、基隆への専科学校の設立を決議し、上級海事技術員となる人材と初等水産職業教育の指導者を育成することを決めた[50]。同年秋、招商局董事長の兪飛鵬率いる一団が日本の海運業の視察に赴き、そのなかには海運業教育という一項目が含まれ、王鶴が責任者となった。12月に王氏が行政院長・陳誠へ提出した報告では、海事人材訓練の重要性が示され、承認がなされた[51]。兪飛鵬はもし政府が予算を捻出できなければ、中華民国汽船業同業公会の全国連合会が出資して海事学校設立の企画を実行し、すぐに校舎建設地の選択、経費・設備・課程を決定すべきだと提議した。そこでは、エンジン科と造船科の2課程を設け、当時の台船公司協理・齊熙に委任されたのである[52]。

1953年6月、台湾省政府教育庁の承認を経て、海事専科学校準備処が設けられ、3学年制を基礎として、初めに操縦・エンジン・漁労の3科を設立し、後に製造・養殖・造船・港務・管理など5科の増設が計画された[53]。学校創設初期にかかる費用は、台湾省政府が30万元、交通部が5万元を提供し、基隆市政府からの助成金15万元と合わせて、計50万元に上った。それ以外に、交通部の解体した年達輪[54]の機材が海事学校に提供され、使用された[55]。

同年8月、アメリカ国外業務総署駐華分署（Foreign Operations Administration, Mutual Security Mission to China）のH・ブラウン（H. Brown）博士と海事専科学校準備処主任の戴行悌[56]が会談し、1953年度予算から新台幣20万元の援助金を捻出して実習教室を拡充し、また別に1万ドルを図書や器具の購入にあ

---

49) 同上資料、176頁。
50) 史振鼎編『台湾省立海事専科学校概況』（台湾省立海事専科学校、1955年）、5頁。
51) 唐桐蓀「海事専科学校発起経過」、176頁。中華民国輪船商業同業公会全国連合会日本航業考察団『日本航業政策報告書』（1952年12月）、2-3頁。
52) 唐桐蓀「海事専科学校発起経過」、176-177頁。
53) 史振鼎編『台湾省立海事専科学校概況』、6頁。

てることが承諾された。アメリカの援助からの資金助成は1954年3月に批准され、同年6月に海事専科学校は実習教室の建設を開始し、10月に工事は完成した[57]。

海事専科学校ないし後の海洋学院では、実務教育に比重がおかれ、校内での課程取得だけでなく実習科目が特に重視され、学則第8章に明記されたとおり、学生は規定科目の修習以外に、必ず夏・冬期休暇及び第3学年時に校外の相当の場所で実習をしなくてはならず、実習期間は12ヶ月と決められていた[58]。

造船工程科の設立は1957年2月、台船公司が殷台公司への資産貸与によって、36,000トンタンカーの建造を開始したことが契機となった。殷台公司は、台湾の造船教育にとって最良な教育機関、実習場所を提供したといえる[59]。海事専科学校が殷台公司に共同教育計画を提案し、その同意を得て、1959年に4年制の造船工程科が設立されたのである[60]。

造船工程科の設立目的は、造船と船舶検査の人材育成であった。よって、課程編成としては、始めの3年半で155単位を取得しなければならず、その修習科目は主に必修科目・共通必修科目・選択科目の3種類に分かれ、計38コマの講義が用意された[61]。第1学年は共通必修科目と一部の基礎科学分野

---

54) 年達輪は、1952年10月25日に中華人民共和国所有となった船舶であり、香港を経由して台湾へと送られた。前身は三北公司の2,200トン「偉東輪」で、1926年に建造され、1950年以後に年達輪へと改称され、青島～上海間を運航、綿糸及び戦略物資を積載した。台湾に送られた後は交通部がこれを管理し、1953年に船齢が高過ぎるため、政府が解体転売を決定した。「年達輪抵高雄、高市各界齊集碼頭、熱烈歡迎來歸義士」(『中央日報』1952年12月23日、第四版)。「年達輪逾齡 已決定拍賣 政府保障船員生活」(『中央日報』1953年6月14日、第三版)。
55) 史振鼎編『台湾省立海事専科学校概況』、7頁。
56) 戴行悌(1916～91)、浙江省鄞県出身、浙江省水産学校卒業。日本の千葉県水産漁具課程に進学、国立乍浦水産学校校長、浙江省漁会理事長、高雄高級水産職校校長及び省立海事専科学校校長を歴任。胡興華『台湾早期漁業人物誌』、16-17頁。
57) 史振鼎編『台湾省立海事専科学校概況』、7-8頁。
58) 同上資料、34頁。
59) 張達礼「往事前塵」(国立海洋大学造船工程学系『国立海洋大学造船系四十週年系慶専刊』、1998年)、4頁。
60) 台湾省立海事専科学校出版組『海專概況』(台湾省立海事専科学校、1959年)、62頁。

科目が主であり、そこで専門科目の基本事項を学んだ。加えて、造船学課程の学習と、造船の概況が紹介された。第2学年では造船原理静力学分野のうち、主に基礎科学にあたる流体力学・応用力学・材料学・機構学などの講義が行われた。第3学年と第4学年前期では、船体構造原理設計学分野と造船原理動力分野などの主要科目以外に、船具学・エンジン学・造船工場管理などの科目を受講しなくてはならなかった。第4学年後期には、造船会社での実習を何度かに分けて行い、殷台公司との提携によって、同社から実務経験豊富な技術員が指導のため来校し、新式器具の設備や利用の方法を教授した[62]。

実習課程には主に4つの大きな課題があり、工場の組織及び管掌、生産計画及び管理システム、設計、生産製造（船体・船機・電工の3部門を含む）に分かれていた[63]。また、実習の評点が基本動作・構造テスト・学習報告書・月報表・実習日記の5項目の成績からつけられ、それぞれ30％・30％・20％・5％・15％の配点であったことから、やはり実務教育への偏重がみてとれる[64]。

1964年6月18日に、海事専科学校が台湾省立海洋学院に移行するに従い、造船工程科も造船工程系へと改称された[65]。前述したように、海事専科学校の創立初期、教師不足であったため、教育提携の協議で一部の授業を殷台公司及び後の台船公司の職員が受け持った。初代主任の齊熙[66]は、ドイツのダンツィヒ工科大学を卒業し、中国大陸の上海中央造船公司準備処技師を務め、交通部航海・海運署技術顧問を兼任していた。他にも、1948～57年に台船公司総技師と協理をつとめ、1957～60年には殷台公司総技師兼生産処経理に就任すると同時に、1959～60年の間は造船科主任を歴任した人物であった[67]。

---

61) 同上資料。
62) 台湾省立海事専科学校編『海専概況』（台湾省立海事専科学校、1962年）、33頁。
63) 同上資料。
64) 台湾省立海事専科学校出版組『海専概況』（台湾省立海事専科学校、1959年）、88頁。
65) 王偉輝「四十年來的偉大與漂亮」（国立海洋大学造船工程学系『国立海洋大学造船系四十週年系慶専刊』、1998年）、2頁。

次期主任を務めた翁家騄[68)]は、マサチューセッツ工科大学を卒業し、江南造船所の少佐技師を務め、1949年に台船公司副技師、後に海軍造船廠廠長と海軍機校造船系教授に就任し、1960～63年に造船科主任となった[69)]。
　この他、1960年9月に同職に就いた王金鰲と曾之雄、1967年9月に就任した張則戩は、みな同済大学の卒業生であった[70)]。王金鰲と曾之雄は中央造船公司準備処工務員から、1949年に台船公司工務員となった[71)]。殷台公司時代には、張則戩が主任技師の職務に就き、曾之雄が技師を務めていた[72)]。
　以上のように、設立初期の海洋学院で教職に就いた殷台公司職員の多くは、造船の実務経験を備えた技師であった。彼らは戦後の台湾造船教育の初期段階で、なお所属学科が少なく教師を十分育成できない状況のなか、同校と台湾造船教育発展の牽引役を果たしたのである。

---

66) 齊熙（1909～1995）、河北省高県出身、ドイツ・ダンツィヒ工科大学造船工学博士、1946年に帰国し中央造船公司準備計画作業に参加、上海航政局顧問を兼任する。1948年後、台船公司総技師・協理等の職務を歴任、1955年に中国験船協会代理首席検査官となる。1947年の殷台公司成立後は総技師兼生産処経理を務め、1960年より海事専科学校造船工程系主任を兼任。1963年よりアメリカ・シアトルにて、Puget Sound Bridge & Dry Corp企画技師を務める。1965年よりシアトル洛奇造船公司の主要造船技師となり、各型艦艇の建造作業に参加。1973年の台湾帰国後、十大建設に参加し、中国造船公司執行副総経理に就任。1978年、公司が国営になってからは、董事兼高級顧問を務め、1982年に引退しアメリカに定住。劉紹唐編「民国人物小伝─齊熙（1909-1995）」『伝記文学』27：5、134-135頁。
67) 『国立海洋大学造船系四十週年系慶専刊』、14頁。
68) 翁家騄（1916～）、江蘇省興化県出身。アメリカ・マサチューセッツ工科大学造船系卒業。軍委員会中尉附員、江南造船所上尉工程師、台船公司技師、海軍駐日監修組少校副組長、海軍第三造船所少校技師を歴任。史振鼎編『台湾省立海事専科学校概況』、163頁。
69) 『国立海洋大學造船系四十週年系慶専刊』、14頁。
70) 同上、16頁。「資源委員会台湾省政府1949年台湾造船公司各級職員名冊」（台湾造船公司檔案、『公司簡介』、檔号：01-01-01、台湾国際造船公司基隆総廠所蔵）。
71) 「資源委員会中央造船公司籌備処資源委員会台湾省政府台湾造船有限公司会呈、事由：為本職員薛楚書等41人調赴本公司工作検附清冊至請鑒核備案由」1948年6月3日（『台船公司：調用職員案、赴国外考察人員』（1946-1952年）、資源委員会檔案、檔号：24-15-04　3-（3）、中央研究院近代史研究所檔案館所蔵）。
72) 「殷格斯台湾造船股份有限公司職員移交名冊」（『殷台公司移交清冊　人事』、台湾造船公司檔案、檔号無し、台湾国際造船公司基隆総廠所蔵）。

さらに、当時の課程編成は、教師の多くが同済大学と交通大学の卒業生であったため、その教育系統の影響を受けており、一部の使用教科書は全て以前の大陸時期に用いられていたもので、よって中国大陸での経験もまた伝承、継続されていたといえる[73]。

2. 台湾大学船舶試験室の設立

台船公司は1960年代後半には大型船舶の建造能力を備え始めていたが、台湾にはまだ実船試験設備がないため、船舶設計分野において実験や検証を重ね技術を高めることはできなかった。いわば、試験水槽の不備によって、研究開発の発展が制限されただけでなく、台船公司も常に国外の船舶設計資料に依存し続けざるをえなかったのである。

そこで1967年8月、中国造船工程学会の船舶試験室設立準備グループ委員が、小型船舶模型及びその他流体動力学などの試験設備の建造計画案を起草した。その後、国家安全会議科学発展指導委員会が1968年7月に、中国造船工程学会・中国験船協会・国立台湾大学・台船公司などの関係者を集めて討論した結果、研究者不足という難題を解決し、また大学においてより多くの専門技術者を育成できるよう、台湾大学に船舶用水槽を設けることを決定した[74]。

台船公司総経理の王先登は、模船試験こそが造船設計の最も重要な部分で

---

[73] 現海洋大学系統工程暨造船学系主任の王偉輝教授によれば、『船史研究第9期』の中で、1960年代当時の造船系所属学生の重要な参考書籍の一つに『船之阻力』があり、元上海交通大学の辛一心教授による、1950年以前の重要著作の一つであるという。よって、辛一心教授は中国大陸に留まったが、その過去の著作は海洋学院造船工程科の学生の専門学習の上で大きな影響を与えることになった（辛元欧編『船史研究第9期』中国造船工程学会船史研究会、1996年、62頁）。また、筆者は2007年5月1日に海洋大学王偉輝教授を訪問した際、王偉輝教授が1970年に海洋学院造船工程科を卒業し、その後、助教、講師、副教授、教授及び系主任を歴任されたということで、同系設置初期の教員及び沿革発展について相当な理解を得られた。そこで指摘されたのは、造船工程科創設初期には、課程や制度上に過去の同済大学時代の規格が多く見られ、また初期の教員にも上海交通大学や同済大学の卒業生が多かったという点である。ここから、戦後台湾の造船教育の勃興には、中国大陸における経験の影響が大きかったといえる。

あり、技師が船舶の設計図案に頼り、模型を製作してから水槽内で各種の状況を試験し、再び験船協会の承認を得て、ようやく船舶設計図に基づいた生産が行えるという過程を経ることに、その重要性があると指摘した[75]。船舶試験室の建設に必要な費用は、国家科学委員会が政府と共同で取り決めた12ヶ年の「科学発展総計画」から予算が配分されることになった[76]。また、造船実務に携わる技術者だけでなく、アメリカから招聘された陳学信が台湾に戻って試験室の建設計画を主導した[77]。

　船舶試験室の建設にあたって、当初の計画では20～50フィートの大型船用試験水槽を造る予定であり、その用途は小型船用水槽よりも広く、また利用効果も大きかったが、建設及び維持費用が巨額に上り、調達は難しかった。また、大型船用水槽を当時の台湾で使用するには費用対効果が低いと考えられ、その結果5フィートの標準小型船用試験室をまず建設することに決定した。この船舶試験室の用途は研究教育が主であったが、一部の船舶測量にも用いられた。水槽の形状は幅約3メートル・水深5メートル・長さ80メートルに及び、幅や深さは工事の際にできるだけ多くのスペースを残しておけば、その後も延長して用いることができると考えられた[78]。

　台湾大学船舶試験室は1968年より建設が開始され、1972年に落成した[79]。しかしながら、実際に使用してみると、船舶試験水槽の規模がやや小さく、10万トン船舶の試験結果を正確に測るには不十分であったため、台船公司は再び大型船用水槽の建設構想を提出した[80]。その結果、1974年には長さ150メ

---

74) 陳学信「船模試験室籌建概要」『中国造船工程学会第十六届年会会刊 1968年11月11日』、18頁。汪新之・陳信宏・郭純伶「系史簡介」（台湾大学造船及海洋工程学系〔1996〕、6頁）。

75) 「国家科学委員界支持国内造船模試験」（『聯合報』1968年9月6日、第二版）。

76) 同上。「致力科學技術發展 政府擬訂計畫」（『聯合報』1968年9月24日、第一版）。

77) 汪新之・陳信宏・郭純伶「系史簡介」（台湾大学造船及海洋工程学系『台大造船與海工―二十週年系慶紀念特刊』、1996年）、6頁。

78) 陳学信「船模試験室籌建概要」（『中国造船工程學会第十六届年会会刊 1968年11月11日』）、18頁。

79) 汪新之・陳信宏・郭純伶「系史簡介」、6頁。

80) 台湾造船公司「台湾造船公司五十六年度第二次業務報告」1967年7月（『経済部所属事業機構五十六年度第二次業務検討会議資料』）。

ートル・直径25メートルにまで、水槽を拡張することになった。この拡張工事により、数千トンから数10万トンまでの大型船舶の試験が、実現できるようになったのである[81]。

一方で、台湾大学機械工程研究所が船舶試験室と協力して、造船グループを組織して船舶設計に求められる人材を育成し、人材編制の拡充をはかるため、1973年、汪群従によって台湾大学造船研究所の設立が計画された。研究所の設立後には、2年の準備段階を経て、1976年に大学部が設立された[82]。台湾大学には造船分野の教師がいなかったため、造船研究所はその他の多くの機関から支援と教員の出向を求めることになった。例えば、創設者の汪群従所長は中央研究院物理学研究所から招聘された人物であり、戴堯天もまた同研究院から、陳義男は機械系からそれぞれ招聘され、李常聲は海軍による派遣、陳生平は中正理工学院から出向してきた者であった[83]。

船舶試験室の落成にともない、台船公司は1970年代より、以前のような船舶設計図のほぼ全てを国外に依存する状態から脱し、徐々に船舶設計の開発を進めていった。台船公司のこの時の設計技術力では、船舶の基本設計部分で国外からの支援に頼る以外、細部設計や施工設計の部分は自力での作業が可能なレベルにあった。1973年、台船公司は2万6,700トンのばら積み貨物船・海底油田掘削船・1,500馬力曳船の基本設計を開始し、再び石川島に試験を依頼する一方で、同時に台湾大学に設立された船舶試験研究室でも試験を行った[84]。貨櫃船の設計に関する試験結果をみると、当時、台湾大学の設計能力は、石川島の結果にかなり近い水準まで成長していたのである[85]。

つまり、1970年代の台湾において、船舶試験水槽の建設により、船舶設計能力は徐々に向上しつつあったといえる。一方、台湾大学造船研究所が設立されて、人材育成が行われ、船舶設計及び試験分野への偏重が進むと、1950

---

81)「船模試験室　接近完工階段」(『経済日報』1968年9月24日、第四版)。
82) 汪新之・陳信宏・郭純伶「系史簡介」、6、13頁。
83) 同上、8、12-13頁。
84) 台湾造船公司「台湾造船公司五十六年度第二次業務報告」。
85) 王偉輝 "Analysis Example by Using the Developed Computer Program "Warship"" (王偉輝『船舶結構設計』海洋大学造船工程学系、1992年、624-630頁)。「王偉輝先生口述記録」(2007年5月1日)。

年代後半に設立された海洋学院造船工程科は実務を重視するようになり、両者の間に差が生じた。

3. 台船公司による船舶設計の開始

　台船公司は1960年代、会社内に船舶設計処を設けてはいたが、設備及び人材の不足によって、十分な設計作業を行うことができなかった[86]。1970年代、台湾大学船舶試験室の完成後、台船公司は1972年に受注した海底油田掘削船の改装工事から、大規模な船舶設計作業を展開し始める。ただし、その後、海軍から受注した3,400トン貨客船と西ドイツの補給船を設計した際には、基本設計は船主から提供されるか、もしくは外国に設計を委託した[87]。

　これと同時に、台船公司は船舶設計のための人材育成として、1968年から1972年6月まで、38人の職員を日本と西ドイツにそれぞれ派遣し、訓練を受けさせた。そのうち、1971年に日本の石川島への派遣者10人、1972年6月に同じく日本への派遣者4人が、日中文化経済交流協会[88]及び行政院国際経済合作発展委員会による選出と、日本国際技術協力協会の費用負担を受けて出国した。また、中徳文化経済協会[89]は1972年、4人の職員に西ドイツで設計を学ぶための派遣費用を支給した。台船公司も自ら費用を負担して、船舶設計を修得させるため3人の職員を欧米へ派遣した[90]。

　その時の出国実習資料によると、1971年に日本で研修を受けた10人の台船

---

86) 台湾造船公司「加速造船施工進度及降低成本之報告」1969年3月、4頁(『経済部所属事業機構五十八年度第一次業務検討会議資料(2)』)。

87) 中国造船股份有限公司基隆総廠設計組、六十七年度年終検討資料「中国造船股份有限公司基隆総廠六十七年度年終検討資料専題検討：2.如何提高設計能力 設計組」1978年8月3日。

88) 中日文化経済交流協会は1952年に成立し、主に台湾と日本両国間の文化・教育・経済交流の促進のため、中日文化書籍の出版紹介、交換講義や技術人員の育成計画などを実施した。中華民国民衆団体活動中心編[1961]、301-304頁。

89) 中徳文化経済協会の前身は中徳文化協会であり、1933年、朱家驊によって南京で成立し、1964年に中徳文化経済協会へと改称された。「中徳文化協会、決議更改名稱」(『中央日報』1964年10月31日、第四版)。中徳文化経済協会HP：http://www.cdkwv.org.tw/。

90)「台湾造船股份有限公司第三届第五次董監聯席会議記録」1972年6月7日。

公司機械技師のうち、5人が海洋学院造船工程科を卒業しており、海洋学院の卒業生が台船公司の後の発展に対して重要な役割を担ったことがわかる。また、10人の職員の平均年齢はおよそ30歳で、訓練期間は8ヶ月に上った[91]。1972年に日本へ派遣された4人の機械技師も、みな同じく海洋学院造船工程科を卒業しており、年齢は26〜34歳、訓練期間は10ヶ月であった[92]。

1975年、台船公司と石川島の技術提携契約が満期を迎えた後、再度結ばれた契約のなかでは、生産管理体制の更なる合理化と近代化に加えて、船舶の基本設計能力の育成と確立が一層重視された。つまり、台船公司は1960年代の生産組立てから、一歩進んで船舶設計まで行うことを意図するようになったのである[93]。

同年、台船公司は2万8,000トン船舶の改装設計を開始した。表5-3が示すように、この種類の船舶は台船公司が石川島から技術を導入して以降、大量生産するようになった船型である。一方で、台船公司は船舶の説明書を書き直し、船体構造や艤装及びタービンの配置も新たに設計し、台湾大学の試験室にその試験を委託した。また、海洋補給船の船体設計も行い、構造・計測器・配電盤部分の設計については、研究開発の成果をその時建造した3艘の船舶に応用した[94]。

1977年、台船公司は2万9,000トンの多目的船の基本設計を完成させたが、その特徴は、以前のように船舶設計図を全て外国から購入するのではなく、船型・性能・基本船体構造・艤装・タービン・電気機械までを、台船公司と後述する連合船舶設計発展センターが共同設計した点にあった。そして、船舶試験については、台湾大学の船舶試験室に依頼し、さらに西ドイツのハン

---

91)「為通知赴日研習人員結果請査照辦理保送手續並見復由」1971年1月16日（中日文化経済協会（函）、字号（60）会総字第001号、『出国考察実習59-60年度』、檔号なし、台湾国際造船公司基隆総廠所蔵）。

92)「台湾造船股份有限公司工程師黄魁杰等十二員赴日研修造船技術日程表」1972年4月22日（船（61）人発字第1530号、『出国考察実習61年度13-26』、檔号なし、台湾国際造船公司基隆総廠所蔵）。

93)「台湾造船股份有限公司第四届第八次董監事聯席会議業務報告」1975年4月25日。

94) 経済部国営事業委員会『経済部国営事業委員会暨各事業六十四年年報』（国営事業委員会、1976年）、155頁。

ブルク船舶試験室でも再度確認を行った。また、詳細設計と施工設計の細部図は、完全に台船公司が自ら設計を行った[95]。

1978年に台船公司と高雄の中国造船公司が合併する時までに、台船公司が生産可能な船舶様式は11種類あり、そのうち4種類、3,400トン貨客船・60トンのクレーンアーム船・2万8,900トンの多目的船、8,500トンのコンテナ船は、自主設計が可能であった[96]。

4. 連合船舶設計発展センターの設立

続いて、連合船舶設計発展センター設立の経緯をみていくこととしよう。まず、設立計画の発足のきっかけは、1969年3月、台船公司は経済部所属事業機構の58年度第1回業務検討会議において、全台湾における造船業関連の学術機関及び社会団体から造船設計技術者を集め、船舶設計の団体組織を創設する希望を提出した。運営方針としては、アメリカ造船業の分担方式を参考にして、船舶設計の研究学習を委託し、最終目標は船体の基本設計ができるようになることとされた。台船公司はこの船舶設計機関の設立に対し、人材と経費の援助を行い、船舶設計作業の更なる展開を期待したのである[97]。

1974年3月、在米の学者が組織した造船工程学社から行政院院長の蔣経国にあてて、台湾造船業は外国の技術を導入し、船舶を自主設計する基礎を固めるべきだという提言がなされた。この提言は行政院から経済部を経て中国造船公司らに伝達され、具体案の研究が求められた。同年7月、「近代工程技術討論会」及び「国家建設研究会」において、全国規模の船舶センター設立に向けた具体的な計画が出された[98]。

そして、1974年8月、元台船公司総経理の王先登が中国造船公司総経理に転任し、経済部の指示によって船舶設計発展センター設立計画準備の推進責

---

95) 同上資料、155-156頁。
96) 中国造船股份有限公司基隆総廠設計組「六十七年度年終検討資料 中国造船股份有限公司基隆総廠六十七年度年終検討資料専題検討：2 如何提高設計能力 設計組」1978年8月3日。
97) 台湾造船公司「加速造船施工進度及降低成本之報告」1969年3月、4頁（『経済部所属事業機構五十八年度第一次業務検討会議資料（2）』）。
98) 「財団法人聯合船舶設計發展中心成立大会会議資料」1976年7月1日、3頁。

任者となった。同年12月11日、経済部・交通部・国防部が共同で「財団法人連合船舶設計発展センター」の発起人会議を開き、中国造船公司・台船公司・中国石油公司・海軍本部・中国験船協会・台湾機械公司・招商局輪船公司、基隆港務局、高雄港務局といった機関からの寄付を要請した。会議では、寄付規程の立案だけでなく、厲汝尚[99]を招聘してこの船舶設計センターの準備計画処の召集人とすることが決められた。1975年2月27日、経済部が主催した「財団法人連合船舶設計発展センター」の寄付人予備会議において、各機関の寄付金額、董事各者の金額配分、初期の業務項目などが確定した[100]。

1975年3月10日、連合船舶設計発展センターの準備計画処が成立し、同年7月には正式に設立される予定であった。しかし、オイルショックの発生をうけて、世界中の海運業及び造船業が不景気に陥り、船舶設計発展センターの準備計画処では、まず2万8千トンばら積み貨物船の改装、3万トン級多目的船の研究、掘削プラットフォームに関して外国の設計機関と技術提携などについて合議したが、それらを全て実現することは難しく、結果として船舶設計センターの設立の日程は度々延期された[101]。

その一方で、ブラジル・韓国・インドなどの造船業は、このオイルショックの時期を利用して、政府の指導のもとで船舶設計機関を設立し、造船産業の発展を図った。こうした国々の動きをみた船舶設計センターの準備計画処は、対策を講じて、アメリカのGeorge Sharp・Mcmullen・Hydronautics、ノルウェーのSRS・SRI・Norcontrol、スウェーデンのSSCCといった船舶設計機関、及び日本の石川島・佐野安といった造船所や船舶設計機関と、船舶設計の技術提携について合議した。ただし、船舶設計作業を展開していくには、まず

---

99) 厲汝尚（1915〜2007）、江蘇省六合県出身、国立西北工学院土木系卒業。その後、イギリス・ロンドン大学インペリアルカレッジ工学博士号取得。1948年7月、台湾移住後、台船公司に勤務し、同年9月に高雄軋鋼廠主任及廠長を歴任。1952〜78年に中国験船協会服務、総検査官を務める。1981〜88年、連合船舶設計発展センター執行長に就任。鄧運連・陳生平「悼念前理事長厲汝尚博士」（『中国造船暨輪機工程師学会』63）、1-11頁。
100)「財団法人連合船舶設計発展中心成立大会会議資料」1976年7月1日、3頁。
101) 同上資料、4頁。

その対象が必要である。船舶設計センター設立後、1艘目の設計船型として、国内外の海運商や造船所に意見を求めた結果、2万8,000トン級及び5万7,000トン級のばら積み貨物船が、将来的に海運業で最も需要が高いとされ、その設計の改良を進めることで、台船公司に造船の受注を獲得させようと考えたのである。しかし、台船公司が設計費用を予め捻出できなかったため、この政策も途中で頓挫してしまった[102]。

　1975年8月、経済部は連合船舶設計発展センター準備計画処に対し、造船業が不景気の時期には、全船体の設計を主要業務にするべきであり、そうでなければ設立する必要がないと提議した。また、設立初期には、規模を縮小し、毎年2種類の船型を設計するという従来の計画を、毎年1種類に改めるよう指示した。連合船舶設計発展センターは、中国造船公司と台船公司を召集して、すぐに船主と合議し、多目的貨物船とばら積み船のどちらか1つを、1番目の設計船型に選ぶこととした。しかし、船主が船の引渡しを急ぐならば、このセンターへの設計委託は考えなくなるであろうし、また受注を獲得する前に具体的な確定はできないため、なおも結論は出なかった[103]。

　一般的に、船舶設計作業は比較的長い時間を費やすため、造船会社は予算額を示す前に必ず船図や説明書、及び可能な範囲での見積表などを提示し、船主と建造費や納品までの時間を協議しなくてはならない。しかし、連合船舶設計発展センター準備計画処は、当初これらの要求を満たすことができなかった。したがって、連合船舶設計発展センター準備計画処が造船設計作業という分野を開拓していくためには、まず1年以上前から今後の海運業において発展性がある船型を設計し、いくつか主要な設計図を製作して、十分な船舶設計契約の基準の提供を行った上で、船主の選択に委ねる必要があった。この造船計画作業は、より詳細な設計や施工図の製作を進めることができれば、人材・財力・時間の面で経済効果が得られた。

　連合船舶設計発展センター準備計画処は、経済部の指示にもとづき、毎年1種類の船型設計を目標として、中国造船公司と台船公司に対し、発展計画

102）同上資料、4頁。
103）同上資料、5頁。

の研究と予算の提出を要請した。そこで定められた計画は、3年を期限として、毎年中国造船公司と台船公司がそれぞれ新台幣750万元を、船舶設計センター準備計画処に対し先行して支給するというものであった。つまり、連合船舶設計発展センター準備計画処は、3年間で4,500万元を獲得することとなり、3年以内で3種類の船型設計を行い、海運商の選択にもそなえることが可能となる。その時の費用対効果としては、もし造船会社がそのうち1艘船舶の受注を獲得すれば、全部あるいは一部のコストを回収でき、また造船会社が利益を得るだけでなく、船舶設計発展センターもその受注によって船舶全体の設計を開拓していくことができた[104]。

　この方策は、最終的に連合船舶設計発展センター準備計画処に提出され、経済部の支持を得て、1976年1月、3年期間内に中国造船公司と台船公司の2社は発展計画の研究を行い、船舶設計発展センターに必要な研究費用を支払うことに同意した[105]。経費を獲得した後、同年7月1日に連合船舶設計発展センターが正式に設立された[106]。

　連合船舶設計発展センターの設立後、政府は1976年に「国輪国運、国輪国造、国輪国修」政策[107]、また1977年に「貿易・海運・造船相互協力実施方案」をうち出し[108]、造船会社の船舶建造業務の増加を図り、船舶設計センターに各船型の設計機会を与えようとした[109]。

　実際に、1977年4月、連合船舶設計発展センターは1艘目となる6,100トン級の材木運搬船の設計を完成させ、20数艘の受注を獲得して、中国造船公司にその建造を委託した。さらに、台船公司と共同で2万8,900トン多目的船を設計した[110]。

---

104) 同上資料、5-6頁。
105) 同上資料、6頁。
106) 「船舶設計中心昨成立 將分三階段開展業務」(『経済日報』1976年7月2日、第二版)。
107) 謝君韜『海洋開発政策論』(幼獅文化事業公司、1977年)、252-253頁。
108) 黄玉霜「国輪国造、国貨国運」(許雪姫編［2004］、722頁)。
109) 「財団法人聯合船舶設計発展中心成立大会会議資料」1976年7月1日、6頁。
110) 同上資料。

第3節　政府の援助と限界

1. 設備拡張と資金源

　1965年の台船公司と石川島の技術移転契約後、石川島が台船公司に提案した緊急拡張計画と4ヶ年拡張計画は、台船公司の造船及び修船能力の拡大を目的としていた。これらは、台船公司において最大の拡張計画であり、そこで必要とされた資金は政府の援助で賄われた。

　1966年の緊急拡張計画における必要経費は、新台幣2,000万元に上り、行政院国際経済合作発展委員会の項目である中米基金から提供された[111]。緊急拡張計画の最も主要な部分は、1年間で従来の積載重量15,200トンの船台を32,000トン級に拡張することであった[112]。

　1967～70年の4ヶ年拡張計画の資金源は、国内と国外の二つに分けられる。国内の資金は主に中央政府・台湾省政府・台湾銀行・民間株主による増資であり、国外の資金は1965年に台湾と日本政府が締結した円借款から提供された[113]。4ヶ年拡張計画の主要目的は、1艘あたりの造船能力を13万トンに、年間修船能力を130万トンに引き上げることであった[114]。

　その後、台船公司は1971年7月に第2期4ヶ年拡張計画を実施し、そこには主に10万トン用ドックへの拡張と工場地区の拡大が含まれ、より大規模な造船及び修船の需要への対応が目指された[115]。その必要経費として、新台

---

111) 台湾造船公司「台湾造船公司五十六年度第二次検討会議専題報告：如何加速事業成長及輔導発展衛星工廠配合経建計画」1967年7月（『経済部所属事業機構六十二年度第二次業務検討会議資料』）。
112) 経済部「台湾之造船工業」1973年10月28日、8-9頁（1973年第五期『経済参考資料』）。
113) 台湾造船公司「台湾造船公司五十八年度業務検討報告」1970年2月、12頁（『経済部所属事業機構五十九年度第一次業務検討会議綜合検討会議資料』）。
114) 「台湾造船公司五十六年度第二次業務報告」1967年7月、「台湾造船公司六十一年度第二次業務報告」1972年7月（『経済部所属事業機構五十六年度第二次業務検討会議資料』）。

幣4億7,000万元が計上され、うち政府が2億元の資金を提供し、残りは台船公司が自らの借入によって調達した[116]。

10万トン用ドックへの拡張工事は1972年11月に開始され、本来は1974年5月末に完成予定であった。しかし、この工事には、近隣にある華南造船廠と海軍網場の所有地及び水域を買い上げ徴収する問題が関わっており、しかも華南造船廠[117]が高値をつけてきたために、工事の進度は遅れた[118]。台船公司と華南造船廠の協議は2年経っても合意を得られず、最終的には経済部が航路工事の軌道を、軍事用地に変更するよう指示し、1974年2月に海軍本部の同意を得た後、土地問題はようやく解決されたのである[119]。

2．造船への補助金と融資政策

中東戦争勃発によるオイルショック発生以前の国際造船市場は、第二次世界大戦後から世界的な好景気が続いており、それによって船舶需要は上昇しつづけ、台船公司の船舶の受注業務は日増しに増加していった[120]。しかし、造船の建造予約にかかる資金は巨額であったため、造船工場は船主に対し多くの手厚い資金融通や貸付優待を与えた。当時、造船業主要国では、そうした貸付金の多くは、政府の政策的な支援によって融資や利息の優遇を受けていた。

行政院は1961年に「台船公司の国内外海運商向け新船建造受注に対する資金融通及び国外機材保証及び政府資金補助法」を公布し、台船公司に5％の補助金を支給したが、それは変則的な政策であり、台船公司は船主との契約

---

115)「台湾造船股份有限公司六十一年度股東常会議議程」1972年11月、「経済部所属事業機構六十一年度第二次業務検討会議」1972年7月。
116)「経済部所属事業機構六十一年度第二次業務検討会議」1972年7月。
117) 華南造船廠は1922年に成立し、責任者は楊英、基隆和平島に所在し、木造漁船の製造を主としていた。台湾省政府建設庁『台湾省民営工廠名冊（上）』（台湾省政府建設庁、1953年）、162-164頁。
118)「経済部所属事業機構六十一年度第二次業務検討会議」1972年7月。
119)「台湾造船股份有限公司第四届第三次董監事聯席会議業務報告」1974年3月。
120) 台湾造船公司「国際造船趨勢及台湾地区造船工業之展望」1974年9月、2頁（『経済部所属事業機構六十三年度第二次業務検討会議資料 (1)』）。

前に、必ずその案件を政府に申請しなくてはならなかった。その手続きも複雑であり、常に半年以上の文書のやり取りが必要であったため、すぐに契約を結ぶことは難しかった。さらに、外国の機材価格が決まらず、コストも変動するので、それが新船の受注にも大きな影響を及ぼし、台船公司は常に時間的な遅れによる損失を受けることとなった[121]。同時期、世界的な造船業主要国の造船工場に対する政策補助金の割合は、アメリカ55％、オーストラリア33％、フランス政府17％となっており、台船公司に対する５％を大きく上回っていた[122]。

造船にかかる利率と融資の優待については、1960年代は外国の船舶購入者が長期の低金利貸付を行っており、年利は４〜4.75％と低かった。その一方で、台湾政府の提供した貸付金利は６％、1960年代末は7.2％と高率であった。そうした中、船主は国外の造船会社への注文を希望し、この金利設定の差は明らかに台船公司の国際競争力不足の要因になったといえよう[123]。

さらに、船舶建造コストについていえば、主機・補機・鋼鉄材などを含む必要資材は、全て外国から輸入しなくてはならず、建造コストは日本などの造船業先進国に比べて高くならざるをえなかった。そして、そこに機材の包装・積み卸し・海上輸送・保険・倉庫費用などを加えると、そのコストは船舶建造費の12％を占めた。そして、国内の造船部品の自給率に限りがあるなかで、台船公司が造船コストを低減するには、労働時間を減らすしか方法がなかったのである。

より具体的にいうと、台船公司はコストの低減が難しいため、政府に建造費の15％の補助を求めたが、前述したように５％の補助しか得られなかった。政府は残りの10％分を台船公司と船主が共同負担するよう指示し、船主はそのため国外での造船を選択して、台船公司からの購入を望まなくなった。よって、台船公司は10％の造船コストを自己負担せねばならず、結果として造船部門で損失が生じたのである。台船公司はコスト低減に向けて、造船コス

---

121) 張兆喜「造船補助政策之研究」（私立中国文化大学海洋研究所航運組修士論文、1981年７月）、111-112頁。台湾造船公司「加速造船能力問題之研究」1970年２月、４頁（『経済部所属事業機構五十九年度第一次業務検討会議分組検討会資料』）。
122) 台湾造船公司「加速造船能力問題之研究」1970年２月、３頁。

トのうち機材費が約70％以上、労働コストが約30％を占めている状況から、労働コストを低減し作業能率を上げることで、わずかに全体の造船コストを引き下げる方策へとシフトした。しかしながら、このことは台船公司の造船分野における収益の限界へとつながる要因となったのである[124]。

融資についてみてみると、1960年代に政府は台船公司の船価の30％にあたる労務費に対してのみ資金の貸付けを行い、残りの70％にあたる材料費は石川島が推薦した日本の銀行から借入れられた[125]。しかし、1972年11月に台湾と日本の外交関係が断絶した後、日本の銀行は造船機材に対する分割融資を打ち切ったため、台船公司は改めて現金取引を原則にせざるをえなくなった[126]。しかも、当時は世界的な海運業の不景気時期であり、各国の造船所の多くが価格を下げ、低金利分割融資を行うことで造船受注を獲得しようと争っていた。しかし、台船公司は船主に現金取引を求めたため、当然、外国の造船業者と競争することは難しかった。表5-17で、1976年の日本と韓国の造船工場と台湾の台船公司を比較したが、台湾公司は台湾政府が優待的な長期低金利の造船資金提供と融資を全く行わなかったために、日韓との競争は困難であったといえよう。

中船公司が1976年6月に工場を完成させた、ちょうどその頃、世界はオイルショックに見舞われていた。政府は中船公司と台船公司の造船業務獲得を支援するため、「国輪国運、国輪国造、国輪国修」政策をうち出し、6ヶ年造船計画として、「貿易・海運・造船相互協力実施方案」を提出することで、段階的な造船政策を推進した[127]。計画の第一期には、一度にコンテナ船8隻と多目的船6隻の受注を獲得したが[128]、そのうち13隻は公営の招商局と

---

123) 同上資料。
124) 「台湾造船股份有限公司遵照部長指示研擬改進措施報告」(『五十九年度業務検討』台湾国際造船公司基隆総廠所蔵)。
125) 台湾造船公司「加速造船施工進度及降低成本之報告」1969年3月、8頁(『経済部所属事業機構五十八年度第一次業務検討会議資料(2)』)。
126) 台湾造船公司「経済部所属事業機構六十二年度第二次業務検討會議」1973年8月、3-4頁(『経済部所属事業機構六十二年第二次業務検討会議資料(1)』)。
127) 行政院経済建設委員会 [1979]、400・402・403頁。交通年鑑編集委員会『中華民国六十八年交通年鑑』(交通部交通研究所、1980年)、553頁。

表5-17　1976年の日本・韓国と台湾の造船政策比較

国家	船主自需船価比率	政府銀行融資比率	貸付期間	利率
日本	20%	80%	7年	8-8.5%
南韓	15%	85%	8-13年	7.5-8%
台湾（台船公司）	30%	40%	5年	11-13%

出所：『台湾造船股份有限公司第四屆第十二次董監聯席会議業務報告』1976年3月26日、13-14頁。

　台航公司による注文であり、民間企業からの注文は中国航運公司が委託した1艘のみであった。つまり、受注の大部分は公営事業からのもので、民営企業から多くの注文を獲得することは難しかったといえる。その背景としては、6ヶ年造船計画のなかで、新船建造の際は必ず案件を政府に申請することが規定されていたことや、また政府の指定銀行による融資利率が8.5％に上り、超過費用は政府の補助金によって賄われたことが挙げられよう。政府の融資対象は、国内で直接支払われる新台幣分のみに限定され、国外向けの購入資金は含まれず、船主が自己調達した資金も対象外であったため、実際の補助には限りがあり、船主の購買意欲を促すにはなお不十分だったのである[129]。

　同時に、政府は造船計画外の国内汽船会社及び外国海運商からの委託造船に対する、具体的な融資方策を欠いていた。その結果、国内汽船会社及び外国海運商は工場に造船を依頼すると共に、自ら国内外の銀行に融資を掛け合う必要があり、しかも常時融資に応じてくれる機関が少なかった。また、融資制度の整備も遅れていたために、融資利率の変動幅が大きく、ある時は16.2％にまで達した。つまり、政府は明確な造船政策を欠いていたのである。そのため、1970年代末以降、台湾造船業はより多くの国内受注を獲得し、規模を拡大してコストを削減することもできず、他国造船業と競合するのは難しかった[130]。

---

128) 交通年鑑編集委員会『中華民国六十八年交通年鑑』、553-554頁。
129) 行政院経済建設委員会［1979］、434頁。
130) 同上、434頁。

3. 国営事業体制の限界

1) 経営業務の制限と自主投資権

　1948年の台船公司創設後、最初に資源委員会と台湾省政府が共同経営を行い、後に資源委員会による改組を経て、経済部国営事業が台船公司の上部機関となった。公営事業を主管する国営事業司は、時に各事業機関が業務の争奪をめぐって互いに競合しないよう、業務の分配と業務拡大の抑制を行ったが、これは公営事業の発展を明らかに制約するものであったといえる。また、公営企業は重大な方針決定の場面に至っても、企業自体が独自に決定権を持っていないので、必ず主管機関の同意を得てから実行しなくてはならず、台船公司もその例外ではなかった。

　台船公司は造船及び修船業務以外にも、機械の生産やその他の公営事業工事を請け負っていた。一方、台湾機械公司は機械設備の生産を主とし、小型船舶の生産を補助業務として、公営事業工事も請け負ったので、台船公司と台湾機械公司との間では、台湾電力公司の業務受注をめぐって衝突が生じた[131]。そのため、1955年1月、経済部は台船公司と台湾機械公司の業務を区分し、台湾糖業公司・台湾電力公司・公路局・鉄路局の業務は台機公司が担い、その他の経済部が管理する各機関の業務は、斗六市を境界線として北部を台船公司、南部を台湾機械公司が担当することになった。造船業務については、網船の建造を台湾機械公司が担った。また、ディーゼル・エンジンは原則として台湾機械公司が生産し、技術改良については両社に配慮を加え、台湾機械公司と台船公司の双方が日本との技術提携を必要とすれば、同時に認めるとした。しかし、2社の業務上の衝突を避けるため、台船公司は2年以内に200・250・300馬力、あるいはより高性能のディーゼル・エンジンを製造できるようになったが、総生産量は年間1,500馬力を超えないことを原則とし、しかも船用エンジンの製造が主であった。陸上用エンジンは、台湾機械公司の優先発展分野になったのである[132]。

---

131) 許毓良「光復初期台湾的造船業（1945-1955）―以台船公司為例的討論」『台湾文献』57：2、211頁。

経済部の政策は、元々は公営事業の専業化と分業を考慮したものであったが、逆に台船公司は多角化経営や生産規模の拡大に対する可能性を制限され、業務の発展を弾力的に調整する能力を備えることはできなかった。例えば、1970年代の2度のオイルショックは、世界中の船舶市場の需要低下を招いたが、その時に日本や韓国の主要造船企業がとった経営戦略は、企業内の周辺関連事業の統合発展や経営の多角化であった。

諸外国の企業における経営対応について、いくつか具体的な事例をあげると、たとえば日本の三菱重工業株式会社が1978年に発表した「船舶改善特別対策」は、以前のような造船主導型の経営モデルを、陸上機械や機械設備の製造を主とする経営形態に改めるものであった。そして、その具体的方法として、横浜と広島の両造船工場の造船業務が停止され、鋼鉄材製造へと転換された[133]。台船公司と提携する石川島も、1974年12月に組織調整を行い、従来の造船部門を船舶・大型機械・化学機械・エネルギー機械・航空宇宙・海外など7部門に改編し、また海洋開発科学事業の成功により、海洋作業プラント及び海上作業船等を建設した[134]。

韓国の現代重工船舶は、1978年の第2次石油危機の際に、それまでの船用主機を主に日本からの輸入に頼っている状況を見直した。とりわけ、日本のエンジン製造業者の外国造船所向け売価が、日本国内の造船所向け価格よりもずっと高く設定されていたことから、自社で製造が可能となるよう、大規模な資金を船用エンジン工業に投入して、造船業の統合を進めることを決定した[135]。

以上のような日本と韓国の造船会社の経営対応と比較して、1970年代に政府が推進した船用原動機の製造計画は、経済部国営事業司により台機公司へ研究開発と生産が託され、国営事業体制ゆえの制限から、台船公司は経営の

---

132) 台湾造船公司「事由：令頒業務劃分原則仰遵辦由」1955年1月13日、「台湾造船有限公司第四屆第二次董監会議報告及提要 附件一」1955年2月（『李国鼎先生贈送資料影印本　国営事業類（11）台湾造船公司歴次董監事聯席会議記録及有關資料』、台湾大学図書館台湾特蔵区所蔵）。
133) 山下幸夫［1993］、189頁。
134) 同上、191-192頁。
135) Amsden A［1989］, pp. 179-180。

多角化や周辺関連業務の統合を行うことはできなかった[136]。

　また、公営事業の経営においては、経営上層部自体に投資等の重大方針の決定権を持つかどうかが、その成長の持続可能性を決める条件の一つだといえる。1955年に、経済部は公営事業間の権利を分け、「経済部及び所属各公司董事会・経理人の権利責任区分表」を制定したが、その効果には限りがあった。1965年5月、経済部公営事業企業化委員会は権利区分の研究グループを立ち上げ、「経済部及び所属各公司董事会・経理人の権利責任区分方案」を制定し、同年11月より試行された。その時の計画では、経済部が国営事業の管理機関として、各社の経営方針・計画・管理政策・各基準を管轄し、基本原則の決定、各事業成績の監督及び審査を行うとされた。その実行方法は、主に二つに分けられた。一つは、経済部による審査と許可を必ず受けた後、所属会社がそれを実行する方法である。もう一つは、経済部の予備審査により、同意の必要がないとされた事項については、各自でそれを実行できるという方法である[137]。

　こうした制度は、公営事業の方針決定力を制限したといえる。つまり、公営企業は投資運用・経営方針・特別投資計画、また外貨の積立や年度必要外貨の準備などを行う上で、経済部の審査と許可を得なければならなかった。さらに、社債の発行・長期借入や国外銀行からの借入・外国との技術提携に際しても、経済部の審査を経なくてはならなかった[138]。このことから、当時の台船公司は決して十分な独立性を有しておらず、重要な増資や投資を行うにあたり、常に経済部の同意が必要であったとわかる。技術選択の上でも経済部の決定が必要であり、時には政治的要素が経済上の方針決定に影響を及ぼし、決定までの時間が遅れることもあった[139]。

　まとめると、公営事業である台船公司は制度上の制約を受けたため、市場の変化に合わせて即時に調整を行うことができず、それが組織調整と経営戦

---

136)「台湾造船股份有限公司六十六年度経営目標與現況簡報」1976年5月5日。
137)『経済部與所属各公司董事会暨経理人権責劃分辦法　附録：国営事業管理法』1966年12月16日、1－2頁（経済部経台（55）公企字第29291号令修正公布、経済部国営事業企業化委員会印）。
138) 同上、3－5頁。

2) 給料制限と人材の流出

　台船公司は経済部管理下の公営事業であるため、職員の給料もまた、1949年に政府が公布した国営事業管理法第十四条「国営事業は節約支出に準じ、その職員待遇及び福利は、行政院が定める標準にもとづき、標準額以外の支給をしてはならない」という規定に沿って支払われた[140]。しかし、1960年代台湾の工業化が進むにつれ、民間企業は技術人材への需要の高まりから、公営企業で働く職員により高い給料を払って、自社に引き抜こうとするようになった。

　職員の方でも、本章第1節ですでに述べたように、1962年に殷台公司が経営権を経済部に返還した後、台船公司の職員の給料は殷台公司時代の高給から、公営事業の給料水準に戻ってしまった。引き継ぎ後しばらくは、かつての殷台時代の給料制度が参照されたが、その後、台船公司は職員の流出を防ぐため、1964年1月に「特殊契約技術者雇用法」を立案し、当時の各海運会社における一般技師の給料の三分の二を目安として給料を定めた。この政策は、1966年1月にようやく経済部の審査と許可を得て実施され、その月給の上限額は6,000元であった。後に、この審査を経て定められた給料制度は、

---

139) 1963年7月に台船公司と石川島と三菱重工が技術移転の交渉を行った時、同年8月に日本が中国大陸にビニロン工場設備を売却する事件（「ビニロン工場事件」）と、9月に中国の油圧機訪問団通訳の周鴻慶が日本で逃亡をはかった事件（「周鴻慶事件」）が発生していたため、台湾と日本の外交関係は緊迫しつつあった。同年末に台湾政府は駐日本大使を召還し、1964年1月には日本との貿易を停止して日本製品を排斥することを宣言したが、同年5月に吉田茂が「第2次吉田書簡」を出した後、台湾と日本の関係は漸く好転した。上述の台湾と日本の両国間の政治紛糾は、台船公司と2社との技術提携の協議を、一時中断させたが、8月には引き続き協議が行われ、ついに10月に石川島が選ばれ、技術提携の契約草案が結ばれた。「台船公司與石川島播磨重工業株式会社及三菱重工業公司商談技術合作之經過」（1965年5月）（『李国鼎先生贈送資料影印本　国営事業類（十一）台湾造船公司歴次董監事聯席会議記録及有關資料』、台湾大学図書館台湾特蔵区所蔵）。張群『我與日本七十年』（中日関係研究会、1980年）、183-196頁。李邦傑編『二十年来中日関係大事記』（中日関係研究会、1972年）、77-85頁。

140) 経済部「国営事業管理法」『経済法規彙編』（1966年）、837頁。

海運業の著しい賃金変動と増額についていけず、1968年まで特殊契約職員の待遇は月給6,000元が上限とされたが、それはすでに各海運業会社の一般技師の月給の半分にも及ばなくなっていった。つまり、台船公司は柔軟な給料の調整ができなかったため、古参職員は民間企業への転職を選択するようになったのである[141]。

また、台船公司の労働者の賃金水準は、1968年の台湾省政府による労工統計報告から知ることができる。機械業の平均日給額は86元であったが、同時期の台船公司は成年技術工すら80元に満たず、技術労働者の多くは成長過程にある海運会社に流出し、その待遇は2～4倍に増加した[142]。1968年の台船公司の統計によれば、1年間の新規採用者数は936名、離職者数は549名であったが、新規採用者には新卒者か徒弟が多く、一方離職者には熟練技術工が多かった。そして、1965～68年の4年間に流出した技術工の総数は、のべ約1,900人に上り、1960年代から造船業務の発展を進めてきた台船公司にとって、熟練技術工の流出は、その事業の発展を鈍化させるものであった[143]。

そして、経済部の国営事業体制は職員と労働者に異なる賃金制度を適用したが、それと年齢や資格・経歴との不均衡の是正にはなお隔たりがあった。1967年に政府が改訂した「経済部所属事業機構分類及び職位給与評価表修正案」にもとづき、経済部所属の公営事業の職員は15等級に分けられ、労働者は「経済部所属事業職位給与評価表」にもとづき、12等級に分けられた[144]。その欠陥は、最高等級にあたる12等労働者の賃金所得が、職員の6等級と同

---

141)「経済部五十七年度第一次業務検討会議台湾造船有限公司業務報告」1968年1月(『五十七年度業務検討』、台湾国際造船公司基隆総廠所蔵)。その他に、当時の台船公司では船舶修理の学歴があれば、海運業界でいう甲乙種の「大管輪」・「二管輪」・「三管輪」及び「輪機長」(機関長)の資格が与えられた。交通部経営の招商局の賃金は、「三管輪」の待遇でも台船公司の10等主管技師以上の金額であり、外資海運企業と比べれば、主任技師の待遇に相当する程度であったため、その賃金格差の大きさが大量の職員流出を招いたといえる。「経済部五十七年度第二次業務検討会議台湾造船股份有限公司業務報告」1968年7月(『五十七年度業務検討』、台湾国際造船公司基隆総廠所蔵)。
142)「経済部所属事業機構五十八年度第一次業務検討会議台湾造船公司五十七年度業務検討報告」1969年3月(『五十七年度業務検討』、台湾国際造船公司基隆総廠所蔵)。
143) 同上資料。

程度にすぎず、しかもその6等級の職員は大学卒業後半年でその職位を得られる程度のものであった。したがって、台船公司に入社して半年の大卒新入職員と同等の賃金しか得られなかったことから、古参の技術工が民間工場への転職を希望するようになったのも無理はない[145]。

台船公司は石川島からの技術導入後、1艘あたりの造船トン数をある程度向上させたが、全体としてみれば、台船公司の建造した船舶1艘につき、部品の自給率はなおも約20％程度にすぎず、残りはみな輸入に頼らざるをえなかった。1970年代の台船公司は、労働力を安価に抑え、国外から多くの材料を輸入して船舶の組立作業を行った。一方で、国営企業という経営体質が、企業としての臨機応変な対応をとることを困難としていたといえよう。

第4節　技術習得・政府政策・ビジネス経営

前述したように、台船公司は1960年代後半より、貨物船とタンカーのシステム生産を開始し、造船実績においてもある程度の成功を収めた。しかし、その自給率についていえば、多くの部品材料や技術の面で、なお先進国への依存から脱することができなかった。台船公司の唯一の優位性は、低廉な労働コストであった。しかも、台湾政府は諸外国の政府が自国内の造船業に提供したような、優待資金や利率の融通政策を実施しなかったため、台船公司は国外からより多くの取引先を獲得し、造船の生産量を上げて規模の経済による優位性を発揮することはできなかった。また、政府は、1960年代に日本から技術導入を行うと同時に、造船周辺産業の統合を図ることも行わなかった。そのため、1970年代に日本と台湾の外交関係が断絶し、日本が台船公司の造船資材購入に対する資金融通の優遇が中止されたばかりか、それに追い打ちをかけるかのように同時期に石油危機も引き起こされた。そうした中で、

---

144)「經濟部所屬事業機構分類及評價職位薪給表修訂一案令」1967年2月20日（経台（56）人字第03806号令、『台湾造船有限公司人事法規章則彙編（列入交代）』、台湾国際造船公司基隆総廠所蔵）。

145)「經濟部所屬事業機構五十八年度第一次業務檢討会議台湾造船公司五十七年度業務検討報告」1969年3月。

日本の材料製造業者が国内の造船業を保護し、部品の輸出価格を引き上げたために、台湾造船業は市場の価格競争の上で完全に競争力を失ったのである。

これを同じ東アジアの新興工業国家である韓国と比べてみよう。そもそも1960年代初期の韓国造船業の発展能力は台湾よりずっと遅れたものであった[146]。1961年に朴正熙がクーデターによって政権を奪取した後、1967年から始まる第2期5ヶ年経済開発計画のなかで、「産業構造の近代化と自立経済の確立推進」が基本目標とされ、そこには鋼鉄・機械・化学工業の発展が含まれた[147]。造船業についても、1967年に造船奨励法が発布された。その特徴は、船舶安全法・造船会社営業規定法・造船金融法規の三位一体にあり、課税の減免や関税から技術開発等までの各部分に関して、支援及び規範項目が全て政府の法規によって明確に定められた。造船への補助についても、国内と国外の区別なく、全ての船主に一律の優待が与えられた。政府は法規や資金面での援助以外に、船舶建造における資材基準や船型設計などにも規格を与えた。1961年より、韓国政府は商工部の下に造船工業審議委員会を設け、造船関連の業務を全て担当させることにした。船舶設計については、商工部が大韓造船学会にその主管を委託した[148]。すなわち、韓国の産業育成戦略は、1960年代に造船等の周辺産業を同時に総合的な計画によって向上させるものであったといえる。

さて、韓国最大の造船会社は、1970年の6月に創立された現代重工船舶（以下、「現代重工」と略）であり、その工場は1973年12月に完成した[149]。当時、韓国内の海運業は振るわず、多くは外国から中古船を購入し使用していた。そのため、現代重工は設立当初、中東を中心とする国際市場からの商品の買い付けが主たる業務であった。そのことは、現代重工にとって国際市場ネットワークを開拓し、それが1970年代に中東地域国から多くの船舶受注を

---

146) 1962年台湾の造船実績は12,683トン、韓国は4,636トンであった。当時の韓国の建造可能な船舶規模は、最大でわずか200トンと小さかった。韓国産業銀行（1979）、韓国造船工業学会「1997年造船資料集」（石崎菜生［2000］、31頁）。祖父江利衛［1998］、22頁。整理自経済部統計部編『中華民国台湾工業生産統計月報』。
147) 小玉敏彦［1995］、51頁。
148) 石崎菜生［2000］、27–29頁。
149) 水野順子［1983］、57頁。

得ることにつながったのである[150]。また、現代重工は当初より社内に設計部門を設立し、1978年からはグループ内で船舶のエンジンの生産を行い、工業レベルの向上を図った[151]。

以上まとめると、韓国造船業は政府の産業政策の積極的な支援を受ける一方で、他方では幼稚産業の時から国際市場に目を向けた経営戦略をとることで、その生産能力は1974年から大幅に台湾を上回り、後には世界の3大造船国にまでなったのである[152]。

一方で、戦後の台湾造船業の発展過程に目をむければ、台湾の台船公司は1960年代後期に大規模な発展を遂げたが、受注の獲得先は国内市場が主であり、ビジネス市場における経営戦略を韓国の発展モデルと比較すると、受注の獲得先がかなり限定的なものであったといえる。技術習得の面では、設計の研究開発は1970年代末にようやく始まった。船用主機については、経済部国営事業委員会が台湾機械公司に研究開発を任せ、1980年末にはようやく正式に船用大型低速ディーゼル・エンジンが生産された[153]。船舶の客室口蓋部分も、1970年代末に合併先の中船公司が研究開発と生産を進め、1980年には国内で生産されるようになった[154]。1983年までに、台湾の造船業の自給率は80％まで達し、1977年の20％をはるかに大きく上回った[155]。つまり、台湾の造船能力の発展速度は比較的緩やかなものではあったが、最終的には技術的向上を達成したといえる。ただしそれは、台船公司が中船公司と合併する、1980年代以後になってからのことであった。

台湾造船業の発展戦略は、まず始めに必要材料を輸入で賄い、受託生産方式により学習と経験を積み、組立時の必要労働コストを低く抑えるというも

---

150) 祖父江利衞［1998］、39-40頁。
151) Amsden A［1989］、pp. 289-279.
152) 1974年台湾造船業の生産力は355,743トン、韓国は561,870トンであった。韓国産業銀行（1979）、韓国造船工業学会「1997年造船資料集」（原資料は商工部。石崎菜生［2000］、31頁より引用）経済部統計部編『中華民国台湾工業生産統計月報』（歴年）。
153) 経済部国営事業委員会［1961］、105-106頁。
154) 同上、111頁。
155) 魏兆歆『海洋論説集（四）』、321頁。

のであった。それと同時に、教育体系と台船公司職員を国外に派遣し訓練を受けさせる方法によって、人的資源の育成を図った。また、造船業の発展には多額の資本が必要であることに加え、長期的な投資がなされなければならない。また、商取引の面から見ると、造船の取引額はかなり大きく、通常は船主が分割払いによって購入したが、台湾政府は他の造船主要国とは対照的に、船主に対し優待融資や貸付を行う政策をとらなかったため、外国から多くの取引先を獲得することは難しかった。よって、造船業の経営に関しては、政府の産業政策による支援の有無が、きわめて重要な役割を果たしたといえる。後進国であった韓国は、政府の産業政策による恩恵を受けて、国内市場は不振ながらも、国際市場への参入に成功した。台湾は政府の造船産業政策による恩恵がなかったために、台湾造船業の受注数をさらに増やし、規模の経済による優位性を獲得することはできなかった。

　総じていえば、台湾造船業は技術習得の面で、1980年代初期にようやく成熟をみせた。しかし、ビジネスの面では、1960年代から政府が船主に対する有利な購入条件を提供しなかったために、市場は国内に限定され、韓国造船業の発展モデルのように、ビジネス上の発展及び成熟度をより高めることはできなかった。そのため、1970年代末以降、台湾造船業は国際造船市場の受注競争に参入できず、成長は頓挫し、その発展は苦境に立たされたのである。

終 章

　従来の研究においても、台湾の工業化と産業発展に関する議論はあったが、方法論的に日本植民地期と戦後とを区別し、両者を別個のものとして検討したものがほとんどであった。そこで本研究の独自性としては、台湾造船業を事例にして、日本植民地期から戦後に至るまでの長期間を、とりわけその「連続」的側面に照射しながら考察を行ってきた。時期別の特徴をいうと、日本統治期に台湾で造船業が勃興し展開した過程について検討し、続いて戦後初期における政権転換の下での台湾船渠の接収と復員の問題を論じ、さらに1950年から1978年に至るまで政府が外国から資金と技術を導入したことに言及することによって、台湾の造船業が発展した歴史過程を説明してきた。

　日本統治期における台湾の最も重要な造船会社は台湾船渠である。しかし、その規模と造船実績は日本国内及び植民地朝鮮におかれた造船会社と比較すると、そのどちらよりも小さい。その理由は日本帝国全体からみた地政学的要因にあった。朝鮮は日本と満洲、中国占領地域との中継点であり、そのため海運と造船業はどちらも台湾より重要であった。よって日本帝国における地政学的要因と工業が相対的に未発達であったため、台湾に大規模な造船業が出現することはなかった。

　戦後初期は台船公司の再建と同時進行したインフレのため、業務の拡張と資金調達に困難が生じた。1950年以前、政府は創業のための経費を提供しただけで、その他は全く何の援助も講じなかった。中華民国政府が台湾に撤退した後、台湾銀行とアメリカの援助が提供した船舶修繕借款により、海運業

界の船舶修繕に必要な資金の貸付けが行われ、台船公司はそれによって船舶の修繕業務を開始することができた。これは政府が台湾造船業の発展を政策的に支持し始めた起点と見ることができる。その後、政府は漁業の発展に合わせて、台船公司に日本の技術を導入して漁船生産を発展させるように促し、技術者を日本に派遣して造船技術を学習させた。

概ね、戦後初期の台湾造船業の技術は中国と日本の二系統が混合して形成されたものといえよう。すなわち、労働者層においては日本統治期からの台湾人技術者と戦後に日本の技術を学習した技術者という戦前との「連続」を有する一方、職員層は中国系統の資源委員会スタッフとつながりをもつという戦前との「断絶」があった。戦後台湾造船業の「大陸経験」の移植は、そうせざるを得ない歴史的条件があった。造船業の人材育成の観点からみると、日本統治期から戦後初期まで、台湾では造船を教育する専門学校や学科が不足していた。そのため戦後初期は主として資源委員会のスタッフで造船関連の人材を補填するしかなかった。1950年代になると、台船公司はアメリカと教育部の援助を受けて、「芸徒訓練班」を設けて造船に要する基本労働者を養成した。1952年には台湾大学機械工程学系との合同実習（cooperative education）で造船会社が必要とする技術者を養成し、これが1950年代における台湾造船の人材育成の起点となったのである。

1950年代後期の殷台公司の時代に、海事専門学校と協議して合同実習方式で造船エンジニアリング科を設立した。これは戦後台湾における造船専門課程設立の発端となった。設立当初における造船教育の教師の一部は、豊富な実務経験を具えた台船公司の職員であり、彼らは過去に同済大学と交通大学で造船教育を受けている。すなわち、これは「大陸経験」の伝承であり、「連続」的であるといえる。

現代的な造船会社の業務内容には、造船、船舶修理、機械製造等の三部門が含まれる。戦後における台船公司の発展を概観すると、初期は大型船舶の製造能力を具えておらず、わずかに船舶修理と機械製造のみを主要業務としていた。台船公司は1957年に工場をアメリカのインガルス造船会社に貸与し、3万6,000トン級の自由号と信仰号を生産した。その後、殷台公司は数万トン単位の大型船舶の造船技術を具えるようになったが、資金不足を原因として、

1962年に経営権を経済部に返還した。政府はもともと台船公司が外部委託経営によって台湾造船業を発展させることを望んでいたが、殷台公司には資金確保の手段と経営戦略の妥当性を欠いていた。また、当時の台湾国内の造船関連産業が未だ十分に成熟していなかったため、事業は失敗に終わった。

この後、1965年に台船公司と石川島が技術提携をするに至って、ようやく体系的な造船事業が開始された。それとともに技術者を日本へ派遣して研修を受けさせることで、人的資源の質的向上がなされ、技術の発展をさらに進めることができた。石川島からの技術移転により、台船公司は大型船舶の生産技術を有するようになった。さらに、台船公司が同時に造船、船舶修理、機械製造等三部門の業務を行うことで、台船公司はその獲得した技術によって従来の体制を改善した。また、造船の分野では10万トン規模の船舶建造技術を備え、船舶修理の分野ではドック設備の拡充により、船舶修理の実績が上昇した。

ただし1960年代の台船公司は比較的成功したといっても、自給率からいえば多くの資材は依然として先進国への依存状態から抜け切れずにいた。台船公司が備えていたものは安価な労働コストの優位性だけであった。そこで、政府は1960年代後半に南部に大規模造船工場を設置する議案を提出していた。当時の台湾のでは、中船公司と台船公司両社が比較的大きな生産規模を備えた造船会社であったにもかかわらず、1970年代の政府は産業拡張を推し進めず、造船業を優遇する資金融通と利率政策を提供しなかったため、台湾造船業の国際市場における競争力を向上させることができなかった。台湾造船業が1960年代に大量生産に転換後もなお、政府が造船業に対する産業政策を実施しなかったため、一層コストを低下させて大規模経営の優位性を発揮することはできなかった。1970年代、台湾造船業は二度の石油危機によって発注が萎縮するなかで、大きな打撃をこうむった。

戦後台湾は民間資本の蓄積が十分でなく、かつ大企業の多くは国営であったため、政府が産業政策を実施するか否かがより重要であった。改めて台船公司の技術移転について、造船業関連の各分野で内容を確認すると、まず船体組配の分野では、1960年代後半より石川島との技術提携の後、大量生産の条件が整備されたため、技術が徐々に成熟してコストをさらに低下すること

ができた。続いて、資材生産の分野では、1980年代初めの台湾はすでに舶用主機と鋼板を製造する能力を具えていたため、組み立ての生産能力も徐々に成熟していった。そして船舶設計の分野では、遅くとも1970年代末には高等な基本設計の技術を具えていた。要するに、台船公司全体の生産能力は1980年ごろにほぼ成熟した水準に到達していたが、会社の経営は、政府が即時的な産業政策を推し進めて垂直統合を行っていたため、良好な取引の足がかりを構築することができなかったのである。

　以上のような、本研究における台船公司を事例とした後進国台湾の造船業の発展過程を参考にすると、第一章で挙げた技術学習と経済発展の理論に対し、次のようなインプリケーションを与えることができる。まず、ガーシェンクロンは、「後進国は世界の選考した技術を用いてより早く工業化を実現できる」という仮説を提唱したが、この説を素直に支持することはできない。1960年代の台船公司の事例からすれば、世界の技術を導入する以外にも、政府が産業政策を支持するか否かという点が、ゆるがすことのできない条件であった。

　次にアブラモヴィッツは、ガーシェンクロンが提唱した後進性による発展段階の決定のほかに、教育と企業組織での学習が培ってきた社会的能力を考慮すべきであり、このことこそが技術の模倣と拡散に有効であるとした。しかし、台船公司の事例から、アブラモヴィッツの論点もただちに肯定することはできない。すなわち、台湾における重工業発展のモデルからいえば、後進国の整備した教育と企業組織が行った技術の養成では、重工業発展を可能とするような技術学習は十分ではなかった。重工業の発展については資本集約度が高く、かつ投資回収期間が比較的長いものであり、民間の資金と投資意欲が乏しいという前提では、政府が産業政策を意欲的に支持するか否かが、欠くべからざる要因となる。

　台船公司の発展戦略は、船舶修理技術を具えただけのものから大型船舶を建造できるまでのプロセス、すなわち断片的な学習モデルから整合的なそれへという漸進的な学習方法にあったといえる。よって、ローゼンブルームとクリステンセンが主張した累積する技術革新理論は、台船公司の発展過程と整合的であるといえよう。

フランスマンは、後進国は国内環境に有利な新製品と生産技術を探求し、生産の改善を経て、次第に新製品と生産工程を発展させつつ、徐々にR&Dを発展させると主張した。しかしながら、台船公司は公営事業であったため、生産的役割において時には政府の政策指導と規範を受けなければならなかった。製品の峻別は必ずしも国内環境に有利とは限らないが、自発的に市場の変化に沿って機敏に経営戦略の調整を行わなければならない。しかし、台船公司は最終的に1970年代から台湾大学造船研究所及び聯合船舶設計発展センターと提携する方式を経て、ハード面で一定程度の引き上げを達成した後、船舶設計の作業を行うことができるようになった。

ロールはメーカーの技術力に配慮する以外に、また国家の技術力を重視すべきであり、政府は政策面で誘因付与などの制度面を提供し、メーカーを保護することで技術を取得することができると強調した。台船公司の造船業発展事例に依拠してみるに、政府はこの方面では良好な誘因と制度を一つも提供することがなかったために、台船公司の経営を高度に発展させる潜在力をそなえさせることができなかった。そのことが、より良好なビジネスの成功を得られなかった結果につながった。韓国の造船業と比較してみると、韓国は政府の政策の強力な支持により、国際造船市場の実績において傑出した成功を獲得し、ロールが提唱した政府による政策の重要性を証明した。よって台船公司の事例はロールが提示した仮説を逆説的に支持しているといえる。

続いて、フリーマンとソートは、後進国はまず導入した低級技術が成熟することにより、工業化への優位を得られるようになる。そして、導入後に一定期間過ぎた時に、産業を発展させることが可能となれば再び長期的な発展を達成することができるが、そうでなければ低技術低成長の苦境に陥らざるを得ない、と主張した。台船公司の発展は1960年代の早い段階で産業を発展させることを行わなかった。続く1970年代はオイルショックで需要が低迷したことを受けて、ようやく船舶関連産業の拡大を直視し始めたが、機会を引き延ばしにしていたために国際造船市場においてビジネス上の発展機会を得られずにいた。台船公司の事例はフリーマンとソートの議論を論証したものだということができる。

ネルソンとローゼンバーグが提唱した後進国の大学と専門学校における技

術者養成の重要性についての仮説もまた、台船公司の事例研究によって立証することができる。1950年代初めに台船公司の技術者養成はまず従業員訓練計画を練り、その後は「芸徒訓練班」を設立し、生産工程の中で学習を行った。殷台公司の時期には海事専門学校との合同実習によって造船科の設立を促し、正式な教育課程を経た造船業の人材育成が始まった。一方で、1970年代には台湾大学に船型試験槽が建造され、台湾大学造船研究所をつくり、模擬実験を可能とし、台湾造船業の設計水準を向上させた。船型試験槽が立てられた後、台船公司は台湾大学造船研究所との提携を進めることによって船舶設計ができるようになった。

　台湾造船業の発展を、もし経済発展理論の観点から検証するとすれば、1960年代の台船公司の生産面での成長は、バランとフランクの理論がいうように、後進国が発展できない工業化の落し穴をすでに飛び越えたと見ることができる。しかしながら、内製率に着目すると、当時の台船公司の発展はわずかに低廉な労働コストによって加工を代行するだけで、未だ日本への技術的依存から抜け出していなかったことが分かる。

　世界銀行を中心とする新古典派が言うNIEsの成長は、主に輸出主導と市場メカニズムの遵守によるものである。台船公司の事例を検討すると、新古典派の仮説は決して支持できるものではない。なぜなら、台船公司は1950年代初めの政府の関与を経て発展した。1950年代初めにおける台湾銀行からの借款を利用した漁船建造補助から、殷台公司の委託経営方式に至るまで、台湾造船業の発展過程における政府の戦略は、新古典派の仮説を全く採用していないことが立証できる。また、台船公司の造船発注は、始め国内市場を主とした後に輸出拡張を試みたにもかかわらず、良好な取引制度の構築などの関連した措置を施せなかったために、日本や韓国の造船業との競争に対してなす術が無かった。最終的に1976年に提示した「国輪国運、国輪国造、国輪国修」政策は、市場の失敗を補うための産業政策である。

　アムスデンは韓国造船業に関する実証研究において、後進国が工業化を図る時に、政府が補助など強力な政策的関与をしなければならないという仮説を提唱した。また、後進国には技術がないために、多角的経営を展開することでしか企業の成長を維持できないとした。台船公司の発展過程においては、

他国にくらべて政府による手厚い補助や関与はを少なかったことが見受けられる。多角的経営の展開については、台船公司が国営事業に属していたため、上級機関の規範を強いられ、自主性のある生産と事業展開を行うことができなかった。よって、台湾の造船業は、政府が主導する強力な産業政策が欠如した中で、一層の成長を望むべくもなく、アムスデンが提示した修正学派の仮説を顛倒したかたちで証明することとなった。

　最後に本研究の総括と展望を述べて、稿をとじることとしたい。まず、本研究は台湾造船業の発展を事例とした後進国工業化の具体的な事例研究を行った。台船公司は植民地期の造船工場を継承し、戦後において国外の技術を導入することによって発展し、また、技術の導入過程で人的資源の水準を引き上げ、技術学習に順応できるようにした。加えて、政府が適当な時期に産業政策を推し進めることができたか否かが、産業の更なる長期的な発展可能性の成否に決定的に影響するといえる。

　次に、本研究に残された課題と展望についてふれたい。まず、本研究は日本植民地期から1977年までの考察を行ったが、その後の1970年代末における中船公司の成立と発展について検討を進めることは、今日の台湾造船業の史的前提として重要である。そして本研究は、日本や中国との関係性については随所で言及したつもりではあるが、台湾と韓国の造船業の比較、ほかにもロシアなどの国々との関係性・比較の視点で考察することが必要である。たとえばロシアとの関係について簡単にふれると、中国東北部に位置する大連造船廠は、1898年にロシア帝政期に修理工場として始まった。その後、南満洲鉄道株式会社と大連船渠株式会社に前後して入り、戦後中華人民共和国成立後は、再びソ連の生産技術を導入して造船事業を行った。この点もまた、台湾、中国、ソ連三国における造船業の発展における一つの比較研究として今後の課題としたい。

あとがき

　本書は2008年7月に台湾国立政治大学経済学研究科にて博士課程を終了し、博士号を取得した際に提出した博士論文に加筆修正を加えたものである。すでに個別論文としてシンポジウムまたは研究会等で発表、もしくは投稿する機会を得たものについては以下の通りである。

・「史料紹介：戦後初期の台湾経済史研究と史料の運用（1945-1950年）」『現代台湾研究』第32号、2007年9月。（序章の一部分）
・「日治時期臺灣造船業的發展與侷限」『第五屆臺灣總督府檔案學術研討會論文集』、2008年11月。（第一章の一部分）
・「戰後初期臺灣造船業的接收與經營（1945-1950）」『臺灣史研究』第14巻第3期、2007年9月。（第一章の一部分）
・「開発途上国の工業化の条件―1960年代の臺湾造船公司の技術移転の例」『社会システム研究』第15号、2007年9月。（第四章の一部分）
・「戰後臺灣造船公司的技術學習與養成」『海洋文化學刊』第4期、2008年6月。（第五章の一部分）
・「戰後新興工業化國家的技術移轉―以臺灣造船公司為例」『臺灣史研究』第16巻第1期、2009年3月。（第三章の一部分）

　筆者は2003年9月より台湾国立政治大学経済学研究科博士課程に在籍し、交通大学人文社会学研究科黄紹恒先生には指導教官として始終ご指導をいただいた。また、台湾中央研究院台湾史研究所研究員兼所長許雪姫先生より、台湾史資料論についての講義を受け、中央研究院人文科学研究センター研究員瞿宛文先生より、経済発展の歴史観と研究方法を教えていただいた。各先生方に対してここに深謝の意を表する。

また博士過程在籍期間に東京大学社会科学研究所田島俊雄先生主催の東アジア経済史研究会及び、立命館大学経済学研究科金丸裕一先生主催の中国企業文化研究会へ参加する機会を得、各会員より様々な教えをいただいた。

　2009年10月から、田島俊雄先生の推薦を受け日本学術振興会外国人特別研究員の資格を得て、東京大学社会科学研究所に客員研究員として在籍している。その間、社会科学研究所教授田島俊雄先生、経済学研究科教授武田晴人先生、人文社会系研究科准教授吉澤誠一郎先生のゼミに聴講し、中国経済論、日本経済史、中国史などの知識を吸収している。受講生との議論から多くのこと学び、大いに刺激を受けた。

　また日本滞在中、東京大学名誉教授石井寛治先生、中京大学法学部教授檜山幸夫先生、東京女子大学人文学科栗原純先生、信州大学人文学部久保亨先生、広島大学法学部講師前田直樹先生、アジア経済研究所佐藤幸人氏、アジア経済研究所川上桃子氏、より、有益なご助言、ご指導をいただいた。ここに深謝の意を表する。そして、峰毅、加島潤、湊照宏、松村史穂、門闖、王穎琳、張馨元の各氏のおかげで充実した研究生活を送ることが出来た。さらに、日本語の面で協力を惜しまなかった村上正和、豊岡康史、芦沢知絵、清水美里、斉藤邦明、杉本房代の諸氏に心から感謝の意を表したい。

　本書の研究は、博士課程在籍中に財団法人至友文教基金会より研究助成金を受けており、刊行に際しては独立行政法人日本学術振興会より、平成23年度科学研究費補助金（研究成果公開促進費）を受けている。財団法人至友文教基金会と独立行政法人日本学術振興会にはここに感謝の意を表したい。なお、本書の出版にあたって、御茶の水書房社長橋本盛作氏と編集担当の小堺章夫氏に大変お世話になった。

　2011年6月25日

洪　紹　洋

参考文献目録

〈一次資料〉

外交部檔案（中央研究院近代史研究所檔案館蔵、11）
基隆船渠株式会社営業報告書（営業報告書集成（第五集）〔マイクロフィルム〕）
行政院経済安定委員会檔案（中央研究院近代史研究所檔案館蔵、30）
行政院国際経済合作発展委員会檔案（中央研究院近代史研究所檔案館所蔵、36）
経済部国営事業司檔案（中央研究院近代史研究所檔案館蔵、35）
財政部国有財産局檔案（国史館蔵、275）
資源委員会檔案（中央研究院近代史研究所檔案館蔵、24）
台湾国際造船公司檔案（台湾国際造船公司基隆総廠蔵）
台湾船渠株式会社営業報告書（営業報告書集成（第四集）〔マイクロフィルム〕）
三菱重工業株式会社名簿（昭和13年11月1日現在）
李国鼎先生贈送資料影印本（国立台湾大学図書館特蔵室蔵）
JACAR（アジア歴史資料センター）

〈刊行資料〉

中国第二歴史檔案館編［2000］『中華民国史檔案資料彙編第五輯第三編　財政経済（四）』、江蘇古籍出版社。
薛月順編［1993］『資源委員会檔案史料彙編——光復初期台湾経済建設（上）』国史館。
―――［1993］『資源委員会檔案史料彙編——光復初期台湾経済建設（中）』国史館。
―――［1996］『台湾省政府檔案史料彙編―台湾省行政長官公署時期（一）』国史館。
農復会檔案、周琇環編［1995］『台湾光復後美援史料　第一冊 軍協計画（一）』国史館。
周琇環編［1998］『台湾光復後美援史料　第三冊 技術協助計画』国史館。
中国第二歴史檔案館・海峡両岸出版交流中心編［2007］『館蔵民国台湾檔案編彙編』第55冊、北京：九州出版社。
何鳳嬌編［1990］『政府接収台湾史料彙編 上冊』国史館。
陳鳴鐘、陳興唐主編［1989］『台湾光復和光復後五年省情（下）』南京出版社。
程玉鳳・程玉凰［1988］『資源委員会技術人員赴美実習史料——民国三十一年会派（上冊）』国史館。

〈新聞〉

『台湾時報』
『中央日報』
『聯合報』
『台湾日日新報』

〈日本語文献〉

石井寛治［1991］『日本経済史（第二版）』東京大学出版会。
石崎菜生［2000］「韓国の重化学工業と「財閥」——朴正熙政権期の造船産業を事例として」（東茂生編『発展途上国の国家と経済』アジア経済研究所）。
岩崎潔治編［1912］『台湾実業家名鑑』台湾雑誌社。
大澤貞吉［1957］『台湾縁故者人名録』愛光新聞社。
外務省経済協力局［1970］『対中華民国経済協力調査報告書』外務省経済協力局。
基隆船渠株式会社［1924］『基隆船渠株式会社営業案内』。
小玉敏彦［1995］『韓国工業化と企業集団——韓国企業の社会的特質』学文社。
小林英夫［2000］『日本企業のアジア展開——アジア通貨危機の歴史的背景』日本経済評論社。
黄紹恆［2004］「近代日本製糖業の成立と台湾経済の変貌」（堀和生・中村哲編『日本資本主義と朝鮮・台湾』京都大学学術出版会）。
興南新聞社編［1943］『台湾人士鑑』興南新聞社。
河原功編［1997］『台湾協会所蔵 台湾引揚・留用紀録（第5巻）』ゆまに書房。
笹本武治・川野重任［1968］『台湾総合研究（下）』アジア経済研究所。
塩沢君夫・近藤哲生［1979］『経済史入門』有斐閣。
蕭明禮［2007］「日本統治時期における台湾工業化と造船業の発展 基隆ドック会社から台湾ドック会社への転換と経営の考察」『社会システム研究』第15号。
新高新報社編［1937］『台湾紳士名鑑』新高新報社。
鈴木邦夫編［2007］『満洲企業史研究』日本経済評論社。
隅谷三喜男・劉進慶・涂照彦［1992］『台湾の構造——典型NIECの光と影』東京大学出版会。
政治経済研究所編［1959］『日本の造船業』東洋経済新報社。
祖父江利衛［1998］「需要サイドからみた韓國造船業の國際船舶市場への参入要因」『アジア経済』第39巻2号。
造船テキスト研究会［1982］『商船設計の基礎（上）』成文堂出版。
台湾経済年報刊行会［1942］『台湾経済年報（昭和17年版）』国際日本協会。
台湾総督府企画部［1942］『東亜共栄圏の要衝としての台湾工業化計画私案』台湾

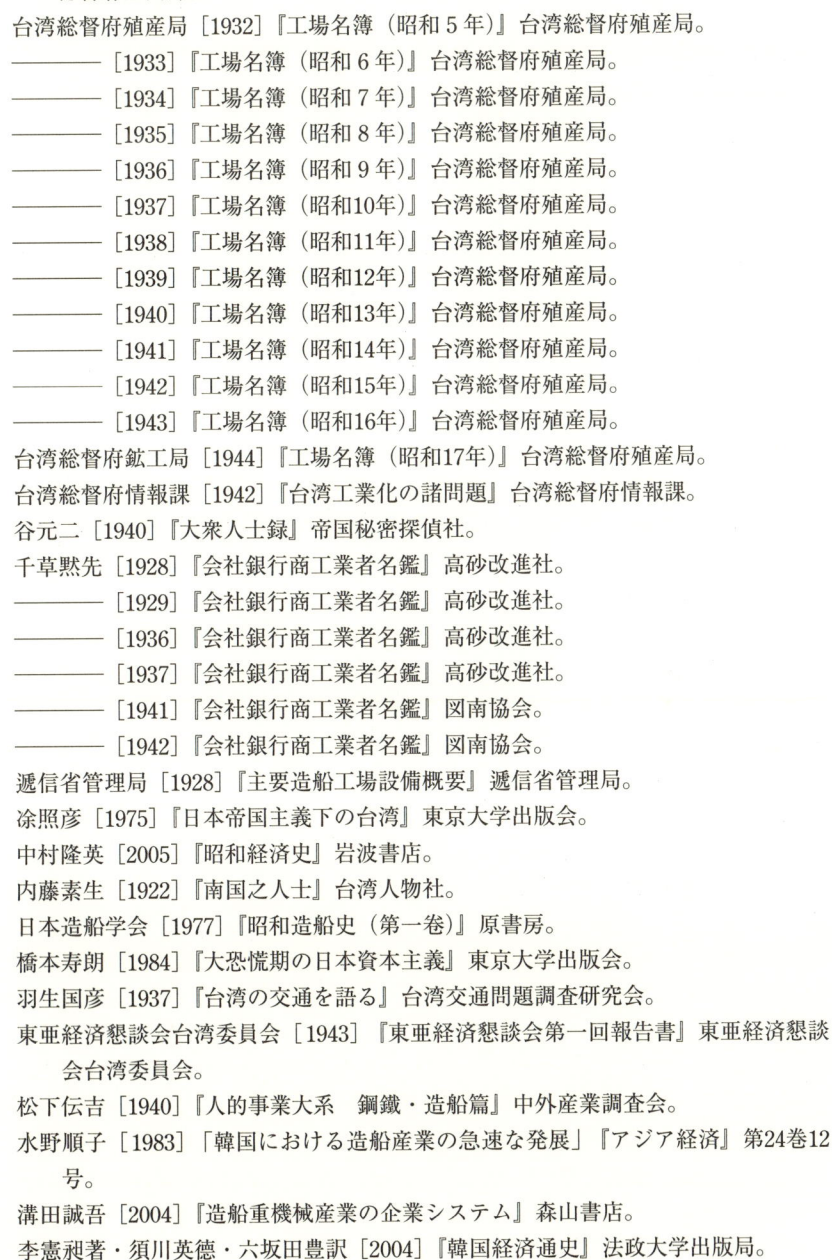

総督府企画部。
台湾総督府殖産局［1932］『工場名簿（昭和5年）』台湾総督府殖産局。
─── ［1933］『工場名簿（昭和6年）』台湾総督府殖産局。
─── ［1934］『工場名簿（昭和7年）』台湾総督府殖産局。
─── ［1935］『工場名簿（昭和8年）』台湾総督府殖産局。
─── ［1936］『工場名簿（昭和9年）』台湾総督府殖産局。
─── ［1937］『工場名簿（昭和10年）』台湾総督府殖産局。
─── ［1938］『工場名簿（昭和11年）』台湾総督府殖産局。
─── ［1939］『工場名簿（昭和12年）』台湾総督府殖産局。
─── ［1940］『工場名簿（昭和13年）』台湾総督府殖産局。
─── ［1941］『工場名簿（昭和14年）』台湾総督府殖産局。
─── ［1942］『工場名簿（昭和15年）』台湾総督府殖産局。
─── ［1943］『工場名簿（昭和16年）』台湾総督府殖産局。
台湾総督府鉱工局［1944］『工場名簿（昭和17年）』台湾総督府殖産局。
台湾総督府情報課［1942］『台湾工業化の諸問題』台湾総督府情報課。
谷元二［1940］『大衆人士録』帝国秘密探偵社。
千草黙先［1928］『会社銀行商工業者名鑑』高砂改進社。
─── ［1929］『会社銀行商工業者名鑑』高砂改進社。
─── ［1936］『会社銀行商工業者名鑑』高砂改進社。
─── ［1937］『会社銀行商工業者名鑑』高砂改進社。
─── ［1941］『会社銀行商工業者名鑑』図南協会。
─── ［1942］『会社銀行商工業者名鑑』図南協会。
逓信省管理局［1928］『主要造船工場設備概要』逓信省管理局。
涂照彦［1975］『日本帝国主義下の台湾』東京大学出版会。
中村隆英［2005］『昭和経済史』岩波書店。
内藤素生［1922］『南国之人士』台湾人物社。
日本造船学会［1977］『昭和造船史（第一巻）』原書房。
橋本寿朗［1984］『大恐慌期の日本資本主義』東京大学出版会。
羽生国彦［1937］『台湾の交通を語る』台湾交通問題調査研究会。
東亜経済懇談会台湾委員会［1943］『東亜経済懇談会第一回報告書』東亜経済懇談会台湾委員会。
松下伝吉［1940］『人的事業大系　鋼鐵・造船篇』中外産業調査会。
水野順子［1983］「韓国における造船産業の急速な発展」『アジア経済』第24巻12号。
溝田誠吾［2004］『造船重機械産業の企業システム』森山書店。
李憲昶著・須川英徳・六反田豊訳［2004］『韓国経済通史』法政大学出版局。

劉進慶［1975］『台湾戦後経済分析』東京大学出版会。
矢内原忠雄［1988］『日本帝国主義下の台湾』岩波書店。
山崎志郎［2007］「戦時経済総動員と造船業」（石井寛治・原朗・武田晴人編『日本経済史 4 戦時・戦後期』東京大学出版会）。
山下幸夫［1993］『海運・造船業と国際市場』日本経済評論社。

〈中国語文献〉

魏兆歆［1985］『海洋論説集（四）』黎明文化事業公司。
王奐若［1987］「海軍機械學校建校四十週年憶往」『海軍學術月刊』第21巻第 5 期。
王先登［1994］『五十二年的歷程——獻身於我国防及造船工業』私家版。
翁文灝［1947］「台湾的工礦現状」『台糖通訊』第 1 期第22号。
許雪姫［2004］『台湾歴史事典』行政院文化建設委員会。
―――［2006］「戦後台湾民営鋼鐵業的發展与限制（1945-1960）」（陳永發編『両岸分途　冷戦初期的政経發展』中央研究院近代史研究所）。
許毓良［2006］「光復初期台湾的造船業（1945-1955）　以台船公司為例的討論」『台湾文獻』第57巻第 2 期。
金董建平・鄭會欣編注［2007］『董浩雲的世界』三聯書店。
行政院国際経済合作発展委員会［1964］『美援運用成果檢討叢書之二　美援貸款概況』行政院国際経済合作発展委員会。
行政院経済建設委員会［1979］『十項建設重要評估』行政院経済建設委員会。
行政院美援運用委員会編［1961］『十年来接受美援単位的成長』行政院美援運用委員会。
経済部［1971］『廿五年来之経済部所属国営事業』経済部国営事業委員会。
経済部［1958］『経済部四十六年度業務檢討報告』経済部。
―――［1973］「台湾之造船工業」『経済参考資料』第 5 号。
経済部人事処編［1972］『経済部暨所属機構單位主管以上人員通訊録』経済部人事処。
呉聰敏［1997］「1945-1949年国民政府対台湾的経済政策」『経済論文叢刊』第25輯 4 期。
呉大惠［1968］「台船廿年」『台船季刊』創刊号、台湾造船公司。
呉文星［2005］「戦後初年在台日本人留用政策初探」『台湾師大歴史学報』第33期。
呉若予［1992］『戦後台湾公営事業之政経分析』業強出版社。
胡興華［1996］『台湾早期漁業人物誌』台湾省政府漁業局。
―――［2002］『海洋台湾』行政院農業委員会漁業署。
黄紹恆［2010］『台湾経済史中的台湾総督府　施政権限、経済学与史料』遠流出版事業股份有限公司。

交通銀行［1975］『台湾的造船工業』交通銀行。
国立故宮博物館編輯委員会［2000］『譚伯羽譚季甫先生昆仲捐贈文物目錄』故宮博物院。
周茂柏［1948］「台湾造船工業的前途」『台湾工程界』第2巻第8号。
徐柏園［1967］『政府遷台外匯貿易管理初稿』国防研究院。
章子恵編［1948］『台湾時人誌』国光出版社。
薛毅［2005］『国民政府資源委員会研究』社会科学文献出版社。
全国政協文史資料研究委員会工商経済組［1998］『回憶国民党政府資源委員会』中国文史出版社。
蘇雲峰編［2004］『清華大學師生名錄資料彙編』中央研究院近代史研究所。
曾慧香［2004］『日治時期馬公要港都——臺籍從業人員口述歷史專輯』澎湖県文化局。
台湾機械造船有限公司［1948］「台湾機械造船有限公司事業消息」『台湾工程界』第2巻第2期。
台湾機械造船股份有限公司［1948］「資源委員会台湾省政府台湾機械造船股份有限公司概況」『台湾銀行季刊』第1期第4号。
台湾省行政長官公署統計室［1946］『台湾省統計要覧第一期——接收一年来施政情形専号』台湾省行政長官公署。
台湾省接収委員会日産処理委員会［1947］『台湾省接収委員会日産処理委員会報告』台湾省接収委員会日産処理委員会。
台湾省政府建設庁編［1947］『台湾公営工礦企業概況』台湾省政府建設庁。
台湾省文献委員会編［1951］『台湾省通志稿（巻首下大事記、第二冊）』台湾省文献委員会。
台湾造船公司［1972］『中国造船史』台湾造船公司。
戴宝村［2000］『近代台湾海運発展——戎克船到長栄巨舶』玉山社。
中央信託局台湾分行［1950］『台湾省現行金融貿易法規彙編』中央信託局台湾分行。
中華民国工商協進会［1963］『中華民国工商人物誌』中華民国工商協進会。
中華民国交通史編纂小組［1981］『中華民国交通史（上冊）』華欣文化事業中心。
中華民国駐日代表団及帰還物資接収委員会［1949］『在日辦理賠償帰還工作綜述』中華民国駐日代表団及帰還物資接収委員会。
中華民国民衆団体活動中心編［1961］『中華民国五十年来民衆団体』中華民国民衆団体活動中心。
中国験船協会［1955］『中国験船協会概要』中国験船協会。
瞿宛文［2008］「重看台湾棉紡織業早期的発展」『新史学』第19巻1号。
―――［2002a］「台湾石化業的発展模式 以人纖原料業為例」（瞿宛文編『経済成長的機制以台湾石化業与自行車業為例』台湾社会研究）。

─────［2002b］「産業政策的示範効果　台湾石化業的産生」（瞿宛文編『経済成長的機制以台湾石化業与自行車業為例』台湾社会研究）。

銭昌照［1988］「国民党政府資源委員会始末」全国政協文史資料研究委員会工商経済組編『回憶国民党政府資源委員会』中国文史出版社。

陳政宏［2005］『造船風雲88年』行政院文化建設委員会。

趙既昌［1985］『美援的運用』聯經出版社。

張守真訪問［2001］『中鋼推手趙耀東先生口述歴史』高雄市文献委員会。

鄭友揆・程麟蘇・張伝洪［1991］『旧中国的資源委員会──史実与評価』上海社会科学出版社。

湯熙勇［1991］「台湾光復初期的公教人員任用方法　留用台籍、羅致外省籍及徴用日人」（1945.10-1947.5）」『人文及社会科学期刊』第4巻1期。

文馨瑩［1990］『経済奇蹟的背後　台湾美援経験的政経分析（1951-1965）』自立晩報文化出版部。

楊基銓撰述、林忠勝校閲［1996］『楊基銓回憶録：心中有主常懷恩』前衛出版社。

林玉茹、李毓中［2004］『戦後台湾的歴史学研究1945-2000：台湾史』行政院国家科学委員会。

林継文［1996］『日本据台末期（1930-1945）戦争動員体係之研究』稲郷出版社。

林本原［2007］「国輪国造　戦後台湾造船業的発展（1945-1978）」国立政治大学歴史学研究所碩士論文。

廖鴻綺［2005］『貿易与政治　台日間的貿易外交（1950-1961）』稲郷出版社。

劉士永［1996］『光復初期台湾経済政策的検討』稲郷出版社。

劉素芬編著［2005］『李国鼎：我的台湾経験』遠流出版社。

劉鳳翰・王正華・程玉鳳訪問［1994］『国史館口述歴史叢書（3）韋永寧先生訪談録』国史館。

劉紹唐編「民国人物小伝──魏重慶（1914-1987）」『伝記文學』第50巻第5期、144-145頁。

─────編「民国人物小伝──黄少谷（1901-1996）」『伝記文學』第69巻第5期、129-130頁。

─────編「民國人物小伝──楊継曾（1898-1993）」『伝記文学』第64巻第1期、133-134頁。

─────編「民國人物小傳──沈怡（1901-1980）」『伝記文學』第38巻第6期、142頁。

〈英語文献〉

Abramovitz, M［1986］"Catching Up, Forging Ahead, and Falling Behind."*Journal of Economic History*, Vol. 46, no2.

Amsden, A. H [1989] *Asia's Next Giant: South Korea and Late Industrialization.* NY: Oxford University Press.

———— [1991] "Diffusion of Development: The Late-Industrializing Model and Greater East Asia." *American Economic Review*, Vol. 81, no2.

Baran, P. A [1957] *The Political of Economy of Growth.* N.Y.: Monthly Review Press.

Chenery, H. B [1960] "Patterns of Industrial Growth." *American Economic Review*, Vol. 50, no3.

Frank, A. G [1970] *Latin America: Underdevelopment or Revolution.* N.Y.: Monthly Review Press.

Fransman, M [1986] *Technology and Economic Development.* Sessen: Wheatsheaf Books.

Freeman, C. & Soete, L [1997] *The Economic of Industrial Innovation.* Massachusetts: MIT Press.

Gerschenkron, A [1962] *Economic Backwardness in Historical Perspective.* Cambridge, Mass: Harvard University Press.

Gilpin, R [1987] *The Political Economy of International Relations.* Princeton N.J.: Princeton University Press.

Isbister, J [1988] *Promises Not Kept: Poverty and the Betrayal of Third World Development*, Bloomfield, CT.: Kumarian Press.

Kohli, A [2004] *State-Directed Development: Political power and Industrialization in the Global Periphery*, NY: Cambridge University Press.

Lewis, W. A [1954] "Economic Development with Unlimited Supplies of Labour." In Agarwala, A. N. and Singh, S. P., (eds.). *The Economics of Underdevelopment.* London: Oxford University Press.

Lall, S [1991] "Technological capabilities and Industrialization," *World Development*, Vol. 20, no2.

Meier, G. M [2000] "The Old Generation of Development Economists and the New", In Meier, G. M. & Stiglitz, J. E. (eds.). *Frontiers of Development Economics: the future in perspective.* N.Y: Princeton University Press.

Nelson, R. R. & Rosenberg, N [1998] "Technology Advance and Economic Growth." *The Dynamic Firm: The Role of Technology, Strategy, Organization, and Regions.* Oxford: Cambridge University Press.

Rosenbloom, R. and Christensen, C. M [1994] "Technological discontinuities, organizational capabilities and strategic commitments." *Industrial and Corporate Change*, Vol3, no3.

Rosenstein-Rodan P. N [1943] "Problems of Industrialization of Eastern and South-

Eastern Europe", *The Economic Journal,* Vol. 53, no210/211.

Rostow, W. W [1971] *The Stages of Economic Growth*, London: Cambridge University Press.

Solow, R. M [1957] "Technical Change and the Aggregate Production Function." *The Review of Economics and Statistics*, Vol. 39, no3.

World Bank [1993] *The East Asian Miracle Economic Growth and Public Policy.* Washington, D. C.: World Bank.

付表資料

付表一　1930（昭和5）年台湾造船業工場

会社名称	地点	経営者	会社成立時期	主要製品	職工数
基隆船渠株式会社	基隆	近江時五郎	1919年	造船、鉱山用機械	200
合資會社山村造船鉄工所	基隆	山村為平	1900年	造船	7
台湾倉庫株式会社造船工場	基隆	三巻俊夫	1920年	造船	6
岡崎造船所	基隆	岡崎榮太郎	1922年	造船	9
山本造船所	基隆	田尻興八郎	1929年	造船	10
峠造船所	基隆	峠数登	1922年	造船	110
荒本造船鉄工所	基隆	荒本孝三郎	1917年	造船	13
名田造船所	基隆	名田為吉	1923年	造船	7
大内造船所	基隆	大内重郎	1917年	造船	7
久野造船所	基隆	久野佐八	1921年	造船	10
辻造船所	基隆	辻為蔵	1932年	造船	5
福島造船所	蘇澳	福島舜	1917年	造船	3
蘇澳名田造船所分工場	蘇澳	高畑源七	1917年	造船	4
蘇澳岡崎造船分工場	蘇澳	岡崎隆太郎	1925年	造船	2
台南造船所工場	台南	山口万次郎	1928年	造船	5
富重造船鉄工場	高雄	富重年一	1919年	造船	55
龜澤造船所	高雄	龜澤松太郎	1913年	造船	30
光井造船鉄工場	高雄	光井寛一	1925年	造船	8
広島造船所	高雄	高垣阪次	1924年	造船	9
台湾倉庫株式会社修理工場	高雄	三巻俊夫	1921年	造船	14

出所：台湾総督府殖産局［1932］、23-24頁。

付表二　1935（昭和10）年台湾造船工場

会社名称	地点	代表者	会社成立時期	主要業務	職工数
基隆船渠株式会社	基隆	近江時五郎	1919年	船舶製造及修理	354
名田造船所	基隆	名田為吉	1923年	造船及修理	16
河島造船所	基隆	河島繁市	1926年	造船及修理	3
井手本造船所	基隆	井本手マキ	1931年	造船及修理	4
大内造船所	基隆	大内重郎	1927年	造船及修理	7
荒本造船所	基隆	荒本正	1917年	造船及修理	17
峠造船所濱町	基隆	峠数登	1922年	造船及修理	8
久野造船所	基隆	久野佐八	1921年	造船及修理	6
岡崎造船鉄工所	基隆	岡崎榮太郎	1922年	造船及修理	8
峠造船所社寮町	基隆	峠友太郎	1926年	造船及修理	4
台湾倉庫株式会社造船工場	基隆	三巻俊夫	1920年	造船及修理	5
合資会社山村造船鉄工所	基隆	山村為平	1910年	造船及修理	—
福島造船所	蘇澳	福島舜	1927年	日本形発動機付漁船	5
中町造船所	蘇澳	中町喜之江	1925年	日本形発動機付漁船	4
名田造船所分工場	蘇澳	高畑源太郎	1927年	日本形発動機付漁船	5
台南造船所	台南	山口万次郎	1928年	船舶修理	8
富重造船鉄工場	高雄	富重年一	1919年4月	発動機船	106
台湾倉庫株式会社修理工場	高雄	三巻俊夫	1921年	船舶修理	9
広島造船所	高雄	高垣阪次	1924年	船舶修理	22
振豊造船工場	高雄	曾強	1934年	船舶新造	4
金義成造船所	高雄	許媽成	1932年	船舶修理	19
萩原造船所	高雄	萩原重太郎	1931年	船舶新造	48
光井造船工場	高雄	光井寛一	1928年	船舶修理	16
龜澤造船鉄工場	高雄	龜澤松太郎	1913年	船舶修理	26
川越造船所	臺東	川越富吉	1934年	漁船修繕	1

出所：台湾総督府殖産局［1937］、15-16頁。

付表三　1936（昭和11）年台湾造船工場

会社名称	地点	代表者	会社成立時期	主要業務	職工数
基隆船渠株式会社	基隆	近江時五郎	1919年	船舶	306
台湾倉庫株式会社造船工場	基隆	三巻俊夫	1920年	造船及修理	6
名田造船所	基隆	名田為吉	1923年	造船及修理	20
合資会社山村造船鉄工所	基隆	山村為平	1900年	造船及修理	7
濱崎造船所	基隆	濱崎浦太	1926年	造船及修理	14
大内造船所	基隆	大内重郎	1927年	造船及修理	9
荒本造船所	基隆	荒本正	1917年	造船及修理	17
丸共造船所	基隆	米満喜市	1931年	造船及修理	10
峠造船所濱町	基隆	峠数登	1922年	造船及修理	8
久野造船所	基隆	久野佐八	1921年	造船及修理	9
岡崎造船鉄工所	基隆	岡崎榮太郎	1922年	造船及修理	7
峠造船所	基隆	峠友太郎	1926年	造船及修理	8
山本造船所	基隆	山本喜代次郎	1935年	造船及修理	16
山口造船所	蘇澳	山口三吉	1925年	日本形石油発動機漁船	6
高畑造船所	蘇澳	高畑源太郎	1927年	日本形発動機付漁船	6
福島造船所	蘇澳	福島舜	1927年	日本形発動機付漁船	7
須田造船所	台南	須田義次郎	1914年	漁船	24
富重造船鉄工場	高雄	富重年一	1919年	船舶新造及修理	118
光井造船所	高雄	光井寛一	1928年	団平船漁船（發動機付）	9
萩原造船鉄工所	高雄	萩原重太郎	1931年	團平船漁船（發動機付）	26
龜澤造船鉄工場	高雄	龜澤松太郎	1913年	團平船漁船（發動機付）	28
振豊造船工場	高雄	曾強	1934年	發動機付漁船	8
廣島造船所	高雄	高垣阪次	1924年	發動機付漁船	20
台湾倉庫株式会社修理工場	高雄	三巻俊夫	1921年	團平船及發動機付船舶修理	13
川越造船所	台東	川越富吉	1934年	漁船修繕	2

出所：台湾総督府殖産局［1938］、17-18頁。

付表四　1953年台湾省造船業民営工場

工場名	地点	代表人	設立期間	資本額（新台湾ドル）	主要製品	職員数
華南工業股份有限公司鉄工廠	基隆	陳進発	1935年	30,000	ディーゼル機	42
新光鉄工廠	基隆	宋棟樑	1951年	15,000	輪船修理	10
蘇澳造船股份有限公司	宜蘭	顏欽賢	1943年	100,000	木造船	60
增福造船廠	宜蘭	何福	1947年	20,000	木造船	25
龍通鉄工廠	新竹	許文通	1952年	5,000	漁船修理	3
大東華鉄工廠	屏東	周萬來	1946年	30,000	漁船修理	4
華南造船廠	基隆	楊英	1922年	45,000	木造船	102
隆發造船工廠	基隆	陳清文	1914年	3,000	木造船	7
国欽造船廠	基隆	褚国欽	1946年	10,000	木造船	5
進興造船廠	基隆	劉生進	1946年	5,000	木造船	3
丸秀造船工廠	基隆	褚清秀	1947年	30,000	漁船修理	5
金龍造船工廠	基隆	廖金龍	1947年	30,000	漁船修理	6
東発造船工廠	基隆	吳清虎	1948年	3,000	漁船修理	3
協同造船工廠	基隆	洪水金	1948年	25,000	漁船新造及修理	7
天成鉄工廠	基隆	黃木盛	1947年	20,000	漁船修理	18
国華鉄工廠第二工廠	基隆	楊秋金	1948年	11,000	漁船修理	12
隆興鉄工廠	基隆	邱顯海	1951年	10,000	漁船修理	14
南光鉄工廠	基隆	陳錫州	1952年	15,000	漁船修理	18
基隆鉄工廠	基隆	白敬忠	1921年	2,000	漁船修理	7
新振豊造船廠	高雄	曾強	1921年	3,500	漁船修理	7
新高造船廠	高雄	劉萬詞	1952年	10,000	漁船修理	2
海進造船廠	高雄	孫天剩	1951年	6,000	漁船製造	13
林盛造船廠	高雄	孫草	1951年	1,300	漁船修理	2
天二造船廠	高雄	潘江漢	1950年	5,000	漁船製造	10
開洋造船廠	高雄	盧再添	1947年	3,000	漁船修理	5
竹茂造船廠	高雄	陳生行	1947年	5,000	漁船修理	12
夏華造船廠	高雄	夏標	1946年	3,000	漁船製造	9
興台造船廠	高雄	廖永和	1946年	4,000	漁船製造	4
陳還造船廠	高雄	陳還	1932年	10,000	漁船修理	6
三吉造船廠	高雄	許丁拿	1950年	6,000	漁船製造	7
平利造船廠	高雄	張曲	1945年	4,000	漁船修理	3
金明発造船工廠	高雄	葉媽右	1951年	20,000	漁船製造	4
明華造船工廠	高雄	呂明寿	1947年	3,500	漁船製造	17
高雄市漁会造船廠	高雄	陳生苞	1946年	5,000	漁船製造	5

出所：台湾省政府建設庁『台湾省民営工廠名冊（上）』（台湾省政府建設庁、1953年）、162-164頁。

付表五　戦後初期に台湾船渠株式会社の接収を担当した中国大陸の職員

姓名	元のサービス機関の名称	原職名	接収後の職名	報告期日	1949年7月時に台船公司で担当していた職務	1950年
陳霞山	資蜀鋼鉄廠	工務員	課長	1946年4月1日		
胡鑫瑞	資蜀鋼鉄廠	課員	助理工程師	1946年4月15日		
尚恩榮	資蜀鋼鉄廠	工務員	工程師	1946年4月15日		
翁惠慶	資蜀鋼鉄廠	副工程師	副工程師	1946年4月15日		1947年1月16日台湾機械公司へ移動、台湾機械公司秘書兼文書課長に就き、1950年1月、業務處副処長へ転任。
于一鵬	資蜀鋼鐵廠	副工程師	副工程師	1946年4月15日		元台湾機械公司工程處兼一般機械組主任、1950年1月、工程師兼設計組主任に転任
施彦博	資蜀鋼鉄廠	工程師	工程師	1946年5月12日		
李正芳	資蜀鋼鉄廠	課員	課員	1946年5月12日		元台湾機械公司高雄機器廠副管理師兼材料庫主任、1950年3月、副管理師兼材料組主任に転任
施茂材	資蜀鋼鉄廠	專員	專員	1946年5月12日		
王慶方	中央機器廠	工程師	副廠長	1946年5月17日	廠務處製機工場主任	機械工場主任
彭耀森	中央機器廠	課長	会計部主任	1946年5月17日		
杜同文	中央機器廠	第七廠總務課課長	課長	1946年5月17日		副工程師
黄伯華	中央機器廠	助理工程師	副工程師	1946年5月17日		
關昭	中央機器廠	課員	副管理師	1946年5月17日		

氏名	所属	原職	新職	日付		備考
譚申福	中央機器廠	工務員	助理工程師	1946年5月17日		元台湾機械公司副工程師兼高雄機器廠第三分廠主任、1950年3月、副工程師兼氧氣工廠主任に転任
王家寵	中央機器廠	甲種実習員	工務員	1946年5月17日		
袁鉅追	中央機器廠	甲種実習員	工務員	1946年5月17日		
郭宗泰	資蜀鋼鉄廠	工務員	工務員	1946年5月17日		
王煥瀛	中央機器廠	甲種実習員	工務員	1946年5月25日		
徐修治	中央機器廠	助理工程師	助理工程師	1946年6月18日		
傅偉	中央機器廠	事務員	副管理師	1946年6月18日		
陳志炘	資蜀鋼鉄廠	工程師兼修配廠主任	副廠長	1946年6月18日		元台湾機械公司主任秘書兼高雄機器廠廠長、1950年3月、主任秘書兼高雄鋳造廠廠長に転任
王傑源	資蜀鋼鉄廠	課員	課長	1946年6月18日		
馮敬棠	資蜀鋼鉄廠	事務員	管理員	1946年6月18日		
祝琳淑	資蜀鋼鉄廠	事務員	事務員	1946年6月18日		
林萬驥	雲南鋼鉄廠	工務員	工務員	1946年6月18日		
許安民	資源委員会	技士	副工程師	1946年6月19日		
馬延貴	資蜀鋼鉄廠	書記	管理員	1946年6月19日		
顧季煦	資蜀鋼鉄廠	秘書	暫代財務室主任	1946年7月22日		人事組組長
董慶邦	資蜀鋼鉄廠	課員	副管理師	1946年7月22日		
黄敦慈	中央機器廠	助理工程師	副工程師	1946年7月22日		
胡家琛	中央機器廠	助理工程師	助理工程師	1946年7月22日		
周金桂	中央機器廠	助理工程師	助理工程師	1946年7月22日		
胡升澤	中央機器廠	会計処成本課課員	助理管理師	1946年7月22日		帳務組副組長兼代理組長
李藹芬	動力油料廠	助理工程師	助理工程師	1946年7月22日		
陳斌	資渝鋼鉄廠	事務員	工務員	1946年8月8日		
熊琳	江西車船廠	工程師	工程師	1946年9月28日		
沈瓏	資源委員会運務処	課長	未定	1946年10月5日		

出所:「資源委員会台湾省行政長官公署台湾機械造船股份有限公司」1946年10月26日（機械（35）秘発、事由:填報調用後方廠礦員工調査表由。『台船公司:調用職員案、赴国外考察人員』(35-41年)、檔号:25-15-04 3-(3))。「資源委員会所属閩台区事業概況」1949年7月（中国第二歴史檔案館編［2000］、165頁)。資源委員會資蜀鋼鐵廠呈「孫特派員冊請調用接収東北機車工廠人員即將集中上海後命請予分別指復以便遵調」1945年11月23日（総（34）発字第190号、『資蜀鋼鉄廠 人事案』、檔号:24-13-15 1-(2)、1945-1946年)。資源委員会中央機器廠「為甲乙種実習員郭衍渉等十二員実習程序完畢成績優良擬奨録用乞　鑒核由」1944年4月27日（機（33）総字第15782號、『中央機器廠:呈送実習員期滿委派工作及実習報告案』、檔号:24-15-02、3-(2))。資源委員会中央機器廠呈「呈請升任杜同文為本廠第七廠総務課課長由」1945年3月13日（機（34）總字第17027號、『中央機器廠:任命案』、檔號:24-15-02 2-(2))。凌鶴勛『交通大学旅台同学録』（交通大学台湾同学会、1961年4月)

付表六 1948年台船公司の中央造船公司籌辦處職員へ移動し、1950年主管へ昇進した職員の名簿

姓名	元職名	移動した職名	1950年6月
劉曾适	工程師	正工程師	工程師
齊熙	工程師	工程師	廠務処長
路松青	工程師	工程師	工務部主任
黄仲洵	管理師	管理師	総経理室秘書
喩血輪	管理師	管理師	総経理室秘書
顧晉吉	副工程師	工程師	船舶工場主任及冷作組組長
金又民	副工程師	工程師	監験部份主任及外勤組組長
劉敏誠	副工程師	副工程師	鍛工組組長及購運組組長
杜壽俊	副管理師	管理師	営業組組長
陸琪	副管理師	副管理師	出納組組長
任關根	副管理師	副管理師	審核組組長
屈廣㭇	助理管理師	助理管理師	庶務組組長
黄任坤	工務員	助理工程師	木工組副組長

出所：「台船公司：調用職員案、赴国外考察人員（1946-1952年）」（資源委員会台湾造船公司檔案、檔号：24-15-04 3-(3))、「資源委員会中央造船公司籌備処資源委員会台湾省政府台湾造船有限公司会呈、事由：為本職員薛楚書等41人調赴本公司工作檢附清冊至請鑒核備案由」1948年6月3日。「資源委員会所属閩台湾区事業概況」1949年7月（中国第二歴史檔案館編［1949］、65頁）。「台湾造船公司39年職員名冊」1950年6月（『台船公司：人事任命』、資源委員会台湾造船公司檔案、檔号：24-15-04 3-(1))。資源委員会中央造船公司籌備処代電「事由：為選用大學畢業生実習期滿亟應正式派任檢送職員新任月報表暨実習報告等件呈請鑒核備案由」1948年5月18日（資船(37)字第03161号、資源委員会中央造船公司籌備処檔案、『中央造船公司籌備処：人事』、檔号：24-15-05 1-(2)、中央研究院近代史研究所蔵)。

付表七　1949年夏季台船公司部分職員職務分類表

(一) 工程技術職

1. 正工程師（共2名）

姓名	出身	学歴	姓名	出身	学歴
齊熙	河北	ドイツのダンツィヒ工科大学造船博士	劉曾适	江蘇	交通大学機械系卒業

2. 工程師（共10名）

姓名	出身	学歴	姓名	出身	学歴
王慶方	江蘇	中央大学機械系	傅宗祺	福建	海軍学校輪機科
路松青	安徽	中央大学工學院機械系	袁國瑞	江蘇	交通大学機械系、経済部からアメリカに実習二年
金又民	浙江	同済大学造船系	齊世基	河北	武漢大学機械系 アメリカに実習二年
顧晉吉	江蘇	同済大学造船系	樓景湖	浙江	ドイツのビンゲン工業専門学校
魏嗣鎮	四川	同済大学附属機師科	周輔視	山東	国北洋大学土木科

3. 副工程師（共12名）

姓名	出身	学歴	姓名	出身	学歴
韋永寧	南京	同済大学機械系	黃伯華	湖北	河南第四区工業職業学校
劉敏誠	江蘇	中央大学機械系 アメリカに実習一年	梁立桂	浙江	浙江省立寧波高等職業学校
杜同文	江蘇	江蘇省立蘇州工業学校機械系	黃德用	台湾	台北甲種工業学校
張家肥	浙江	浙江大学高工機械系	林明傑	台湾	台北工業学校機械科
林緝誠	福建	海軍学校輪機科	陸以楚	江蘇	アメリカのパデュー大学大学院肄業
張火爐	台湾	日本大阪高等海員学校及び通信省高等海員学校卒業	翁家駚	江蘇	アメリカのマサチューセッツ工科大学造船系

4. 助理工程師（共20名）

姓名	出身	学歴	姓名	出身	学歴
周金桂	江蘇	不詳	蔡行敦	湖南	湖南省立工業專校建築系
侯國光	南京	武漢大学鉱冶系	經寶生	南京	同済大学造船系
吳大惠	浙江	中央大学工学士	黃任坤	廣東	中正大学土木系
林錦城	台湾	台北工業学校	吳廈源	江蘇	国立西南聯合大学工学士
薩本興	福建	福建高工機械系	高登科	山東	湖北省立第三中学土木工程系
王煥瀛	山東	交通大学工学士	王啟潤	浙江	交通大学輪機系
楊文生	台湾	基隆第一公学校	傅振標	河北	私塾学校中退
郭樹楠	湖南	広西大学鉱冶系	李根馨	江蘇	国立西南聯合大学機械系
袁鉅迫	浙江	交通大学電機系	王金鰲	江蘇	同済大学機械造船系
陳孔榕	福建	省立福州高級中学	林德經	福建	福建省工業学校

5. 工務員（共31名）

姓名	出身	学歴	姓名	出身	学歴
汪大順	台湾	大日本工業学院機械科校外生	何志剛	江蘇	交通大学造船系
劉嬰	台湾	基隆寿國民学校	黃秀華	福建	廈門大学電機系
洪文道	浙江	大公職業学校機械科	楊勤翻	福建	上海大公職業学校高等機械科
任立志	福建	馬尾藝術学校	張申	江蘇	国立中正大学機電系
林來發	台湾	基隆寿國民学校	余傳昌	台湾	台北省立学校
楊紹年	廣東	北平市立高工廠技土木科	陳廣業	江蘇	廈門大学機電工程系
羅貞華	廣東	同済大学造船系	詹招財	台湾	台湾工業學校機械科
曾之雄	廣西	同済大学造船系	余裕才	江蘇	中正大学電機系
魏兆桓	廣東	同済大学造船系	潘克夷	福建	福建馬公勤工高工学校船工商標科
王國金	江蘇	中央大学機械系	林福	台湾	省立花蓮港工校
張則斅	浙江	交通大学造船系	陳天富	台湾	日本所澤準備学校
孫兆民	安徽	同済大学機械系	王進來	台湾	基隆第一公学校
羅育安	廣東	同済大学造船系	傅力行	湖南	唐山工学院礦冶系
武達仁	浙江	交通大学造船系	田瑤林	山東	私塾学校中退
張道明	廣東	同済大学造船系	吳邦基	台湾	岐章飛行学校
周幼松	湖南	交通大学造船系			

6. 助理工務員（共8名）

姓名	出身	学歴	姓名	出身	学歴
許三川	台湾	台湾船渠株式会社養成所	陳泗川	台湾	馬公海軍養成所
褚明堂	台湾	台湾船渠株式会社養成所	廖裕卿	台湾	台湾省立臺中工業職業学校
周金水	台湾	台湾船渠株式会社養成所	張民旗	台湾	南開工業学校
汪錫華	台湾	台湾総督府工業技術養成所	蕭啟昌	台湾	馬公海軍工作部養成所

（二）管理技術職

1. 高階主管（共5名）

職位	姓名	出身	学歴	職種	姓名	出身	学歴
總經理	周茂柏	湖北	同濟大学機械系卒業 ドイツのシュトゥットガルト機械系卒業	秘書	喻血輪	湖北	北京法政專門学校卒業
協理	李國鼎	南京	中央大学物理系卒業 イギリスのケンブリッジ大学卒業	秘書	黄仲珣	湖北	国立北平師範大学卒業
協理	蔡同嶼	浙江	光華大学会計系卒業				

2. 管理師（共6名）

姓名	出身	学歴	姓名	出身	学歴
顧季煦	浙江	天津南開大学	楊慶雙	福建	復旦大学社會系
任松藩	福建	上海法政学院修士	王乃棟	浙江	天津南開大学経済系
余樹華	浙江	杭州之江大学文学士 中央政治学校人事班卒業	杜壽俊	廣東	金陵大学文学士 アメリカへ行き実習一年

3. 副管理師（共9名）

姓名	出身	学歴	姓名	出身	学歴
楊軔	福建	福建法政專科学校法律本科	萬人俊	湖北	武昌中華大学文学院政經系
徐保成	江蘇	福建法政專科学校法律本科	王力傳	台湾	日本早稲田大学中退
任關根	江蘇	國立上海商学院会計系	王文鋒	河北	重慶大学会計統計系
陸琪	南京	金陵大学文科中退	譚燁予	浙江	浙江財務專科学校
劉濟華	河北	蘇州東興大学法学士			

4. 助理管理師（共14名）

姓名	出身	学歴	姓名	出身	学歴
屈廣樑	広州	九江聖約翰大学	姚兆基	江蘇	立信会計専科学校
胡升澤	安徽	西南聯合大学経済系	李福桂	台湾	台北商業学校
關昭	福建	福州格致中学	陳鍾文	福建	協和大學肄業
周以杜	江蘇	北平市立高商会計科	陳家衡	湖北	武昌文華高中
馬廷貴	上海	滬江大学会計系	鄧述壽羽	湖北	金陵大學農業経済学士
彭望林	湖南	湖南大学経済系	賀治亞	江西	國立西南大學商学系卒業
李西山	河北	北平市立師範学校語文組	陳治平	湖北	江蘇中学卒業

5. 管理員（共27名）

姓名	出身	学歴	姓名	出身	学歴
江阿海	台湾	基隆商業專修學校	王錦鏞	湖北	東北葫蘆島航業学校輪機班
黃澤	四川	成都中學	陳佛藝	浙江	時代中学卒業
張申如	上海	中華中學	邵木柯	台湾	台北成淵中学
簡振順	台湾	台北市中華中學	何金城	台湾	台北中學
黃秀琳	台湾	日本大阪商科学校	吳真	福建	福建協和師範学校
李白生	江蘇	上海商学院会計系	吳忠賢	江蘇	復旦附中
李清琳	台湾	基隆專修学校商科	范敏祺	台湾	宜蘭農林職業学校
毛惕然	湖南	湖南惠民計政学校	盧安卿	浙江	大同大學経済系肄業
張慶忠	廣東	福建育華高級中学	蔡添壽	台湾	基隆寿公学校
杜同春	江蘇	正本中学中退	何筱濱	台湾	基隆志修学校
黃順德	台湾	台北成淵中學	尹佩軍	浙江	立信会計専科学校中退
王慶藩	江蘇	宿遷県立師範中學	王國鈞	江蘇	香港皇仁書院中退
吳西平	台湾	台北市立中學	鄭志剛	天津	天津工商学院商学院中退
羅春塗	台湾	基隆寿国民学校			

6. 助理管理員（共20名）

姓名	出身	学歴	姓名	出身	学歴
張子明	山東	高苑県立高級小学校	李福	台湾	農業試験場甲科生
薛培英	福建	福州私立三山中学	林萬全	台湾	基隆商業專修学校
周連水	台湾	台北市事務養成所	林英木	台湾	基隆宝国民学校
丁瀛	大連	大連市立中学	李昌時	台湾	新莊国民学校
梁俊亭	山東	実業初級中学	王清香	台湾	瑞芳公学校
陳蔭	台湾	西表高級小学校	關勳	遼寧	福州省第一中学校
胡彪	安徽	望江県中学	張毅	河北	河北省立警察訓練所
謝渭河	台湾	省立台北職業学校	林鉦	台湾	基隆商工校專修科
陳寶蓮	台湾	台北州立高等女学校	林水旺	台湾	北屯国民學校高等科
詹阿文	台湾	三重工業学校	張油妹	台湾	台湾鉄道養成所護士卒業

(三) 其他

1. 甲種実習員（共13名）

姓名	出身	学歴	姓名	出身	学歴
黃漢潔	広東	中山大学機械工程系	方小胤	四川	交通大学造船系
任志城	江蘇	浙江大学機械系	臧建一	山東	同済大学機械系
林三網	浙江	交通大学機械系	田立勝	広東	同済大学機械系
孫以鈞	安徽	交通大学機械系	周家騮	四川	同済大学機械系
王福寿	浙江	浙江大学機械系	周昌言	湖北	武漢大学機械系
周朝卿	河南	同済大学機械系	周志継	江蘇	交通大学機械系
蔡作儒	浙江	交通大学造船系			

出所：「台湾造船有限公司1949年夏季職員録」（『公司簡介』、台湾国際造船公司基隆総廠檔案、檔号：01-01-01）。

付表八
《台船公司大事紀》

年代	会社沿革	技術発展	教育及研究開発	世界大辞典及政府政策
1919年	基隆船渠株式会社成立。			
1929年				経済大恐慌。
1931年				満州事変、日本は戦争準備期に入る。
1932年				満洲国成立。
1933年		台北州は基隆船渠に自動艇一艘の建造を委託する時、過去の錨釘式の組み立てを電気はんだ接続式の接合方法に改めた。		
1934年	台湾銀行が投資に加入し、基隆船渠最大の株主になった。	台湾電力株式会社の委託を受けて、当時の皇室に日月潭で使用するクルーザーを提供した。		
1937年	4月、基隆船渠は臨時株主会議を開催し、同年5月31日に解散する決議を採択した。6月、台湾船渠株式会社成立。			中日戦争勃発。
1943年	社寮島工場を海軍の管理にして、基隆工場が陸軍と海軍の共同管理になった。			
1945年				8月15日、第二次世界大戦終結。
1946年	5月1日、台湾機械造船公司正式に台湾船渠、台湾鉄工所、東光興業株式会社と合併成立した。	5月高雄機器廠の一部が復興し、7月には基隆造船廠が生産を再開した。		
1948年	台湾機械造船公司が台湾機械公司及台湾造船公司に改変された。			8月、政府が財政経済緊急処分を発令した。

年				
1949年		アメリカ船級協会及び英国ロイド船級協会が検査員を台湾に派遣した。		6月15日、台湾省政府は「台湾省幣制改革方案」を発布した。
1950年				アメリカの援助を発動した。
1951年	修船の融資(台湾銀行、アメリカの援助)。	75トンの鋼木合質遠洋マグロ釣漁船を建造した。中国驗船協会が成立。	労働者訓練計画。	
1952年			台湾大學機械工学科と提携。	
1953年		100トン級の漁船を建造。	藝徒訓練班が成立。海事専科学校籌備處が成立。	
1954年		2月、日本石川島公司と技術提携の契約を調印。6月、日本新潟鉄工所と技術協力の契約を調印。		
1955年		350トン級のマグロ釣漁船を建造。		
1957年	殷台公司に貸し出す。			
1959年		36,000トンのタンカーを竣工。	海事専科学校造船工程科成立。	
1962年	經濟部が台船公司を再度経営する。			
1964年			海事専科学校台湾省立海洋学院に改変され、造船工程科が造船工程系に改名された。	
1965年	緊急擴建計畫(中米基金)	石川島公司技術提携することを選択した。		美援停止、円借款を調印した。
1967年	四年拡建計画(増資、円借款)。	第一艘28,000トンの貨物船を竣工	中国造船工程学会は小型船模型及び計画の草案を想定した。	
1968年			船模試験槽が台湾大學に建造された。	

1970年		第一艘10万トンのタンカー竣工。		政府は高雄に大型造船場を建設することを決定した。
1972年		ダイヤモンド探索船の改装工程を受けたため、船舶設計の業務を開始した。	船模試験槽竣工。	
1973年		2万6,700トンの貨物船、海域オイル鉱物探索船及び1,500馬力の船の基本設計を開始した。	台湾大学は造船研究所を設立した。	第一次オイルショック。政府は「十大建設」計画を発表した。
1974年		台船公司と中船公司は「人力計画及支援協議書」に調印した。		
1975年			聯合船舶設計發展中心籌備処を成立した。	
1976年	中船公司建廠完成。		台湾大学は造船学系(大学部)を設立。聯合船舶設計發展中心が正式に成立。	政府は「国輪国運、国輪国造、国輪国修」政策を提出した。
1977年		2万9,000トンの多用途船舶の基本設計が完成。	聯合船舶設計發展センターが第一艘6,100トン級の木材船の設計を完成させた。	中船公司が公営化された。
1978年	台船公司と中船公司が合併した。	高雄の中国造船公司と合併した時、台船公司が11種の船舶を生産できるようになった。		

付属資料

資料1　基隆船渠株式会社の工場案内

工場案内

一、第一工場位置

基隆内港ニアリ椗泊ノ正面壹萬壹千六百坪ノ面積ヲ占ム船渠前面ハ水深三拾餘尺乾満ノ差三尺ヲ超エス三方丘山ヲ圍ミ風浪ノ憂全ク無ク両岸ハ右方ニ上家倉庫櫛比シ築港岸壁長ク連ナリ左方ハ大貯炭場ニシテ共ニ官廳事業ニ屬セリ

工場ハ基隆停車場ヨリ僅カニ五町此間鐵道ノ引込線備ハリ海陸連絡ノ便益ニ無比ナリト信セリ

二、船渠及曳揚船架

石造乾船渠ハ大正九年竣功其構造壯麗ニシテ四千噸以下ノ船渠ニ適セリ重要部分ヲ表示スレハ左ノ如シ

石造船渠尺度表

三

四

排水設備	尺度(呎)	部　　要		
口徑十五吋	壱三一.00	頂部	渠底	長
セニーガルポンプ式	三四二.00	同部	同	
各七十五馬力電動機	六八.00	底部	渠口	
直結型	四五.五0	頂部	同	幅
口徑六吋	八六.00	同部	渠身	
セニーガルポンプ式	六八.00	底部	同	
十五馬力電動機	三五.六0	渠底面	盤木ヨリ	
直結型	三三.00	盤木上面	地平面	深
排水時間五時間	二六.00	同	干潮時	
	三三.00	盤木上	滿潮時	
	三二五.00	盤木ノ長		
	四.六0	心距高		盤木
	10.00			深幅
	八.00			舵挾
	七.00			

第二工揚曳揚船架

　五十噸級船架　　二
百噸級同　　　　一

第二工場　面積參千四百九拾坪

　　　　　等干噸級船架　二基　蒸氣捲揚機六十馬力

一、電氣原動室ハ地下唧筒室内ニ設ケ各工場ノ配電調節ヲナセリ

一、旋盤工場、仕上工場、鑄物工場、鐵筋混凝土大工場内ニ分列シ中央ハ十二噸クレーン走行シテ重量品ノ組立移動搬出ニ便シ各室ニハ電動機、豫備蒸氣機關及工作機械ヲ装置シキニボイラー最大十五順型ヲ設備セリ

一、製罐工場、鍛冶工場、銅工死斯鎔接工場、木型工場、ニューマチック原動室、木船工場、貨車工場、倉庫ハ右造船渠ヲ圍ミテ適宜ニ配置シ各工場間ハ軌道ニヨリ連絡シ以テ工場作業費ノ節約ヲ旨トセリ

　　　　作業ノ特色

臺灣海峽ハ世界ノ難航路ニシテ古來難破船ノ多キヲ以テ之ヲ名アリ船業會社ハ之等ノ海難ヲ救濟スルノ任務ヲ負ヒテ創立以來之カ修理ニ當リタルコト砂カラス為ニ近年
　　　　　　五

六

海運保險ノ低減ヲ見ルニ至レリ又基隆港ノ
出入船舶ハ年々增加シ從來遠ク内地又ハ香港ニ於テ修
理檢查ヲ受ケタル不便不利ヲ防キ現ニ大阪商船、近海
郵船、山下汽船ノ各社其他ノ臺灣航路ニアル汽船ハ當
工場ヲ利用シ入渠修理工事頗ル繁忙ヲ見ルニ至レリ又
新造船ハ五百噸以下ニ止メ小蒸汽船ダグボートモ一
タート、發動機船最モ多ク從業員ノ技術愈熟達ス
ルヲ得タリ

一、鑛山機械　會社遠ク明治四拾二年木村鑛業會社
　工作場時代ヨリ引續キ金山及炭礦機械ノ製作ニ從
　事シ特ニ近年基隆炭礦會社其他ノ炭坑大發展ニ伴
　ヒ蒸氣、電氣捲揚機、同ポンプ、選炭機等ノ新型
　機械並ニ鐵柔運礦車輪等ヲ常時製作シツツアリ

一、製糖機械　臺灣ニ多數ノ大製糖會社ノ存立ニ由リ
　樺名アリ之等ノ装置セル機械ハ全部ハ外國品ニシ
　テ而モ年々新替スル壓搾用ローラーニ至ルマテ
　國産ヲ用ニ能ハサリシハ本邦同業者ノ不名譽ニ
　シテ復タ各社ノ不便トスル所ナリ弊工場ハ夙ニ之

ヲ愛セシメ之ヲ研究シ一面中央研究所技師ノ熱心ナル
ク質地試験ト其指導ニヨリ近年全ク船舶品ニ遜色無
キニ製品ヲ得ルニ至リ各社ノ信用ヲ博シ注文ノ著シ
ク増加シ同時ニ各部分機械ノ製作漸ク多忙ノ機運
ニ向ヘリ

其他鐵橋ガーダー鐵道貨車製紙製氷土木諸機
械等各種ノ製作ニ従事シアリ臺灣ノ事情ト
シテ専門的業務ヲ固執スル能ハサル次第ナリ

最近ノ重ナル得意先

最近御用命ヲ蒙リタル重ナル得意先左ノ如シ

臺灣總督府遞信局	三井物産株式會社
專賣局	山下汽船株式會社
殖產局	國際汽船株式會社
土木局	新田汽船株式會社
鐵道部	日本海運株式會社
稅關	東洋海運株式會社
港務所	村尾汽船株式會社
臺北州	東京サルベーヂ株式會社
新竹州	臺灣倉庫株式會社

七

大阪商船株式會社
日本郵船株式會社
近海郵船株式會社
帝國製糖株式會社
臺南製糖株式會社
鹽水港製糖株式會社
明治製糖株式會社
東洋製糖株式會社
基隆炭礦株式會社
臺北魚市株式會社

八
臺灣水產株式會社
臺灣製腦株式會社
日陽鑛業株式會社
臺灣電力株式會社
臺灣炭業株式會社
日本製水株式會社
臺灣肥料株式會社
田中鑛山株式會社
淺野セメント株式會社
嘉南大圳組合

出所：基隆船渠株式会社［1924］『基隆船渠株式会社営業案内』。

付属資料　231

第一工場ノ全景

出所：基隆船渠株式会社［1924］『基隆船渠株式会社営業案内』。

石造乾船渠

出所：基隆船渠株式会社［1924］『基隆船渠株式会社営業案内』。

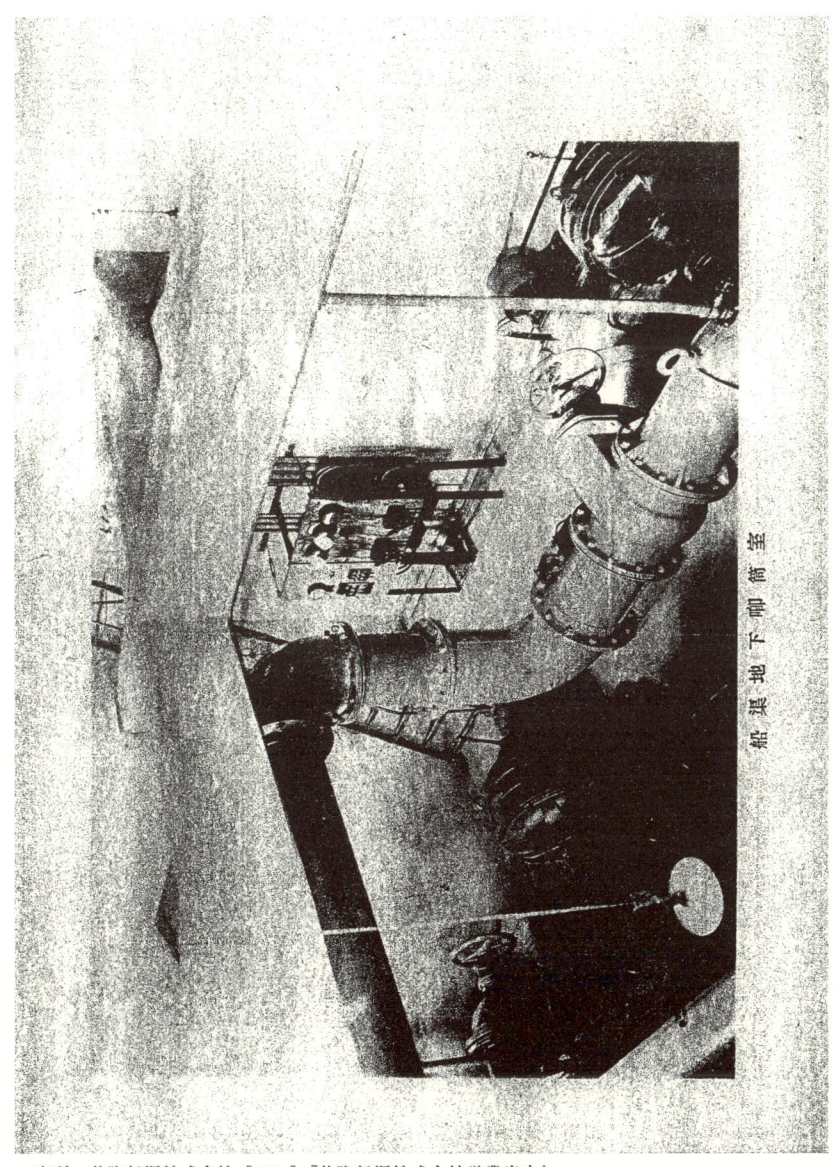

船渠地下喞筒室

出所：基隆船渠株式会社［1924］『基隆船渠株式会社営業案内』。

入渠修理中ノ貴州丸

出所：基隆船渠株式会社［1924］『基隆船渠株式会社営業案内』。

付属資料　235

入渠修繕中ノ大華丸

出所：基隆船渠株式会社［1924］『基隆船渠株式会社営業案内』。

仕上旋盤工場ノ一

出所：基隆船渠株式会社［1924］『基隆船渠株式会社営業案内』。

11 仕上旋盤工場ノ一

出所：基隆船渠株式会社［1924］『基隆船渠株式会社営業案内』。

鋳　物　工　場

出所：基隆船渠株式会社［1924］『基隆船渠株式会社営業案内』。

図八 第工場鑵

出所：基隆船渠株式会社［1924］『基隆船渠株式会社営業案内』。

鍛 冶 工 場

出所：基隆船渠株式会社［1924］『基隆船渠株式会社営業案内』。

付属資料　241

製罐工場

出所：基隆船渠株式会社［1924］『基隆船渠株式会社営業案内』。

ニューマチック原動室

出所：基隆船渠株式会社 ［1924］『基隆船渠株式会社営業案内』。

付属資料　243

第二工場汽船上架

出所：基隆船渠株式会社［1924］『基隆船渠株式会社営業案内』。

補助機關帆船

出所：基隆船渠株式会社［1924］『基隆船渠株式会社営業案内』。

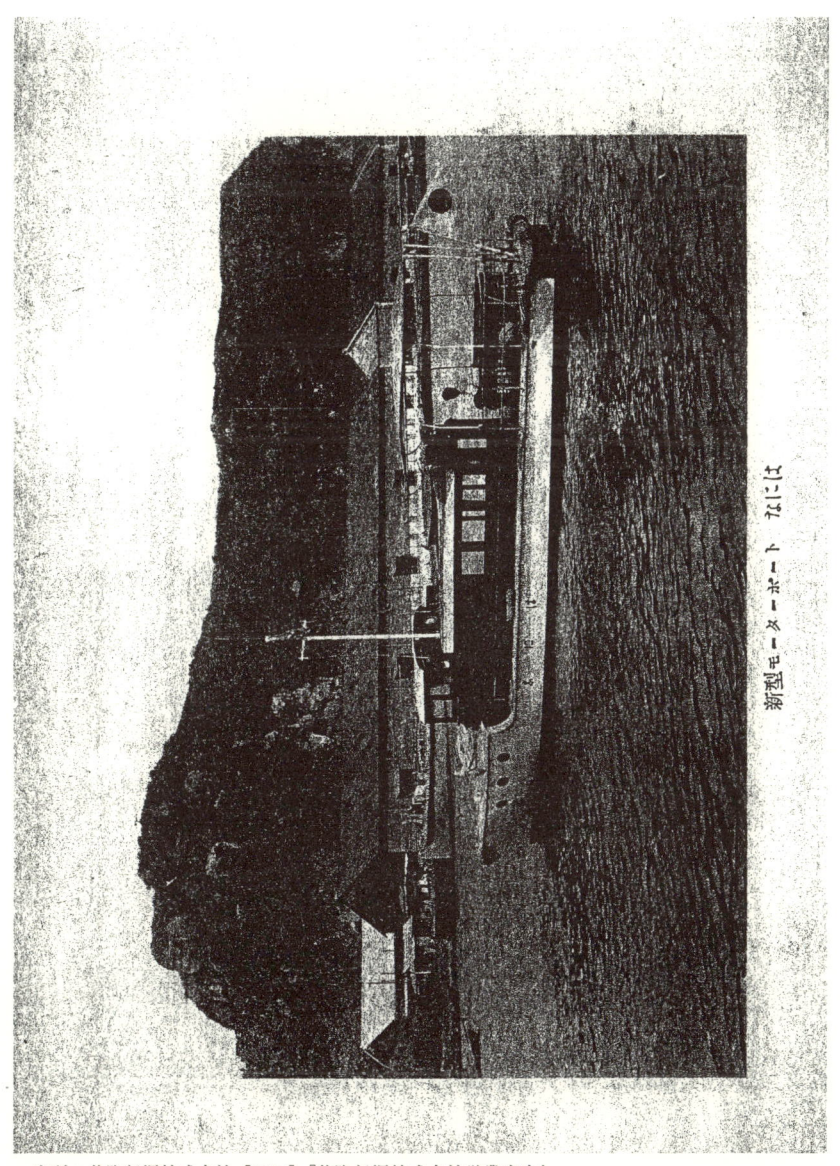

付属資料 245

新型モーターボートなには

出所：基隆船渠株式会社［1924］『基隆船渠株式会社営業案内』。

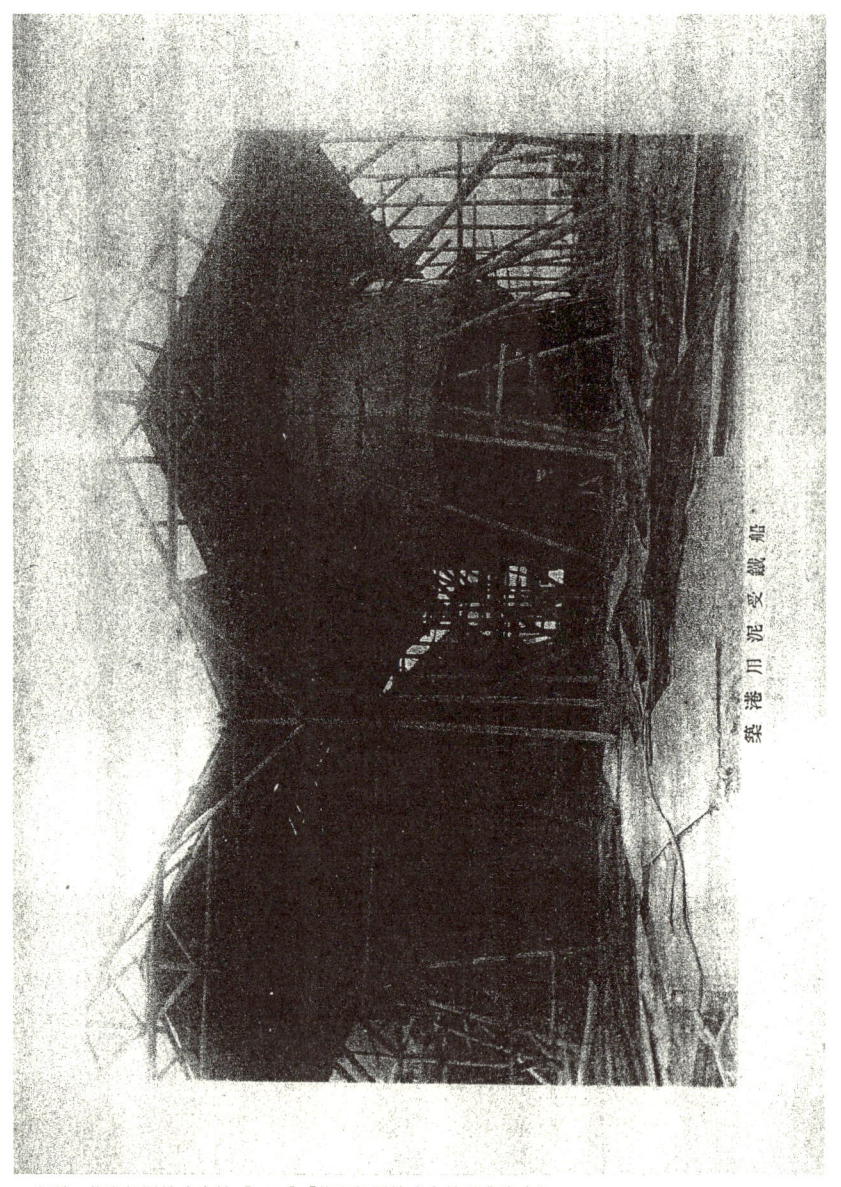

築港用泥受鐵船

出所：基隆船渠株式会社［1924］『基隆船渠株式会社営業案内』。

小蒸汽船

出所：基隆船渠株式会社［1924］『基隆船渠株式会社営業案内』。

タグボート 海王

出所：基隆船渠株式会社［1924］『基隆船渠株式会社営業案内』。

付属資料　249

淡水鉄橋

出所：基隆船渠株式会社［1924］『基隆船渠株式会社営業案内』。

出所：基隆船渠株式会社［1924］『基隆船渠株式会社営業案内』。

資料2

本文第四七二號

昭和二十年十一月十二日

内務省管理局殖産課御中

三菱重工業株式会社

総務部文書課長　伊藤鋼一

在臺企業調書拝送ノ件——

拝啓過日提出方御申請、頭書調書三部茲評送仕候間御査収、上宜敷御収計被成下度候敬具。

在臺企業調書

一、現況概要

　　（一）名稱

　　　　臺湾船渠株式会社

　　（二）設立年月日

　　　　昭和十二年五月二十日

　　（三）資本金

　　　　（イ）公稱　五百萬圓也

　　　　（ロ）払込　全額払込済

　　　　（ハ）資本ノ内鮮臺所有区分

　　　　　　五拾圓株十萬株中五百株ノミ臺湾人所有ニシテ他ハ凡ベテ内地人乃至法人所有ナリ

　　　　（ニ）主ナル出資者

　　　　　　三菱重工業株式会社

　　　　　　株式会社臺湾銀行

　　　　　　大阪商船株式会社

臺湾電力株式会社
日本郵船株式会社
(四) 本店所在地
基隆市社寮町二四三番地
(五) 事業目的
(イ) 船渠業及造船業
(ロ) 汽機、汽船、諸機械及材料ノ製作及販賣
(ハ) 橋梁、鐵塔、鐵構其ノ他一般鐵工業
(ニ) 前各種ニ関聯スル付帯事業
(六) 事業概要
(イ) 事業地
1、社寮島工場（基隆市社寮島町二四三番地所在）
2、基隆工場（基隆市大正町一番地所在）
3、高雄工場（高雄工場旗後町一丁目十四番地所在）
(ロ) 受註工事概要（自昭和二十年一月至同年四月）
(1) 入渠修繕工事区分別
　　定期検査　　ナシ
　　中間検査　　二隻
　　合入渠　　　一〇隻
　　海難入渠　　一〇隻
　　　計　　　　二二隻
（右ノ内工事高壹萬圓以上ノモノ六隻）
(2) 新造船
現地トノ連絡杜絶ノ為不詳
(3) 製作品中金高五千圓以上ノモノ（軍関係ノモノハ現地トノ連絡杜絶ノ為不詳）
(a) 新規引受ケノモノ

品名	数量
船渠扉	一基

(b) 当期中完成ノモノ

品名	数量
14×16オリバーフイルターウオームギヤー素材	二十個
三〇〇トンプレス用内型及フランチ	一個

(ハ) 事業投資額、生産設備、事業収支

別紙添付ノ考課状（第十五期営業報告書）参照

(七) 職員及従業員ノ数

(イ) 職員数（昭和十九年六月三十日現在）

	正員	准員	月給雇員	日給雇員	計
内地人	78	96	26	27	227
本島人	2	5	9		16
計	80	101	35	27	243

(ロ) 工員数（昭和十九年六月三十日現在）

	定傭工員				試傭	計
	役付	並職	養成工	速成工		
内地人	39	84	8		12	143
本島人	75	1,320	467	166	286	2,314
支那人		18	13		9	40
計	114	1,422	488	166	307	2,497

(八) 財産状況

別紙添付、考課状参照

(九) 代表取締役

取締役会長　玉井喬介

常務取締役　田村和久

(十) 其ノ他スベキ特記事項

ナシ

二、戦後処理ニ付ケノ所見並其ノ理由

日支合辦経営ニ希望ス

以上

出所：JACAR（アジア歴史資料センター）Ref, B08061272100、（外務省外交史料館）。

資料 3

經濟部臺灣區特派員辦公處電呈接管會主任委員名單補報備案
民國三十五年六月二十一日　臺特秘字第二〇七一號

臺灣區特派員辦公處代電

經濟部部長王鈞鑒：凡歸由本處接收之資工礦企業、當本統一接收方式、按各業性質之所屬、分設電冶業、石油業、肥料業、水泥業、電化業、電力業、煤業、糖業、金銅礦業、工業、機械業、紡織業、化學製品工業、油脂業、玻璃業、窯業、印刷業、工礦器材業等十九接管委員會、並多以各業監理主任委員為主持人、俾各業監理主任委員為主持人、俾各專責、藉策推行、成立以來工作尚稱順利、除接收情形另案呈陳外、謹將設立接管委員會緣由、連同接管會主任委員名單補報備案。臺灣區特派員包可永已馬叩。附主任委員名單一紙。

附件

各業名稱	主任委員姓名	備考
石油業接管委員會	金開英	
電冶業接管委員會	孫景華	
肥料業接管委員會	湯元吉	
水泥業接管委員會	溫步頤	
電化業接管委員會	方以矩	
電力業接管委員會	劉晉鈺	
煤業接管委員會	王求定	
糖業接管委員會	沈鎮南	
金銅業接管委員會	袁慧灼	
電工業接管委員會	陳厚封	
機器業接管委員會	孫景華	兼代
紙業接管委員會	謝惠	

紡織業接管委員會	聶光堉	
化學製品工業接管委員會	陳瑜叔	
油脂業接管委員會	顏春文	
玻璃業接管委員會	陳尚文	
窯業接管委員會	毛延禎	
工礦器材接管委員會	陳德坤	
印刷業接管委員會	吳長炎	

(近史所經濟檔)

出所：何鳳嬌編［1990］『政府接收台湾史料彙編 上冊』166-169頁。

資料 4

臺灣省接收日資企業處理實施辦法

一．本辦法依據臺灣省接收日人產業處理辦法第三條甲款之規定訂定之。
二．本省接收日資企業之處理、除法令別有規定外、應依本辦法之規定。
三．本辦法所稱之企業、指工礦、農林、交通、金融等廠場會社組合而言。
四．本省接收之日資企業、應由原接收機關報經主管機關（即行政院所規定或行政長官所指定之機關）會同日產處理委員會、視該企業之性質、依左列四種方法分批列單、呈請行政長官公署轉呈行政院核定處理之；除為事實所不需者外、均應一律使之迅速復工為原則。
　　甲．撥歸公營：凡企業合於公營者。
　　乙．出售：凡企業未撥公營及其他處理者。
　　丙．出租：凡企業權尚有爭議；或認為適宜於出租；或出售一時無人籌購者。
　　丁．官商合營：凡企業無人承購；或承租；或適宜於官商合營者。
五．凡承購承租及合營者、以中華民國人民、無附逆附敵行為者為限。
六．撥歸公營之企業、應由主管機關依照接收企業財產清冊估定合理價格、送由日產處理委員會該明辦理撥交轉帳手續。
七．撥歸公營之企業：如原有本國人民之股份時、保障其權益。但有關國防事業及其他必要情形時、得另規定限制之。
八．撥歸公營企業、如不能繼續經營、或辦理毫無成績時、得由各該企業之主管機關會同日產處理委員會、簽准行政長官公署轉呈行政院核定、收回另行處理。
九．出售之企業、應先估定其所有財產最低底價、以公開競投標售方式行之。前項標售企業之估價投標事宜、由本省日產標售委員會商主管機關辦理。其標售規則另定之。
十．標售企業如有本國人民之股份時、應依左列標準辦理：

甲．日人股份超過股份總額半數者、以整個企業標售、按股份配售得價款；但原有本國人民股份不願出售、經呈准者不在此限。

乙．本國人民股份超過股份總額半數者、原屬日人之股份、照財產總額估計其股權之現值標賣之。

十一．標售之企業、如為該企業之原創辦人、確被日政府徵購、能提出證明者；或為該企業之現有本國人民全部股份代表人；（須備有委任書）或該企業現有主持人；或重要技術人員、著有成績可資證明者、得按最高標價有優先承購之權。

十二．出租之企業、應由各該企業主管機關先行擬定其所有財產價值、並擬定應收租金額、會同日產處理委員會公告招租。

十三．企業之出租、依照左列規定規定之順序審定出租之。其有情形相同時、得採用標租辦法。

甲．原為各該企業之參加人、或原創辦人、確被日政府徵購能提出證明者。

乙．對於各該企業之經營、卻具經驗或成績能提出證明者。

丙．擬呈完善計劃具備相當資金者。

十四．聲請承租人、須於定期內填具聲請書、並繳納按照各該企業核定一個月租金之徵信金。前項徵信金如不獲承租者發還、其獲准承租者、移抵保證金。但經核定承租人如不虞指定期限內前來訂立租約者、除將所繳徵信金沒收外、並就其他聲請人中另行核定承租人；或重行公告招租。

十五．核准承租人應分別依照下列規定辦理：

甲．承租人應於一星期內繳足六個月租金額之保證金。

乙．承租人應於接到核定准租通知五日內向辦理出租機關訂立租約。

丙．前項租約期間不得超過三年、但有特殊情形不在此限。

十六．官商合營之企業、應由各該企業主管機關會同日產處理委員會確定其財產或股權價值後、依照公司法之規定、招商合營。

十七．凡出售出租或招商合營之企業、均應於聲請初期截止前開放三天、給證參觀；並由各該企業主管機關及接收保管機關、派員指導說明。

十八．企業出售出租舉行投標時、應由辦理機關先期函請監察及民意機關派員蒞場監視。

十九．本省日資企業出售價款、出租租金、及營業盈餘、應照接收國內日本產

業賠償我國損失記帳辦法第九條之規定辦理。
二十．本辦法自公布日施行。

出所：臺灣省接收委員會日產處理委員會［1947］『臺灣省接收委員會日產處理委員會結束總報告』135–138頁。

資料 5

經濟部臺灣區特派員辦公處呈報接收日資企業由各主管部門成立公司接辦經營

民國三十五年十一月十三日
京字第二一四〇四號

經濟部臺灣區特派員辦公處代電

經濟部部長王鈞鑒：臺灣區接收日資企業、為加強控制、復興工業起見、所接收之中心企業均分別由資源委員會獨營、資源委員會與臺灣省行政長官公署合營、及行政長官公署經營、並由各主管部門先後成立公司接辦經營、藉以著重生產、除由臺灣省行政長官公署日產處理委員會辦理撥交手續、並由該公司依法申請登記外、理合將劃撥單位開列名冊、報請核備。職包可申（　）扣
附呈臺灣省劃撥公營日資企業名冊一份
附件：臺灣省劃撥公營日資企業名冊

（一）石油事業籌備處
　　　劃撥主要單位：日本海軍第六燃料廠、＊帝國石油株式會社、＊日本石油株式會社高雄製油所、日本石油株式會社苗栗製油所、臺拓化學工業株式會社、天然瓦斯研究所。
　　　附帶劃撥單位：臺灣石油販賣有限公司、出光興業株式會社、共同企業株式會社、＊日本油業株式會社臺灣支店、日本油槽船株式會社、＊日本石油聯合會株式會社臺北事務所。

（二）鋁業公司籌備處
　　　劃撥主要單位：＊日本鋁株式會社高雄工場、＊日本鋁株式會社花蓮港工場、＊日本鋁株式會社臺灣出張所。

（三）銅礦業籌備處
　　　劃撥主要單位：＊日本礦業株式會社金瓜石礦山事務所（平林礦山事務所附屬在內）、＊日本礦業株式會社臺灣支社（臺灣化學工業株式會社附

屬在內)。

　　附帶劃撥單位：里仁炭礦。
(四) 臺灣電力股份有限公司

　　劃撥主要單位：臺灣電力株式會社。
(五) 臺灣肥料製造股份有限公司

　　劃撥主要單位：臺灣電化株式會社、臺灣肥料株式會社、有機合成株式會社。

　　附帶劃撥單位：日窒產業株式會社。
(六) 臺灣製碱工業股份有限公司

　　劃撥主要單位：南日本化學工業株式會社、旭電化工業株式會社、鍾淵曹達工業株式會社。

　　附帶劃撥單位：株式會社南華公司。
(七) 臺灣機械造船股份有限公司

　　劃撥主要單位：株式會社臺灣鐵工所、臺灣船渠株式會社。

　　附帶劃撥單位：東光興業株式會社。
(八) 臺灣紙業股份有限公司

　　劃撥主要單位：臺灣興業株式會社（林田山事務所附屬在內）、臺灣紙漿株式會社、鹽水港紙漿株式會社、東亞製紙株式會社、臺灣製紙株式會社。
(九) 臺灣糖業股份有限公司

　　劃撥主要單位：日糖興業株式會社、日治製糖株式會社、臺灣糖業株式會社、鹽水港製糖株式會社。

　　附帶劃撥單位：＊日本糖業聯合會臺灣支部、株式會社福大公司、南投輕鐵株式會社、東亞礦業株式會社、酒精輸送株式會社、新興產業株式會社、東亞冰糖株式會社、日本製菓株式會社、株式會社吉村鐵工所。
(十) 臺灣水泥股份有限公司

　　劃撥主要單位：臺灣水泥株式會社、＊淺野水泥株式會社高雄水泥板工場、＊淺野水泥株式會社臺灣工場、臺灣化成工業株式會社、南方水泥株式會社。

　　附帶劃撥單位：臺灣石灰石株式會社、臺灣プロッソ株式會社、臺灣製

袋株式會社、臺灣水泥管株式會社。
(十一) 臺灣煤礦股份有限公司籌備處
　　劃撥主要單位：基隆炭礦株式會社、南海興業株式會社（汐止鎮礦業事業所）、山本炭礦、近江產業合資會社。
　　附帶劃撥單位：臺灣產業株式會社、武山炭礦株式會社、永裕炭礦、臺灣焦炭株式會社板橋炭礦、愛國產業株式會社、株式會社賀田組、七堵運煤輕便鐵道。
(十二) 臺灣紡織股份有限公司籌備處
　　劃撥主要單位：臺灣紡織株式會社、新竹紡織株式會社、臺南製麻株式會社、臺灣纖維工業株式會社、帝國纖維株式會社。
　　附帶劃撥單位：南方纖維工業株式會社、臺灣織布株式會社。
(十三) 臺灣窯業股份有限公司籌備處
　　劃撥主要單位：臺灣煉瓦株式會社、臺灣窯業株式會社。
(十四) 臺灣玻璃工業股份有限公司籌備處
　　劃撥主要單位：臺灣硝子株式會社、臺灣高級硝子工業株式會社、拓南窯業株式會社。
　　附帶劃撥單位：理研電化工業株式會社、有限會社南邦鋁製作所、臺灣魔法瓶工業株式會社、臺灣板金工業株式會社、厚生商會。
(十五) 臺灣油脂工業股份有限公司籌備處
　　劃撥主要單位：臺灣花王有機株式會社、臺灣油脂株式會社。
　　附帶劃撥單位：臺灣花王有限會社、臺灣殖漆株式會社、齋藤商店臺灣造林部、臺灣日本油漆株式會社、日本特殊黃油株式會社臺灣工場。
(十六) 臺灣電工業股份有限公司籌備處
　　劃撥主要單位：臺灣通訊工業株式會社、臺灣乾電池株式會社。
　　附帶劃撥單位：＊東京芝浦電氣株式會社臺北事務所、＊東京芝浦電氣株式會社臺灣事業部、＊東京芝浦電氣株式會社臺北工場、臺灣高密工業株式會社、臺灣音響電機株式會社。
(十七) 臺灣印刷紙業股份有限公司籌備處
　　劃撥主要單位：臺灣書籍印刷株式會社、吉村商會印刷所、盛進商事株式會社、盛文堂印刷所、臺灣照相製版株式會社、臺灣交通商事株式會

社、寶文社印刷所、臺灣印刷油墨工業株式會社、山本油墨株式會社、昭和纖維工業株式會社、藤本製紙株式會社、蓬萊紙業株式會社、臺灣櫻井興業株式會社。

附帶劃撥單位：三宅オフセット印刷所、臺灣紙業株式會社、臺灣興亞紙漿工業株式會社。

(十八) 臺灣鐵工製造股份有限公司

劃撥主要單位：株式會社武智鐵工所、臺灣精機工業株式會社、株式會社日立製作所臺灣出張所、北川製鋼株式會社、株式會社中田製作所、臺灣自動車整備配給株式會社、東洋製慣株式會社、中國鐵工所、中林鐵工所、臺灣合同鑄造株式會社、株式會社新高製作所、南方電氣工業株式會社、臺灣鋼業株式會社東洋鐵工株式會社、、臺灣鐵線株式會社。

附帶劃撥單位：株式會社小川組、株式會社產機製作所、臺灣合成工業株式會社、株式會社大庭鐵工所、北川產業海運株式會社、株式會社小高鐵工所、臺灣利器工具製作所。

(十九) 臺灣鋼鐵股份有限公司籌備處

劃撥主要單位：興亞製鋼株式會社、櫻井電氣製鋼所、前田砂鐵鋼業株式會社。

附帶劃撥單位：鍾淵工業株式會社、吉田砂鐵工業所。

(二十) 臺灣化學製品工業股份有限公司籌備處

劃撥主要單位：帝國壓縮瓦斯株式會社臺北支店、臺灣酸素合名株式會社。

附帶劃撥單位：臺灣橡膠株式會社、鹽野化工株式會社、小川產業株式會社、臺灣曾田香料有限會社。

(二十一) 臺灣工程股份有限公司籌備處

大倉土木組、鹿島組、大林組、清水組、日本鋪道組。

(二十二) 臺灣工礦器材有限公司籌備處

臺灣火藥統制株式會社、臺灣金屬統制株式會社、臺灣爆竹煙火株式會社、高進產業株式會社、古河電氣工業株式會社臺北出張所、野村洋行、株式會社共益社、日東工業株式會社、合名會社本田電氣商會、東光株式會社、日蓄株式會社。

附註：

（一）凡總會社設在日本本土者（有＊符號）、其分支會社所場等均分別作為獨立單位、至總社設在本省者、其分支分社所場等均包括在總社內、概不分列。

（二）查劃撥水泥股份有限公司之淺野水泥株式會社臺灣工場及高雄水泥板工場所有設備、原係租予臺灣水泥株式會社經營運用、實際上該三單位即係一套、因清算關係故予分列。

（三）上列劃撥主要單位及附帶單位共計為一六六單位。

(近史所經濟檔)

出所：何鳳嬌編［1990］『政府接收台湾史料彙編 上冊』194-200頁。

資料6

經濟部資源委員會、臺灣省行政長官公署合辦臺灣省工礦事業合作大綱
(1948年4月6日)

第一條：資源委員會及臺灣省行政長官公署為發展臺灣主要工礦事業除石油（包括產煉）銅金及煉鋁事業由資源委員會單獨辦外、關於糖業、電力、製鹼、肥料、水泥、紙業、機械造船各項事業、由雙方合作經營。
第二條：各事業以組織公司經營為原則、各公司董事監察人會省雙方分配數額另行商定。
第三條：各公司董事長由資源委員會在其指派之董事中指定之、總經理、協理及其他重要職員由董事會任用之。
第四條：各公司資本總額及會省雙方比例另行商定。臺灣人民在各事業內原有股本、由臺灣省行政長官公署查明情形、其應承認者即包括在省方股額之內。
第五條：各公司接辦敵人在臺灣工礦事業之現有全部資產、應根據資產清冊及原有帳目減去損失數目再參酌目前物價情形酌定倍數作為新公司資本總值、其詳細辦法由各公司份別擬定、報由董事會核定。
第六條：各公司如有擴充資本必要時、經雙方同意後、得仍照原投資比例增加之。
第七條：民國三十四年八月十五日以後發生之產權移轉、概不作准。
第八條：各公司需要之補充機器材料由資源委員會或臺灣省行政長官公署供給者、應以現金償付或作為投資之一部分。
第九條：各公司所需臺幣流動資金、由臺灣省行政長官公署知照臺灣省銀行儘量予以透借便利。
第十條：關於各公司土地收購或租用、原料取給、成品運輸、以及電力公司之取締竊電、收取政府機關及路燈電費由臺灣省行政長官公署儘量予以協助。
第十一條：關於各公司治安由臺灣省行政長官公署令飭當地治安機關予以保護。
第十二條：關於各公司所需外國技術協助及器材供給、由資源委員會負責接洽。

第十三條：各公司章程另訂之。
第十四條：本合作大綱一式兩份、資源委員會、臺灣省行政長官公署各執一份。
經濟部資源委員會
代表人：錢昌照（簽字）
臺灣省行政長官公署
代表人：陳儀（簽字）
中華民國三十五年四月六日於臺北
國民政府經濟部資源委員會檔案。案卷號：〔廿八（2）3928〕。

出所：陳鳴鐘、陳興唐編［1989］『台湾光復和光復後五年省情（下）』99-100頁。

資料 7

臺灣機械造船有限公司創立會議紀錄 (民國三十六年十二月)

時間　　　三十六年十二月二十六日上午九時至十二時
地點　　　基隆和平島本公司
出席代表　韓石泉（省）、陳清文（省）、戴修駒（省）、周茂柏（朱天秉代會）、蔡同嶼（龐樹道代會）、高襀瑾（會）、楊清（會）、萬斯選（省）、季樹農（楊清代）（會）、杜殿英（會）
列席　　　薩本炘、陶鼎勳、王慶方、張似淵、張運權、唐振耀
出席人數　計資源委員會代表六人、臺灣省政府代表四人

公推杜殿英先生為主席
(一) 主席杜殿英先生致開會詞：

　　今天是臺灣機械造船有限公司召開創立會議、各位代表先生蒞臨參加、並蒙省府及有關機關的維護、在以往年餘的艱難過程中、得以順利完成修復工作、增進生產、這是可以引為安慰的。吾國工礦事業、原以東北佔全國第一位、臺灣佔全國第二位、目前東北因戰事關係、一切尚未能順利發展、臺灣工業生產現時可以說要佔全國第一位。兄弟去年四月曾來臺看過一次、各廠破壞極重、此次再來、看到各方面均有相當進步、本公司對於其他各事業亦頗有相當貢獻、如糖廠之製糖機械、航業界之船舶、以及其他事業之機器修造等等、本公司均曾經為之盡力服務、能有這樣成績、一方面固然是仰賴省府的協助、一方面也是高總經理與各位廠長及同仁努力的結果、兄弟應對各位主管及同仁表示感謝與欣幸。本公司是配合復員計畫、振興民生交通有深切關係的機械造船工業、還希望臺灣省府方面及各有關機關繼續多多指導協助、並希望各位同仁繼續努力來完成這建設新臺灣的基本事業。

萬斯選先生致詞：

　　今天在臺灣機械造船有限公司召開創立會議、省府派兄弟前來參加、兄弟感

到非常欣幸。兩年前我們在後方以為、日本在臺灣經營的事業一定是具有相當規模的新工業、但是到臺灣之後看到臺灣的機械工業非常零碎、沒有甚麼基礎、而且在戰時破壞很重、各機械造船工廠多是小規模的修製、而不是計劃大規模的發展。經我政府接收整理後、將其中較有基礎的機器廠與修理廠撥交臺灣機械造船公司主辦、我希望不久的將來能儘量擴展計劃製造大洋船舶、而不像從前日人在臺之小規模計劃、限制其發展、兄弟已經看到公司報告內的將來展望、知道正在向我上面所說的發展之途邁進、仰賴各位先生共同的努力、想不久的將來一定可以達到這個目的、謹祝公司前途無量。

(二) 報告經過

高總經理禩瑾報告：

一. 報告會省合辦臺灣機械造船有限公司情形。

二. 報告會省指派董事監察及指定董事長情形。

根據資源委員會與臺灣省行政長官公署訂立之會省合作辦法大綱、本公司設董事七位、監察三位股權決定為會方六成、省方四成。資源委員會方面派董事四人、監察二人、臺灣省方面派董事三人、監察一人。會方董事為杜殿英先生、周茂柏先生、季樹農先生及本人（高禩瑾）、監察為楊清先生、蔡同嶼先生、省方董事初為徐學禹先生及任顯群兩先生均不在臺、乃改派陳清文戴修駒兩先生遞補。

三. 報告接收各單位及資產估價情形。

以上報告三項、經主席提詢各代表均無意見、宣告通過。

(三) 討論事項

一. 擬具公司章程草案請公決案。

　　議決　照原草案修正通過。

二. 請核定資本額案。

　　議決　照原定資本額臺幣二億元通過。

三. 董監車馬費如何規定案。

　　議決　（1）自三十六年一月份起、董事長月支臺幣六千元、其餘董事監察月支臺幣四千元。

　　　　　（2）自三十七年一月一日起增加董事長月支臺幣三萬元、其餘董事監察月各支臺幣二萬元。

(四) 臨時動議
一. 高襆瑾先生提議、本公司成立以來、蒙省府各廳處及高雄基隆兩市府多方幫忙維護、擬請由董事會表示感謝之意、應用何種表示方法、請公決案。
議決　由董事會用代電分別致謝。
議畢　主席宣告散會。

出所：薛月順編［1993］『資源委員会檔案史料彙編——光復初期台湾経済建設（中）』334-337頁。

資料 8

臺灣機械造船公司為請將高雄市東光興業株式會社撥交本公司致資源委員會呈文

（1946年5月17日）

查臺灣機械造船公司所屬高雄機器廠及基隆船廠、近一、二年工作、將以修造船隻、修理機車及修造鍋爐、鋼架等為主要業務、此項工作、需要氧氣甚多。但現時臺灣方面、氧氣甚感缺乏、各廠工作、常因此停頓、似此情形、如不設法補救、影響所及、損失殊大。現查高雄機器廠附近之東光興業株式會社、有氧氣設備一套、尚未復工。擬請鈞會迅函經濟部臺灣區特派員辦公處、准將該會社撥交本公司接管、以利工作。是否有當、敬祈裁奪示遵。謹呈主任委員翁、副主任委員錢。職高禩瑾謹簽。

臺灣機械造船公司總經理高禩瑾為高雄市東光興業株式會社撥交本公司皆管理用致資源委員會的電文

（1946年8月1日）

大會鈞鑒：密。本公司前以高雄機器廠氧氣缺乏。工作困難、曾商請包特派員將高雄市東光興業株式會社撥給本公司接收使用、業蒙允准並已委職先行接管。查此案曾由本公司呈請鈞會函辦正式手續、現特派員辦公處即將結束、務懇迅賜辦理為禱。瑾。午陷。

資源委員會為高雄東光興業株式會社撥交臺灣機械造船公司接管利用致包可永、高襥瑾電文

(1946年8月8日)

　　臺灣經濟部臺灣區特派員辦公處包特派員可永：密。據臺灣機械造船有限公司電稱：高雄機器廠缺乏氧氣、工作困難等情、查高雄東光興業株式會社有氧水設備、尚未復工、請將該會社撥交該公司接管利用、並希見復為荷。資印。未寒工甲。

　　臺灣機械造船有限公司高總經理襥瑾：密。午陷電悉、已電包特派員、請將高雄東光興業株式會社撥交該公司接管利用、仰逕洽並將接管及利用情形具報。資印。未寒工甲。

國民黨政府經濟部資源委員會檔案。案卷號：〔28（2）3926〕

出所：陳鳴鐘、陳興唐主編〔1989〕『台湾光復和光復後五年省情（下）』111-112頁。

資料 9

台灣造船有限公司組織規程

三十七年七月二日會令公布

第一條　本公司之組織、除本公司章程規定者外、依本規程之規定。

第二條　本公司總經理秉承董事會決定之方針、執行本公司一切職務、並監督指揮所屬各單位；協理輔助總經理、分別負責主持各項工程及管理事宜。

第三條　本公司設總經理室、總工程師室、及業務、會計、廠務三處、其執掌如左：

　　　　一、總經理室　掌理文書、印信、人事、出納、福利、衛生、警務、庶務、營繕、及其他不屬於各室處事項。

　　　　二、總工程師室　掌理修造船舶及機械之設計、製圖材料之檢驗、工程圖書之管理、及各工場有關生產之指導技術之研究事項。

　　　　三、業務處　掌理營業、購料、運輸、及其他有關業務事項。

　　　　四、會計處　掌理財務調度、成本計算、帳務審核登記、及其他有關財務會計事項。

　　　　五、廠務處　掌理修造船舶、製機、冶鑄等生產作業、及水電交通之管理、物料之保管事項、但為管理便利起見、處以下分設船舶、製機兩工場及第一分場、分別掌管左列各項工作：

　　　　　　１．船舶工場　管理船塢、冷作、焊切、銅工、木工、電工等工作。

　　　　　　２．製機工場　管理機械裝配、鍛工等工作。

　　　　　　３．第一分場　管理有關第三號船塢各項工作及冶鑄工作。

第四條　本公司總經理室、由總經理直轄主持、下設秘書一人至三人、秉承總經理之命、分別管理文書、庶務、及機要事項。

第五條　本公司總工程師室、設總工程師一人、秉承總經理之命、主持該室

	事務;副總工程師一至二人、協助總工程師分掌所指定工作。
第六條	本公司各處、各設處長一人、以正工程師、工程師、或正管理師、管理師充任之、協助處長辦理各該處事務;但廠務處、得因需要增設副處長一人。
第七條	本公司各工場及分場、各設主任一人、以工程師充任、秉承廠務處處長之命、主管各該場工作、必要時、得設副主任一人協助之。
第八條	本公司各室處及工場、得分組辦事、組設組長一人、以工程師、管理師、或副工程師、副管理師充任、秉承各該主管人員之命、分別主持各該組工作。
第九條	本公司設正工程師、工程師、副工程師、助理工程師、工務員、助理工務員、正管理師、管理師、副管理師、助理管理師、管理員、助理管理員各若干人、分派各部分擔任工作。
第十條	本公司總工程師、由董事會任免、呈報股東備案;處長、副總工程師、副處長、秘書、正工程師、及正管理師、由總經理提請董事會核定後任免、並呈報股東備案、其餘人員、由總經理派充、報請董事會轉呈股東備案。
第十一條	本公司得招收實習員及練習生。
第十二條	本公司得因技術或業務上需要、呈准聘任各項顧問。
第十三條	本公司每年度職員最高員額、由總經理提請董事會核定、並呈報股東備案。
第十四條	本公司得因事業需要、呈准於國內外設立分廠辦事處、通訊處、營業處、其組織另訂之。
第十五條	本公司辦事細則另訂之。
第十六條	本規程自董事會核定呈准公布之日施行。

出所:程玉鳳、程玉凰編[1984]『資源委員會檔案史料初編(下冊)』704-706頁。

資料10

臺灣造船公司三十八年度工作計劃及所需款項說明書

（一）臺灣造船有限公司三十八年度工作計劃綱要

	時期	年代	生產種類	產品		說明
				單位	數量	
以往生產情形	臺灣機械造船公司	三十五年	船舶修理	噸	102,145	
	臺灣機械造船公司	三十六年	船舶修理	噸	105,075	
	臺灣造船公司	三十七年	船舶修理	噸	144,127	本公司成立後已增加百分之四十
可能達到最高生產額	臺灣造船公司	三十八年	船舶修理	噸	300,000	
最高生產額所需補充費用	設備補充美金350,00、臺幣120億		材料補充美金250,000、臺幣60億		總計美金600,000、臺幣180億	

註：根據三十八年二月份物價編製

（二）臺灣造船有限公司三十八年工作計劃及所需款項說明書

本公司自去年四月奉令改組專業化以來、挈鉅釐細、整舊增新、對於各部分業務以及工作效率無不彈精竭慮積極擴充、故三十七年度船舶修理之噸位較以往二載增加百分之四十、機械製造亦大為增加、迨三十八年度開始、對於增加生產仍在不斷努力中。惟此中有一痛苦經驗、即廠中工作效率已因改善而增加三倍、然生產數額並未能比例增加、其主要原因有二：（一）為先天設備不足；（二）為庫存材料缺乏、致雖有優良鉅大之船塢、勤敏努力之員工及省會賢明當局之領導、而仍未達到預期之理想、欲謀補苴必須充實、茲謹分述其理由如

下：

（一）關於設備方面：本公司總廠第一、第二號船塢之建立、已在中日戰爭開始之後、太平洋戰事發生之前、日人財力及生產已受限制、故其與船塢配合之設備、如碼頭起重機、各種工具機及加工機械等、皆係臨時雜湊而來、其品質既多陳舊、其能力遂未能配合、為應付臨時緊急工作、可欲達到近代船廠之標準則相距甚遠、本公司自成立後、曾努力補充、雖先後獲得大型工具機一百餘部、然其他各部分缺陷仍多、茲將應行補充之用途及所需款項列表說明如左：

項目	說明	與增加生產關係	所需款項第一標準		所需款項第二標準	
			美金	臺幣	美金	臺幣
一．增加碼頭拖駁及浮動吊車設備	本公司附近無適當碼頭設備、致承修船隻無論水線上下工程均須在塢中修理、使船塢未能充分利用、茲擬在附近建立碼頭為修理水線上船隻停靠之用、刻正在進行中。此外、大型拖駁亦付闕如、對船隻出入塢池影響甚鉅、至浮動吊車則為起重不可少之工具。	本公司碼頭建立後、承修船隻無須等待入塢即可開始工作、如水線下工程已在塢中修竣者即可出塢停靠碼頭修理水線上工程、如是對生產量可增加百分之五十至八十。	70,000	22億	150,000	50億
二．增加船塢起重設備	現有船塢三座、所有起重設備均嫌過小、一號塢應配合二十五噸起重機、但現僅有五噸不能修理巨型船隻、二號、三號塢起中設備亦均不敷。	增加起重機後船塢容量可十足利用、生產自隨之增加。	40,000	8億	70,000	20億
三．補充冷作鉚切機械	修理船殼之主要冷作機器本廠極為缺乏、本公司成立後雖曾增加電鉚機及輕型工具、但重型衝孔彎板機器、空氣推動工具、電鉚工具均不敷用應立即補充、此項廠房業已建造完工。	補充此項機械後鋼板加工效率當可增加數倍、且可為建造船隻及鍋爐樹立基礎。	30,000	5億	60,000	10億

四、補充鍛工及熱處理設備	本公司原有鍛製設備均已陳舊、關於鍛製所用鉚釘螺釘亦缺乏自動機械、致效率不高、現此項機械一部份已在自製中、一部份須向國外訂製、至熱處理設備亦為本公司自製小工具所必需者。	鍛製設備補充後效率可增數倍及十倍不等。		5億	20,000	10億
五、補充工具機及廠房	本公司自成立以來、已陸續租借資委會所屬其他工廠之工具機一百餘部已先後運到、一部份並已就原有空餘地位安裝使用、餘則待款建造廠房始能安裝、惟此批機器以外尚需補充大型車牀及其他機器十餘部、如是可成為完善之重型機械廠、一面可修配船舶零件、一面可製造重型機械及發動機、對本省動力亦可有所貢獻、且本公司現有完善鑄工廠、更可加以配合、再已運到工具機百餘部中除已裝二十餘部外、其餘尚須補充馬達零件及廠房皆列入此項。	工具機及廠房補充後對機械製造可增加數倍、尤可為大型原動機之建造樹一基礎以為造船之準備。	10,000	20億	50,000	30億
小計			150,000	60億	350,000	120億

(二)關於材料方面：本公司接收之初所存鋼料不及百噸、且均不合船用標準、其他材料更無論矣、以往船隻入塢後必須費若干時日等待材料購齊後始可開工、故效率甚低。一年以來、經陸續補充鋼板一項已購進六百噸、皆合國際船用標準、益以工作效率提高、生產迅速、故各航商紛紛派船來基入塢修理、惟以修船所用材料至為繁夥、必須有相當存量方可應付各種工作、本公司因向無周轉資金、所需材料恆賴收取定金隨時補入、此後倘能三個月之豐富存量、則不獨可吸收國內船隻修理、且可接受外國船隻修理、例如最近美國聯合油輪公司有大船二艘、即擬交本公司修理、刻正在接洽中、如材料應手、可因此獲得外匯收入、雖不能全部抵充本公司需要、至少亦可彌補一部份、茲將目前急需向國外補充材料略舉犖犖大者數項如下：

1. 船用鋼板鉚釘角鐵鍋爐板爐通管（須經驗船師檢驗合格者）：約六百噸。

2．合金鋼工具鋼：約二十噸。
3．非金屬材料（如盼更等）：約二十噸。
4．電爐用器材：約四十噸。
以上共需美金約二十五萬美援。
上述各科自訂購之日起、約需三個月至六個月方可達到、為應付目前需要及採購本國出產材料計、尚需在上海先行補充若干、約需臺幣六十億元、如照第一標準生產量亦應補充臺幣約四十億元及美金十五萬元之修船材料。

(三) 增加生產之必要及其影響：以上所需款項如能及時撥到、則生產效率當可較三十五年度增加三倍、自下列觀點可知其重要性。

1．適應航業需要：我國自勝利後公商船隻大為增加、共計約一二〇萬噸、而國營修船廠家上海方面僅一江南造船廠、但祇能以一半能力修理商船、一半修理海軍艦艇、此外尚有英人主辦之英聯船廠、此二廠船塢容納量不過全部待修船隻百分之六十、故經常停泊黃浦等待入塢或駛赴香港修理者至夥、如本公司修理能力增至三十萬噸、則此種現象可以消除、兼之英聯等廠收費過昂、本公司因係省會合營事業收費較廉、尤為各航商所歡迎。

2．繁榮基隆港口：本公司現有工人約一千二百餘人、如設備擴充能達到最高生產量、尚可增雇一倍工人、對於本省繁榮至有關係、且船隻來臺者日眾、基隆港口亦隨之繁榮、而中外船隻往返、更不愁無優良醫院為之保養矣。

3．爭取外匯收入：過去本公司因材料缺乏、未能接受外國船隻修理、此後倘設備增加、庫存材料達到必須水準、則駛行中國之外輪必願委託本公司修理、通常一萬噸船隻入塢修三日至五日工程即可收取一萬二千美金、即是爭取外匯收入不少。

4．樹立造船基礎：本公司位於基隆深水海口、環境極佳、倘設備器材增加後則基礎鞏固、明後年於修船外、即可建造三千噸左右之客貨輪、以供本省及我國航業之需要。

總之、上述各種款項使用愈早則效果愈宏、其美金部分因訂購以迄運到往往須三月至六月之久、倘能早撥一日、則材料早到一日即能早一日發揮效能、臺

幣部分均係按目前物價標準、如分期撥用則亦應照指數比例增加、以使符合實用、本公司既以服務航業為前提、以報效國家為目的、起衰振敝、責無所辭、光大發展願自今始。

出所：薛月順編〔1993〕『資源委員会檔案史料彙編—光復初期台湾経済建設（上）』78-83頁。

資料11

中國造船股份有限公司（函）

中華民國六十七年三月七日

船（67）總務創字第〇四三一號

受文者：總公司各一級單位

副本收受者：基隆船廠

主旨：本公司由原中船與臺船合併經營後、有關公司內部（不含總廠）各單位現行保管使用之固定資產、應即實施盤點、並規定保管責任、請照辦。

說明：

一．本公司臺北現有固定資產（含中視大樓財物）、希由前中船公司秘書室原經管人員點交秘書處現經營人員、屬於原臺船臺北辦事處移撥者、并請辦理正式移交、一併盤點列管。

二．總公司以各一級單位為財產保管使用單位、除個人領用之財產性物品應由領用人自負保管責任外、并請各使用單位主管指定一財產保管人、負責本單位之公用財產保管。

三．從業員如有異動、應將其保管之財產移交新使用人或繳庫、並會知秘書處後始可離職。

四．各單位財產保管人員應善盡保管責任、凡新獲得之財產包括購置捐贈、自製、撥入者皆應確依規定辦理列管登記、減損情形者則依據權責辦理核銷或賠償。

五．所有財產秘書處應保持完整帳卡、每年盤存一次。

總經理：晏海波

出所：『本公司成立交代』、台湾国際造船公司基隆総廠所蔵。

人名索引（中国語は日本語読み）

あ行

アブラモヴィッツ　8, 190
アムスデン　9, 10, 192
伊藤達三　41
韋永寧　87
尹仲容　112, 113
後宮信太郎　32
近江時五郎　32, 41
袁淦　158
汪群従　165
王偉輝　163
王鶴　157, 158, 159
王煥瀛　91
王金鰲　162
王慶方　91
王国華　157
王国金　85, 105
王洸　157
王先登　119, 131, 163, 168
翁家駢　162
岡田永太郎　41, 42

か行

夏勤鐸　95
陰山金四郎　41
片山正義　42　53
加藤進　42

加納辨治　42　57
刈谷秀雄　41, 42
賀衷寒　158
顔雲年　32
顔欽賢　40, 41, 63
ガーシェンクロン　7, 8, 9, 190
木村久太郎　31, 32, 33, 40
魏重慶　101
金又民　60
許三川　59
クリステンセン　8, 190
厳家淦　112, 113, 156
J・P・コパクレイ　112

侯家源　157
江厚欄　61
高禩瑾　52, 54, 56 , 61
顧晋吉　60, 105
黄煥如　106
黄少谷　103
黄徳用　59

さ行

薩本炘　53
薩本興　91
蔡同嶼　61
沈怡　112
辛一心　163
シンガー　5
朱天秉　57
蔣介石　103
蔣経国　130, 168
正中光治　41

徐祖藩　157
蕭啓昌　131
周茂柏　56, 57, 60, 95, 130
周幼松　91, 105
徐人寿　52, 156, 157
齊熙　105, 159, 161
ソート　9, 191
ソロー　7
宋建勛　157
曾之雄　162

た行

戴行悌　159
戴堯天　165
譚季甫　105
玉井喬介　42
田村初久　42
チェネリー　5
陳義男　165
陳圭　119, 120
陳薫　53
陳泗川　131
陳紹村　52
陳生平　165
陳誠　158, 159
張則黻　84, 91, 162
張厲生　102, 103
褚明堂　59
鄧傳凱　102
程天放　158
都呂須玄隆　41, 48
屠大奉　101
杜殿英　120

唐桐蓀　156, 157, 158
董浩雲　130

な行

ネルソン　9, 191

は行

W・C・ハラードソン　112
バラン　6, 192
原耕三　41
原田斧太郎　32, 33
フランク　6, 192
フランスマン　8, 191
フリーマン　9, 191
プレビッシュ　5
H・ブラウン　159
福島弘次郎　41
藤田秀次　41
ホウストン　H. ワッソン　101
包可永　95

ま行

H. P. マカロリン　98
馬紀壯　158
馬国琳　157
マグナス・I・グレガーセン（Magnus I. Gregerson）　101, 105
松井小三郎　42
馬渡義夫　33
ミュルダール　5
元良信太郎　41
モンノロ　B. ラニエル（Monro B. Lanier）　98
森寺等　41

や行

安松勝雄　42
山本健治　41
兪飛鵬　157, 159
葉公超　111
楊継曾　85, 112, 113

ら行

李国鼎　57, 71, 113
李根馨　91
李常聲　165
陸志鴻　87
柳鶴図　119
劉進慶　15
劉曽适　61, 105, 130
劉敏誠　84
ルイス　4
黎玉璽　158
厲汝尚　130, 169
ロストウ　4
ローゼンシュタイン・ロダン　5
ローゼンバーグ　9, 191
ローゼンブルーム　8, 190
ロール　8, 191
羅育安　91
羅貞華　910　101
盧毓駿　157

わ行

渡部知直　41

事項索引（中国語は日本語読み）

あ行

アジア開発銀行の借款　17
アメリカの援助　15, 17, 24, 74, 75, 78, 79, 81, 88, 89, 93, 128, 138, 140, 187
アメリカ輸出入銀行　17
アメリカ船級協会　71, 72, 81
有村株式会社　129
インガルス造船会社　22, 24, 93, 95, 96, 188
石川島　23, 25, 82, 119, 121, 122, 124, 125, 126, 127, 128, 129, 131, 132, 135, 136, 138, 140, 141, 142, 143, 144, 147, 148, 149, 150, 151, 154, 155, 165, 166, 167, 169, 172, 175, 178, 182, 189
浦賀船渠株式会社　121
恵固公司　131, 132, 133
英連船廠　31
円借款　17, 18, 139, 140, 172
大阪商船株式会社　35, 36, 40, 63, 65

か行

華南造船廠　173
海軍　44, 52, 75, 94, 98, 111, 119, 130, 166, 169
海軍運輸部　44
海洋学院　88, 160, 161, 167
海湾公司　100, 101, 103
海洋大学　119, 163
海事専科学校　156, 159, 160, 161, 188
海軍機校　162
海軍造船廠　162
開隆公司　131

基隆要塞司令部　44
木村商事株式会社　32
近海郵船株式会社　40, 41
漁業善後物資管理処　84
教育部　88, 158, 159, 188
行政院　96, 118, 130, 159, 173, 180
行政院経済安定委員会　18, 82, 83
行政院国際経済合作発展委員会　79, 138, 139, 166, 172
軍事委員会　13
経済協力局駐華協同安全分署　90
経済部　69, 93, 99, 113, 170, 177, 178, 179, 180, 181, 189
経済部漁業増産委員会　84
経済部台湾区特派員辦公処　52
呉淞商船学校　156, 157
交通銀行　138
交通部　157, 158, 159
交通大学　60, 61, 91, 93, 163
工業委員会　18
江南造船廠　31, 56, 60, 119
神戸製鋼　36
光華大学　61
康莎公司　131
国策会社　40, 43
国防設計委員会　13
国防部　130
国家科学委員会　164
国家総動員法　13

さ行

左営造船所　119
三一学社　61
四カ年経済建設計画　79, 94
資源委員会　13, 14, 50, 52, 53, 54, 56, 58, 60, 61, 62, 63, 65, 66, 88, 93, 156, 177

資蜀鋼鉄廠　56
十大建設　19, 20, 132
招商局　74, 75, 103, 106, 109, 159, 169, 175
小造船業整備要綱　45, 46
水産公司　77, 80, 135, 145
世界銀行　17
成功大学　86, 88
戦時海運管理要綱　45
全国航業人員連誼会　157

た行

台北工業学校　43, 59
台北工業専科学校　86
台北州　35
台陽鉱業株式会社　36, 63, 65
台湾機械公司　43, 53, 58, 120, 122, 126, 169, 177
台湾機械造船公司　50, 55, 56, 61, 62, 65, 66, 70, 71
台湾銀行　32, 33, 40, 41, 63, 65, 66, 69, 74, 83, 87, 104, 105, 111, 138, 172, 187
台湾区生産事業管理委員会　18, 74
台湾省警備総司令部　50
台湾鉱業株式会社　36
台湾航業公司　74, 75, 76, 109, 129
台湾省行政長官公署　14, 50, 52
台湾省立工学院　86
台湾総督府　14, 15, 33, 34, 35, 37, 38, 39, 43, 49, 50
台湾造船資材株式会社　29, 47
台湾大学　22, 86, 87, 88, 155, 156, 159, 163, 164, 165, 166, 167, 191, 192
台湾駐米採購服務団　95
台湾鉄工会　49
台湾鉄工業統制会　49
台湾鉄工所　49, 51, 52
台湾特派員辦公処　50
台湾電力株式会社　34, 40, 41, 63, 65

事項索引　289

台湾電力公司　65, 69, 177
高雄海軍経理部　44
第一次戦時標準船　45
第二次戦時標準船　45
第三次戦時標準船　45
第六海軍燃料廠　44
中央機器廠　56, 61
中央研究院　165
中央信託局　111
中央造船公司籌備処　56, 57, 61, 66, 79, 91, 161
中華造船廠　129
中華民国輪船商業公会全国連合会　76
中国漁業公司　83, 84, 85, 86
中国驗船協会　72, 85, 163, 169
中国航運公司　129, 176
中国鋼鉄公司　132
中国国際基金会　96, 100, 101
中国石油公司　95, 100, 101, 103, 150, 169
中国造船工程学会　163
中国造船公司　20, 23, 129, 131, 132, 133, 134, 154, 168, 169, 170, 171, 184, 189
中国農村復興聯合委員会　90
中徳文化経済協会　166
中日文化経済交流協会　166
中米基金　172
朝鮮戦争　74, 78
逓信省　33
浙江大学　61
土地銀行　138
東京帝国大学　42
東光興業株式会社　52
同済大学　60, 91, 93, 163

な行

中田鉄工所　49
南進政策　46
日本国際技術協力協会　166
日本駐福州領事館　34
日本賠償及帰還物資接収委員会　79
日本郵船株式会社　63, 65
人人企業公司　101
新潟鉄工所　84, 85, 135, 146

は行

米援運用委員会　90
米国国際協力局　118

ま行

馬公海軍工作部　44
木船建造緊急方策要綱　46
木造船計画　45
満洲船渠株式会社　34
三井造船株式会社　121
三菱　40, 42, 63, 65, 121, 122, 123, 124, 130, 178

ら行

陸軍　43, 44, 173
連合公司　131
連合船舶設計発展センター　22, 156, 167, 168, 169, 170, 171, 191
ロイド船級協会　71

図表索引

第1章

表1-1　日本統治期台湾の造船所の規模（従業員数）……………………28
表1-2　接収直後の造船所の規模及び特徴（1946年）……………………30
表1-3　戦後初期国民政府統治地域における主要な造船所………………31
表1-4　台湾総督府の基隆船渠への補助金および基隆船渠の利息支払額（1921～1925年）……………………………………………………38
表1-5　台湾船渠の受注状況（1941～1944年）……………………………45
表1-6　戦後初期の台湾鉄工所と台湾船渠株式会社の状況（1946年）…51
表1-7　戦後台湾船渠株式会社接収時の人員・職位（1946年7月3日）…55
表1-8　1949年台湾造船公司職員分布表……………………………………58
表1-9　1948年4月台湾造船公司労働者幹部の入社時期…………………62
表1-10　台湾船渠の主要株主（1937、1943、1946年）……………………64
表1-11　台湾機械造船公司接収後の株式構成………………………………65
表1-12　1948年度創業費収入表（1948年4月1日～12月12日）…………67
表1-13　台船公司主要株主の保有株式評価額の変化（1948～1954年）…70

第2章

表2-1　1951年台湾銀行およびアメリカの援助借款からの船舶修繕にかかわる貸付け額（大規模修繕のみ）……………………………………75
表2-2　1951年度船舶修繕業務の受注先……………………………………76
表2-3　アメリカの援助借款による船舶修繕の実績（1951～1955年）…76
表2-4　台船公司の主要生産設備の拡充（1948年4月～1955年6月）…80
表2-5　アメリカの援助借款造船航運発展計画中の台船公司の借款……80
表2-6　1950年代に台船公司が派遣した技術者……………………………89

第3章

表3-1　殷台公司の職員月給…………………………………………………99
表3-2　台船公司（1956年）と殷台公司（1957年2月～1960年6月）の運営状況

　　　　　　　の比較 …………………………………………………………………… 108
表 3-3　殷台公司の業務別販売収入（1957年12月～1960年 6 月）……………… 108
表 3-4　殷台公司の各業務における収益状況………………………………………… 109
表 3-5　殷台公司時期の造船における損益状況（1957年12月～1960年 6 月）… 110

第 4 章
表 4-1　石川島・三菱による対台船公司技術提携計画案の製造能力比較表 …… 124
表 4-2　石川島提供材料の国内自給率計画表………………………………………… 127

第 5 章
表 5-1　台船公司1946～77年の造船及び修船生産量 ……………………………… 136
表 5-2　1954～64年台船公司（殷台公司を含む）建造の主要船舶……………… 137
表 5-3　殷台公司の石川島から技術導入後の主要建造船舶（1965～77年）…… 137
表 5-4　1962～77年台船公司の経営総収支及び損益 ……………………………… 138
表 5-5　1962～77年台船公司の資本支出及び資金財源 …………………………… 139
表 5-6　1962～77年台船公司の資産総額・固定資産・純資産 …………………… 141
表 5-7　1962～77年台船公司の財務構成比率 ……………………………………… 142
表 5-8　1962～77年台船公司の経営分析比率 ……………………………………… 143
表 5-9　1962～77年台船公司の外貨収入 …………………………………………… 144
表 5-10　台船公司の技術移転による造船新技術の吸収過程 ……………………… 146
表 5-11　台船公司350トン漁船と殷台公司36,000トンタンカーの主要寸法比較
　　　　　………………………………………………………………………………… 147
表 5-12　台船公司350トン漁船と殷台公司36,000トンタンカーの主要資材比較
　　　　　………………………………………………………………………………… 147
表 5-13　28,000トン級ばら積み貨物船建造用機材の国内自給率 ………………… 152
表 5-14　100,000トン級タンカー建造用機材国内自給率（1970～77年）……… 153
表 5-15　台船公司の業務売上内訳（1968～77年）………………………………… 154
表 5-16　台船公司各部門の単位コスト・単位価格・利益率比較表 ……………… 155
表 5-17　1976年の日本・韓国と台湾の造船政策比較 ……………………………… 176

著者紹介

洪　紹洋（こう　しょうよう）
1978年　台湾台北生まれ。
政治大学経済学研究科博士課程。博士（経済学）。成功大学ポスドク研究員を経て、現在、日本学術振興会外国人特別研究員（東京大学社会科学研究所）。

主要論文
「戰後初期台灣造船業的接收與經營（1945-1950）」（『台灣史研究』14巻3号、2007年9月）。
「開発途上国の工業化の条件——1960年代の台湾造船公司の技術移転の例」（『社会システム研究』15号、2007年9月）。
「戰後新興工業化国家的技術移転：以台灣造船公司為個案分析」（『台灣史研究』16巻1号、2009年3月）。
「戰後臺灣機械公司的接收與早期發展（1945-1953）」（『台灣史研究』17巻3号、2011年9月）。

台湾造船公司の研究
——植民地工業化と技術移転（1919-1977）

2011年8月26日　第1版第1刷発行

著　者　洪　　　紹　洋
発行者　橋　本　盛　作
発行所　株式会社　御茶の水書房
〒113-0033　東京都文京区本郷5-30-20
電話　03-5684-0751

Printed in Japan
Ⓒ Sao Yang Hong 2011

印刷・製本：シナノ印刷㈱

ISBN 978-4-275-00939-5　C3033

中国セメント産業の発展	田島俊雄・朱蔭貴・加島潤 編著	A5判・三五四頁 価格 六八〇〇円
中国農業の構造と変動	田島俊雄 著	A5判・四二二頁 価格 七四〇〇円
中国農村経済と社会の変動	中兼和津次 編著	A5判・三五六頁 価格 六五〇〇円
戦後日本資本主義と「東アジア経済圏」	小林英夫 著	A5判・四〇〇頁 本体 三七〇〇円
大恐慌期日本の通商問題	白木沢旭児 著	A5版・四〇四頁 本体 七三〇〇円
中国に継承された「満洲国」の産業	峰毅 著	A5判・二八四頁 価格 五六〇〇円
中国国有企業の金融構造	王京濱 著	A5判・二六〇頁 価格 五二〇〇円
近代台湾の電力産業	湊照宏 著	A5判・二五四頁 本体 五六〇〇円
毛沢東時代の工業化戦略	呉暁林 著	A5判・三五二頁 価格 七二〇〇円
近代上海と公衆衛生	福士由紀 著	A5判・三三四頁 価格 六八〇〇円
近代中国における農家経営と土地所有	柳澤和也 著	A5判・二八四頁 本体 四八〇〇円

御茶の水書房
（価格は消費税抜き）